새로운 위치기준의 조정계산

측량·계측

이영진 지음

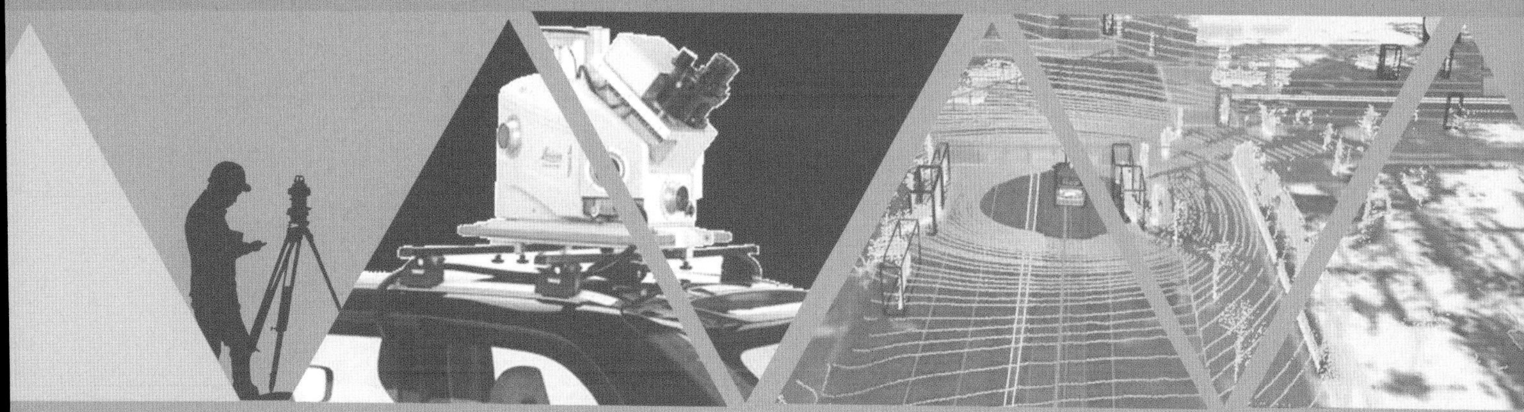

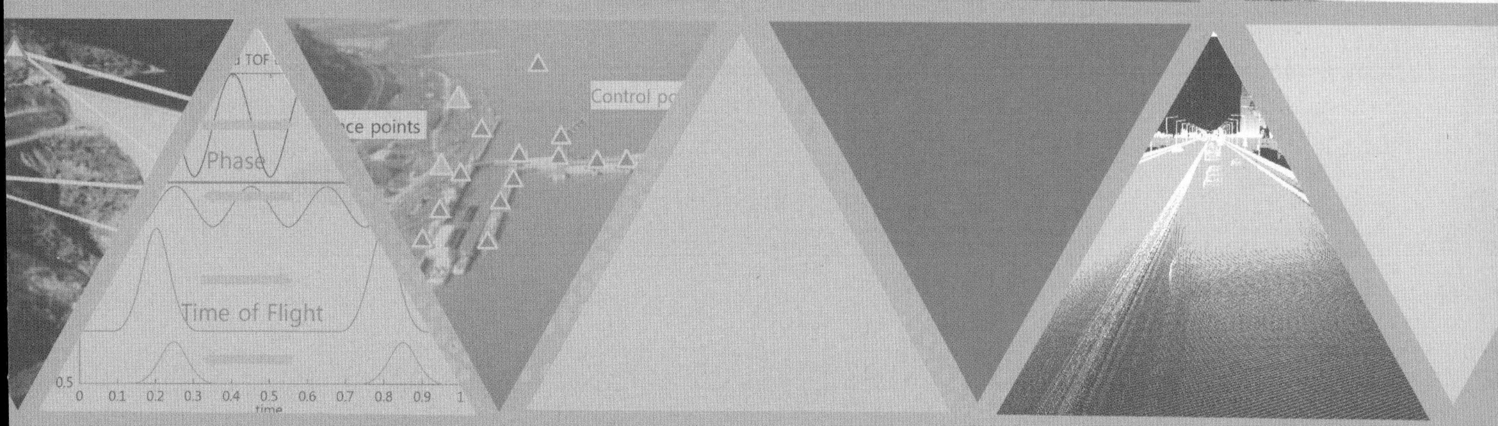

Precision Surveying and Instrumentation

청문각

■ Preface

자율주행차와 드론, 스마트시티 그리고 건설자동화 등 4차 산업혁명 확산기술에서는 위치정보와 3차원 지도가 공통의 핵심인프라가 되고 있다. 이에 현대의 측량에서도 토지와 시설물, 그리고 공간에 존재하는 모든 사물(Things)을 대상으로 하고 있으며, 미래도시의 위치기반 데이터서비스가 성장동력이 되고 있다.

측량엔지니어는 전통적으로 측위기술과 매핑기술을 기본으로 하며 관측과 오차처리에서 최고 수준의 위치정확도를 확보할 수 있어야만 시설물 또는 구조물의 변위측정과 지각변동 관측이 가능하고, 지도 등 공간데이터의 위치정확도를 평가하는 능력을 갖추게 된다. 이를 토대로 건설정보모델링(BIM), 지리정보시스템(GIS), 위성측위시스템(GNSS), 위치기반서비스(LBS), 스마트시티(Smart Cities) 등 측위 관련분야의 전문가로 핵심역할을 담당할 수 있다.

이 책 「**정밀측량·계측 – 새로운 위치기준의 조정계산**」은 저자가 그동안 사용해 오던 강의록 'Positioning'과 '기준점측량학'을 토대로 하고 있으며, 각종 사회인프라 시설물을 대상으로 한 단거리의 정밀변위 계측과 지상레이저 계측을 통합하여 새롭게 간행한 것이다.

「정밀측량·계측」에서는 측량기술의 핵심인 측위기술을 이해하여 새로운 지능화기술을 접목할 수 있도록 하였다. 특정시점(epoch) 마다의 단거리 변위측량이 가능한 인프라시설물 측량에 치심, 기상보정, 광학, 계측센서 등 높은 정확도가 요구되는 중거리 정밀기준점측량의 기법을 적용할 수 있도록 하였다. 관측데이터의 획득에 따른 설계, 관측, 보정과 검사, 조정계산 그리고 데이터의 분석처리와 시각화 등 많은 분야에서는 측위전문가의 경험과 판단을 필요로 하고 있다.

특히, 이 책에서는 공공측량과 지적측량, 공간정보 전분야에 좌표조정법과 정확도 평가기법을 보편적으로 사용될 수 있도록 다양한 기초예제와 조정계산 실무예제를 통한 지식제공에 중점을 두었다. 이를 위해 고정밀 토털스테이션(TS)과 지상레이저 스캐너(TLS)를 중심으로 오차처리와 망조정, 변위계측과 설계, 위치정확도 평가기법, 3차원 레이저측량, 3차원 점군(point cloud) 데이터의 처리까지의 최신 기술을 범위에 포함하였다.

1장에서는 정밀측량에 대한 기본사항과 측정량의 특성를 이해하도록 하고, 2장에서는 오차의 분포와 전파, 측정량의 오차분석을 중심으로 기술하였다. 3장에서는 위치정확도 평가기법을 중심으로 기준점과 지도 등의 위치정확도에 대한 표준규격 및 평가체계를 설명하고 신뢰구간, 측정량과 데이터 분석에 따른 통계검정 방법을 다루고 있다.

4장에서는 최소제곱법에 대한 기본원리를 설명하고 조건방정식에 의한 방법, 관측방정식에 의한 방법측량을 행렬을 통해 이해할 수 있게 하였고, 5장 좌표조정법에서는 미지수를 좌표로 하여 조정계산을 하는 원리와 방법에 대하여 다양한 사례를 들어 설명하였다.

6장 망조정과 원점문제에서는 좌표조정법에서 요구되는 제약조건식과 자유망조정, 조정결과의 분석과 과대오차를 판단 기법으로 기술하였다. 7장 망조정과 수치계산 예에서는 좌표조정법의 적용사례로서 수준망, 삼변삼각망, 트래버스 사례를 통하여 수치계산 예를 풀이하고 실무적용이 가능하도록 하였다.

8장 좌표기준계와 투영에서는 기준원점과 좌표계를 설명하고 타원체면상의 측정량을 평면에 투영보정하는 원리를 설명하였고, 9장 측정량의 보정에서는 관측·계측기술에 따른 다양한 보정계산의 원리와 방법을 설명하고 있다. 10장 측점의 위치계산에서는 각, 거리, 높이차 측정량에 의한 측점의 평면위치 계산법을 설명하고 고저차와 교회법에 의한 평면위치를 다루고 있다.

11장 도형조정법에서는 삼각망 형태별로 단계별 도형조정법을 기술하여 좌표조정법을 보완할 수 있도록 하였다. 12장 좌표계의 변환에서는 평면위치에 대한 좌표변환, 3차원 좌표와 변환기법을 설명하였으며, 13장 변위측량·설계에서는 시설물의 유지관리를 위한 종합적인 변위측량 설계의 절차, 관측설계 기법 그리고 댐모니터링 예를 기술하였다.

그리고 14장 지상레이저 계측에서는 최신 레이저계측시스템을 소개하고 지상레이저 계측과 변위모니터링, 모바일 지상레이저 계측과 자율주행차용 정밀도로지도 등 첨단 분야를 기술하였다.

이 책은 대학에서 '응용측량'이나 '조정계산'의 교재로 사용할 수 있을 것이다. 책 전반에 걸쳐 공학용계산기와 더불어 엑셀(Excel) 기반의 행렬계산(MMULT, MINVERSE, TRANSPOSE, Ctrl+Shift+Enter)과 삼각함수를 사용하여 다양한 예제풀이를 학습할 것을 권장하며, 전문분야에 따라 일부내용(11장, 12장)은 선택하여 학습할 수 있을 것으로 생각된다.

정밀한 통계검정 기법이나 컴퓨터 최적화기법, 검증된 상용소프트웨어(Geolab, StarNet 등)를 사용한다면, 다양한 관측설계와 기준점망 조정실무 적용이 가능할 것이다. 향후 정밀측량 기술과 연계한 드론측량과 3D BIM, Machine Control System, GNSS 및 영상기반 측위분야에 기여할 수 있기를 기대한다.

그리고, 오랜 기간 함께 공부한 학생들과 기준점 실무에 참여한 측량전문가, 그리고 원고 작성에 도움을 준 이준혁, 권찬오, 정광호, 송준호, 김성태, 정의훈 외 연구실원 모두에게 감사의 뜻을 표한다.

2018년 7월, 가마골에서

이 영 진

■ Contents

제 7 장 망조정과 수치계산 예 • 129

제 8 장 좌표기준계와 투영 • 151

제 9 장 측정량의 보정 • 167

제11장 도형조정법(삼각망) • 217

제12장 좌표계의 변환 • 243

제13장 변위측량·설계 • 265

제14장 지상레이저 계측 • 285

찾아보기 • 307

■ Contents [표]

■ Contents [그림]

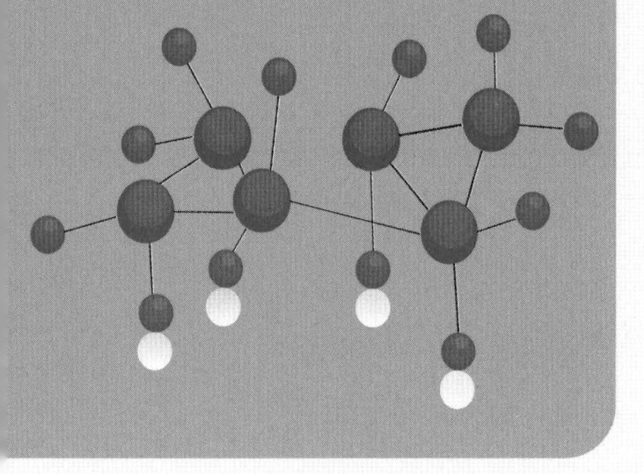

제 1 장

총설

1.1 정밀측량
1.2 시설물 변위측량
1.3 측정량과 계산

1.1 정밀측량

1.1.1 정밀측량의 정의

F. R. Helmert(1880)에 따르면 **측지학**(geodesy)은 "지구의 표면에 대한 측정과 지도작성의 과학(science of the measurement and mapping of the earth's surface)"으로 정의한 바 있다. 현대에는 여기에 대양의 해면과 지구중력의 결정이 추가되어 지구과학 또는 공학의 영역으로 취급되고 있다.

측지학은 어원에 있어 지구를 의미하는 'geo(=Earth)'와 분할을 의미하는 'desy(=divide)'가 조합된 것으로서 유럽 각국의 언어에서 'geodesy'는 영어로서의 'surveying'과 실용적으로 동등하게 사용하고 있는데 지구측지학, 측지측량, 평면측량(지형측량, 지적측량, 공사측량)이 서로 밀접한 관계를 갖고 있다. 지구측지학은 지구와 중력장의 크기와 형상을 결정하는 분야이며 측지측량은 지구의 곡률과 지구중력장을 고려하여 국가기준점(national control point)을 구축, 관리하는 분야이다.

측량법령에서는 「'**측량**'이라 함은 지표면·지하·수중 및 공간의 일정한 점의 위치를 측정하고 그 특성을 조사하여 도면 및 수치로 표시하고 거리·높이·면적·체적 및 변위의 계산을 하거나 도면 및 수치로 표시된 위치를 현지에 재현하는 것을 말하며, 지도의 제작, 측량용사진의 촬영 및 각종 건설사업에서 요구되는 **도면작성** 등을 포함한다.」로 정의하고 있다.

정밀측량(precision surveying)은 측지학, 사진측량, 지리정보시스템 등 학문영역의 구분은 아니고 프로젝트에서 요구정확도에 따라 시행하는 측량의 응용분야라고 볼 수 있다. 일반건물의 시공에서는 수 mm 정밀도로 충분하지만 초고층건물이나 강구조물의 설치와 변위감시(deformation monitoring)에서는 더 높은 정밀도를 필요로 한다. 예로서 가속기 시설의 경우에는 **허용오차** 0.1 mm를 요구하기도 하고, 장터널이나 변위측량에서는 특별한 관측망 설계와 데이터 처리기법을 필요로 한다. 정밀측량은 프로젝트별로 특별한 오차처리와 오차저감방법 및 특수한 계측기법을 적용할 수 있는 전문가가 필요하다.

정밀측량이 보통의 측량과 다른 특징은 다음과 같다.

- 정밀측량에서는 정밀하고 고가인 장비를 사용한다.
- 정밀측량에서는 직접 계측하여 데이터 처리하므로 많은 시간과 노력이 필요하고 측량비용이 증가한다.
- 정밀측량에는 수많은 측정량을 포함한다. 밀리미터 수준의 정확도와 신뢰도를 확보하기

위해서는 수많은 측정량과 관측망 구성에서 높은 수준의 자유도를 확보해야 한다.

- 정밀측량에서는 관측 단계에서 최종 데이터처리 단계까지 동시 망조정과 같은 **오차평가** 기법을 사용하여 과대오차를 검출하고 측량 정확도를 확보할 수 있어야 한다.

그러므로 정밀측량을 수행하는 **측량사**는 측량목적에 정의된 요구정확도가 확보될 수 있는 수준에서 높은 관측 정밀도를 유지해야 하며, 측량사는 측량계측의 목적이나 오차의 종류와 성질, 그리고 측량기기의 선택과 작업절차를 이해해야 한다.

1.1.2 정밀측량의 분류

정밀측량은 프로젝트 단위로 적용하는 기술이 다르기 때문에 일반적으로 분류하기는 어려우나 전통적인 측량방법과 계측기술에 따라 정밀기준점측량, 변위감시측량, 정밀공사측량, 산업계측, 그리고 과학연구용 측량으로 분류한다.

(1) **정밀기준점측량**(precision control survey)

정밀기준점측량은 지구의 곡률을 고려하여 측지학의 원리에 따라 정밀한 측량기기와 측량기법으로 국가측지망을 구성하고 국가기준점의 위치를 설정하는 측지측량이다. 전 국토의 지도제작뿐만 아니라 지구의 형상결정, 지반변동조사 등 측지·지구물리학의 기초자료를 파악하며 국토관리와 건설공사의 기준을 제공하는 데 그 목적이 있다. 우리나라에서 **국가기준점측량**은 측량법령상의 기본측량으로서 위성기준점, 삼각점, 수준점, 중력점 등의 국가기준점측량(national control survey)을 말하고 있으며, 여기에는 중력, 지자기, 지진예지 등의 지구물리측량(geophysical survey)을 포함하고 있다.

(2) **변위감시측량**(monitoring and deformation survey)

변위감시측량은 지진, 사면붕괴, 지각변동 등 자연현상(natural phenomena)이나 교량, 건물, 터널, 댐, 광산 등의 인공시설물(man-made structures)에 대한 모델링과 해석을 목적으로 한다. 요구정확도는 기준점측량이나 법령에 의한 측량과는 크게 다르고 측점에 대한 상대위치를 대상으로 한다. 기준점측량에서는 기준점의 절대위치를 구하는데 비하여 **변위측량**에서는 기준점의 상대위치 변화를 추정한다.

(3) 정밀공사측량(precision engineering surveying)

정밀공사측량은 터널, 교량, 철도, 댐, 수력발전소, 송유관 등의 공사시설물의 시공과 유지관리를 대상으로 하는 측량으로서 공사단위별로 명칭이 부여된다. 정밀기준점측량과는 다르게 절대위치보다는 상대위치를 중요하게 취급하며, 망 내에 포함된 변위 때문에 국가기준점보다는 독립적인 측지모델과 국부좌표계 또는 평면좌표계를 사용한다. **정밀공사측량**에서는 대규모 공사시설물의 요소에 대한 위치결정, 공사시설물과 주변 환경에 대한 변위감시, 과학기계장치의 설치와 정렬(alignment) 등을 목적으로 한다. 특수한 분야로서 지하를 대상으로 한 광산측량과 토지경계를 대상으로 한 지적측량이 있다.

(4) 산업계측(industral metrology)

계측학(metrology)은 일반적으로 정밀측정의 과학이다. 산업계측에서는 산업기계 장비와 과학장치에 대한 설치(positioning)와 **정렬**(aligning)을 위한 정밀측정 기술을 사용한다. 대형 방송안테나, 항공기 구조물, 선박, 자동차, 입자가속기에 대한 현장 설치와 정렬, 산업용 로봇에 대한 현장 검교정을 포함한다.

1.2 시설물 변위측량

일반적으로 시설물이란 건설공사의 대상이 되는 모든 구조물을 말하며, 지도에서 말하는 지표면에 고정되어 있는 **지물**(object) 또는 사물인터넷(IoT)에서 말하는 이동체를 포함한 **사물**(things)을 포함할 수 있다.

시설물측량이란 암반(locks), 댐(dams), 플랜트 구조물 등, 각종 시설물과 지반을 대상으로 조사, 설계제작, 시공, 유지관리 과정에서 필요로 하는 현황조사측량, 시공측량, 유지관리측량 등 전 과정을 포함하고 있다. 각종 시설물이나 지반에 설치한 측점의 위치를 결정하고 변위를 모니터링하기 위하여 정확도, 절차, 측량설계 등을 통해 안전한 유지관리를 목적으로 하고 있으며 공사시공에 필요한 **정보화시공** 측량·계측을 포함하고 있다.

다음 그림 1.1은 구조물 변위측량 데이터의 처리 흐름도를 보여주고 있다.

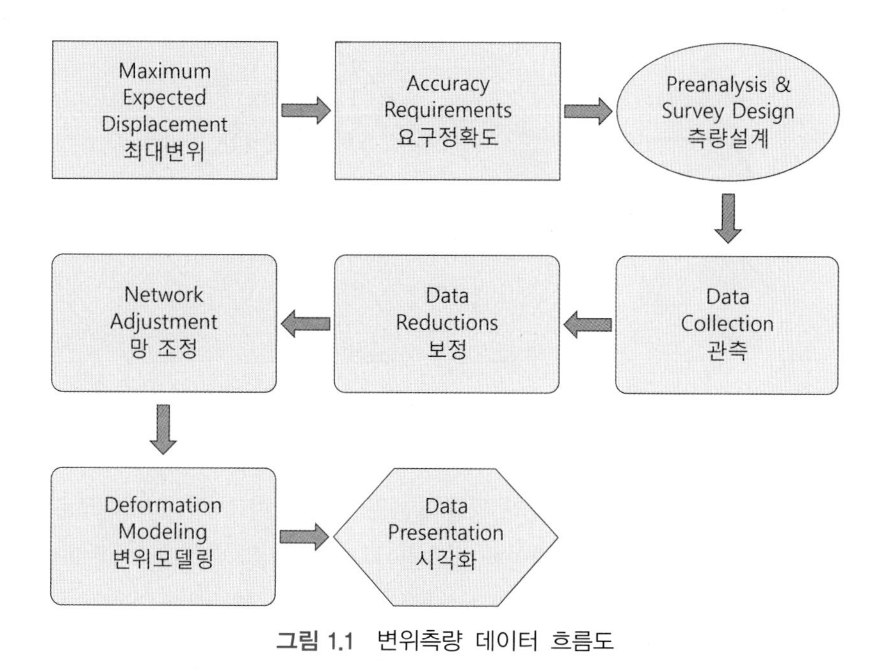

그림 1.1 변위측량 데이터 흐름도

1.3 측정량과 계산

1.3.1 지표면

지표면상의 측량성과를 한 지역과 다른 지역과의 상호간에 관련지우기 위해서는, 우선 지구가 어떤 형을 갖고 있는지를 결정하고 나서 기준을 정하게 된다. 우리는 지구의 형을 말할 때 흔히 **지표면**(the physical surface)을 고려하며 이 면은 실제의 물리적인 지표면으로 수학적인 정의가 불가능하므로 위치계산의 기준으로 사용될 수 없다. 그러나 실제로 측정작업이 이루어지는 면이다.

지오이드(geoid)는 모든 지표면에서 중력방향에 수직이며, 지구내부의 불균질 때문에 수학적으로 표현하는 데는 대단히 많은 변수들이 필요한 불규칙한 면이다. 지오이드면 또는 평균해면이 위치계산의 기초로 사용될 수 없으나 평반기포관에 의해서 중력방향의 기준이 되는 정준(levelling up)과 천문관측에서는 지오이드가 기준이 되므로 중요하다.

지오이드는 동일한 중력값을 갖는 면으로서 **평균해면**과 비슷한 의미로 이를 표고의 기준으로 한다. 그 이유는 기준타원체면의 표고를 0으로 해서 지상의 높이를 표현해도 실감이 없고

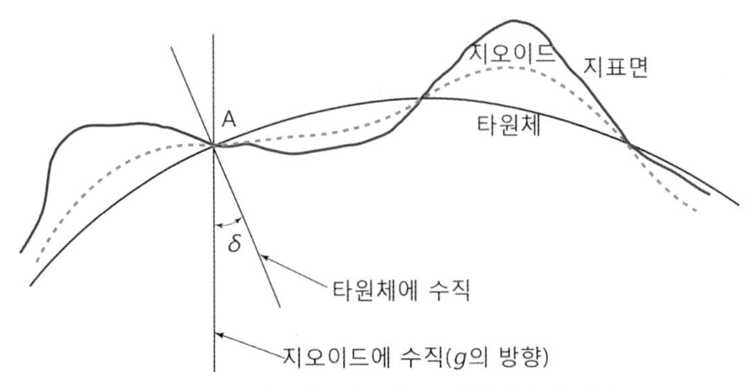

그림 1.2 지표면, 지오이드, 타원체면의 관계

실용상 불편하기 때문이다. 지오이드면과 평균해면은 지역에 따라 차이가 나므로 한 국가에 일정한 검조장에서 영년관측한 평균해면을 통과하는 지오이드를 표고의 기준으로 채용하고 있다. 임의 점의 표고는 그 지점으로부터 지오이드면에 내린 연직선의 길이를 말한다.

지구타원체(oblate 또는 earth ellipsoid)는 구면상의 넓은 지역에 분포된 점들의 위치를 수학적으로 표현하는 데는 지구를 타원체로 가정하여 취급한다. 지구의 크기는 극반경이 적도반경보다 약 20 km가 작은 사실이 알려져 있으므로, 지구를 단축 주위로 회전하는 회전타원체로 고려하며 이러한 형이 위치계산의 근거로 사용될 때 기준타원체(reference ellipsoid)라고 부른다. 인공위성에 의해 지구중력장을 고려한 정규타원체(normal ellipsoid)와 구별된다.

그림 1.2는 위의 지표면에 대한 상호관계를 보여준다. 그림 1.2에서는 A점에서 타원체와 지오이드에 대한 수직선이 δ로 차이가 있다. 이 δ를 **수직선편차**(deviation of the vertical)라 부르며 최대 30″를 넘지 않는다.

1.3.2 측정량과 보정

정밀측량에서는 토털스테이션, 데오돌라이트, 레벨, GNSS측량기 등을 사용한다(여기서, GNSS는 미국 GPS, 러시아 GLONASS, 유럽 Galileo, 중국 Beidou 등을 통칭하는 용어이다.).

지표면에서 측량을 하는 경우에는 중력 방향이 기준이 되므로 지오이드면상에 투영한 지오이드상의 거리가 최단거리로 측정되며 표고는 지오이드로부터 지표점까지의 수직거리가 된다. 즉, 평균해면의 높이와 해발표고와의 차이를 측정하게 된다.

수평각이나 고저각측정에 있어서는 기포관의 정준상태를 근거로 하고 있기 때문에 **연직선**

(또는 이에 수직인 수평면)이 기준이 된다. 따라서 중력포텐셜과 관계되는 지오이드면에 수직인 선 또는 면을 기준으로 하고 있으므로 측점마다 기준이 달라지게 된다. 수준측량의 경우에는 시준선이 수평인 상태, 즉 고도각이 0°(천정각이 90°)인 특수한 경우로 취급될 수 있다.

천문측량에 있어서는 기포관이 기준이므로 경도, 위도, 방위각도 역시 지구의 자전축(시각)과 연직선이 기준이 된다.

GNSS측량은 인공위성을 이용하여 측점 간의 상대위치인 3차원 좌표차(dX, dY, dZ)를 결정하는 측량방법이다. GNSS방식에 의해 구해지는 측정량은 측점 상호간의 방향과 크기를 나타내는 **기선벡터**(baseline vector)이며, GNSS위성의 전파신호를 수신하여 결정될 수 있다. 기선벡터는 지구 중심 3차원 좌표를 나타내는 기하학적인 양으로서 연직선이나 지오이드와는 전혀 무관하므로 TS(토털스테이션)측정량과는 다르다.

토털스테이션 등의 TS방식에 의해 구해지는 측정량은 GNSS방식에 의한 측정량과 측량방법이나 기준에서 차이가 있다. 두 데이터를 서로 통합하기 위해서는 그 기준을 통일시켜야 한다. 즉, 보정계산과 좌표계산의 기준면인 **타원체면**에 통합되어야 한다.

전통적인 측량방식에서는 삼각점 등의 모든 측점에서의 연직선편차와 타원체면을 파악하기가 어렵기 때문에 지오이드면(평균해면)을 근사적인 타원체면으로 취급하여 보정계산하고 처리하였다. 이 방법을 전개법(development method)이라고 한다.

반면에, 본래의 측정량에 대하여 모든 측점에서의 연직선편차와 지오이드를 확실히 파악하고 타원체면상에 보정한다면 보다 정확하게 될 것이다. 이 방법을 **투영법**(projection method)이라고 한다. 기준이 서로 다른 GNSS측정량과 TS측정량을 결합하기 위해서는 TS측정량을 투영법에 따라 타원체면으로 보정되어야 한다. 이는 GNSS측정량이 완전히 기하학적인 측정량이므로 기존의 측정량을 타원체 기준의 기하학적인 양으로 보정하면 통합처리가 가능하게 된다.

1.3.3 유효숫자 등

각, 거리, 높이차 등의 측정량에 대한 계산에서는 정확도의 한계와 유효숫자의 개념이 필요하다. 일반적으로 계산단위로는 기준점 좌표와 거리 0.001 m, 면적 0.01 m^2, 건설공사 0.01 m, 지형도 0.1 m를 사용한다.

각종 계산에서는 요구하는 자릿수보다 한 자리를 더 계산하고 나서 최종적으로 요구하는 자릿수까지 채택하는 것이 원칙이다. 디지털기기의 경우에도 유효한 정밀도까지로 표기한다.

유효숫자는 덧셈(뺄셈)에서는 소수점을 기준으로 소수점 이하 최소인 자릿수까지로 하며, 곱셈(나눗셈)의 경우에는 가장 적은 유효숫자를 자릿수로 택한다. 예로서 31.68, 2.345, 1.230×10^{-6}은 모두 유효숫자가 4자리이며, $349.1 \times 863.4 = 301,412.94$는 3.014×10^{-5} 4자릿수를 채택한다.

멱(power) 또는 수식의 연산이 필요한 경우에는 정오차의 전파법칙(1차 미분)에 따라 영향을 미치는 오차크기까지로 택한다. 또한 지적측량의 경우에는 짝수를 선호하며 유효숫자 2자리인 경우에 123.415는 123.42, 123.485는 123.48로 한다.

측정량의 계산에서 사용하는 공학용계산기는 삼각함수와 특수계산이 가능한 기능이 있으며 스마트폰 앱을 다운받아 사용이 가능하다. 또한 행렬계산은 MS Office 엑셀을 사용하는 것이 권장된다.

엑셀에서는 공학용계산기 계산기능 이외에도 행렬연산(덧셈, 곱셈, 역행렬, 행렬식 등)과 통계계산(평균, 표준편차, 분포곡선 등)이 가능하므로 이 책에서 각종 예제 풀이에 함께 활용하기를 권장한다. 특히, 행렬계산에서는 MMULT, MINVERSE, TRANSPOSE, Ctrl+Shift+Enter 기능을 사용하며, 원리를 이해하기 위한 예제 풀이에서는 유효숫자 처리에 다소 차이가 있으므로 주의가 필요하다.

참고 문헌

1. 이영진 (1996). “기준점측량학”, 경일대학교 측지공학과.
2. Ogundare, J. O. (2016). “Precision Surveying: the principles and geomatics properties”, Wiley.
3. Torge, W. (1980). “Geodesy: an introduction (2nd ed.)”, Walter de Gruyter.
4. Uren, J. and W. F. Price (1994). “Surveying for Engineers (3rd ed.)”, Macmillan.
5. US Corps (2002). “Structural Deformation Surveying”, EM1110-2-1009.

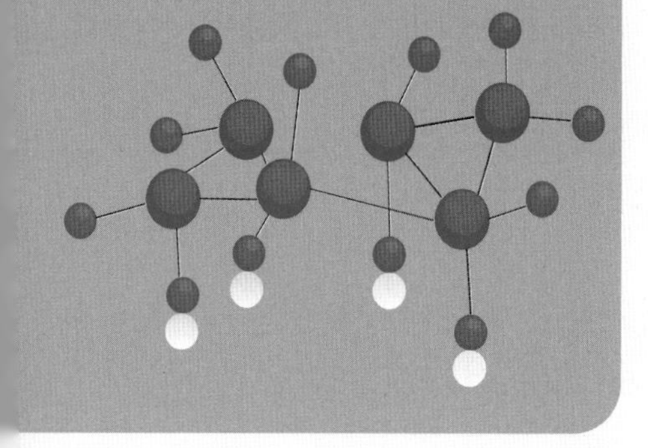

제 2 장

측정량과 오차분석

2.1 측정량과 오차

2.1.1 오차의 종류

측량에서는 거리, 각, 높이 등을 측정하고 이 측정값을 이용하여 측점의 위치(좌표)를 계산한다. 일반적으로 측정값에는 오차가 포함되어 있기 때문에 계산값에는 이러한 오차가 전파된다. 따라서 통계적인 기법을 사용하여 오차를 분배하고 계산값의 신뢰도를 평가할 필요가 있다.

어떤 양을 측정할 때 아무리 주의를 해도 사용하는 기기나 정확성에는 한계가 있으므로 참값(true value) l_0를 얻을 수 없다. 이때 참값과 측정값(measurement) l과의 차이를 오차(error)라 한다.

오차는 그 원인에 따라 과대오차, 정오차, 우연오차의 세 가지로 분류된다.

과대오차(gross error)는 측정자가 주의하지 않아서 발생하는 것으로, 눈금을 잘못 읽거나 기장의 잘못 또는 계산의 잘못 등이 원인이다. 반복측정이나 의심스러운 측정값을 버림으로써 오차를 줄일 수 있으며, 과대오차는 오차이론에서 오차로 취급될 수 있으나 측량문제에서는 소거된 것으로 가정하는 것이 보통이다.

과대오차를 최소화하기 위한 대책으로서는 ① 2회 이상 반복관측, ② 기하학적인 조건이 만족하도록 측정(예로서 삼각형의 세 내각을 측정), ③ 의심스러우면 현지에서 즉시 검측한다는 대원칙을 지켜야 하며 수시로 검측 또는 확인을 해야 한다. 특히 점검되지 않은 데이터에는 과대오차의 내포 가능성이 상존하고 있음을 항상 인식해야 한다.

정오차(systematic error)는 원인이 명확하여 일정한 조건에서는 보통 일정한 질과 양의 오차가 발생하는 것을 말한다. 이론상으로는 원인과 특성으로부터 보정식을 구하게 되면 이러한 정오차는 보정될 수 있다.

정오차에는 기계의 특성과 눈금으로부터 나타나는 기계적인 오차, 그리고 온도, 기압, 습도 등으로부터 나타나는 물리적인 오차, 관측하는 개개인에 따라 나타나는 개인적인 오차가 있다. 그러므로 측정기계의 검정과 조정을 실시하고 측정시의 조건과 상태를 잘 기록해 두어야 할 필요가 있다. 광파측거기에서 기계검정(calibration)을 실시하여 기계상수를 보정하는 것이 일반적이며 측정시 기상측정을 실시하고 후에 보정식에 의해 보정하게 된다.

또한 외업에서는 정오차를 소거시키거나 보정될 수 있도록 측정작업을 실시해야 하는데 각측정에서 정위와 반위로 관측하여 평균하면 대부분의 정오차가 소거되는 것은 대표적인 예이다.

우연오차(random error)는 그 원인이 분명치 않은 것으로 정오차와 과대오차를 소거시키고 남는 오차이다. 우연오차는 부호와 크기가 불규칙하게 나타나며 정규분포를 이루므로 다수의 측정에 의해 평가할 수 있으며 최소제곱법의 이론에 의해 참값을 추정할 수 있다. 이와 같이 추정된 값을 최확값(most probable value)이라고 하고 추정값과 측정값과의 차를 잔차(residuals) 또는 **보정량**(corrections)이라고 한다.

2.1.2 정밀도와 정확도

측량에서는 먼저 과대오차를 소거한 후에 정오차를 보정하며 그리고 남는 우연오차를 최소제곱법에 의해 조정(분배)을 실시하는 것이 오차처리의 기본 원칙이다. 측량에서 발생되는 오차는 정확도와 정밀도를 이해함으로서 그 개념을 파악할 수 있다.

정확도(accuracy)는 측정값이 참값에 얼마나 가까운지를 나타내는 것이고 **정밀도**(precision)는 측정값들이 얼마만큼 퍼져있는가를 나타낸다. 정확하다고 해서 꼭 정밀한 것은 아니며, 반대로 정밀하다고 해서 정확한 것만은 아니다. 정확도는 정오차와 우연오차를 포함한 크기를 나타내고 정밀도는 주로 우연오차의 크기를 나타낸다.

그림 2.1은 사격의 탄흔을 나타내고 있는데 그림에서 (a)는 정확하면서 정밀한 반면에, (b)는 정확하지는 않지만 정밀하다고 말할 수 있다. 그러나 (c)는 정확하나 정밀하지는 않다. 다시 말하면 우연오차 σ가 정밀도에 관계하는 반면 정확도에는 편이량(bias) β가 함께 적용된다.

$$M^2 = \sigma^2 + \beta^2 \tag{2.1}$$

이때 정밀도를 나타내는 σ는 **표준오차**(SE, standard error)에 의해, 정확도를 나타내는 M

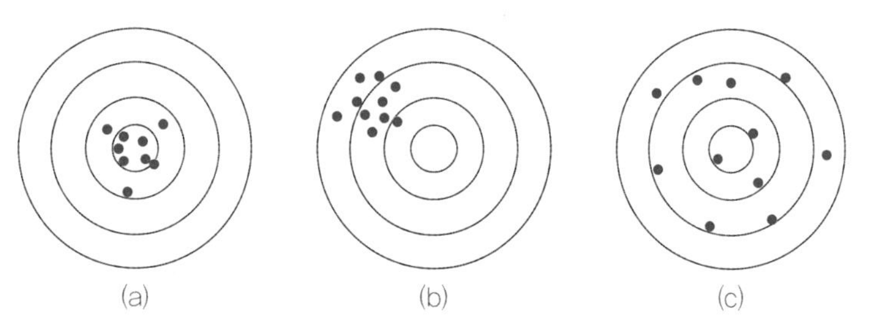

그림 2.1 사격표지판의 탄흔

은 평균제곱근오차(RMSE, root mean square error)에 의해 구할 수 있는데 측량에서는 흔히 정오차가 보정되어 제거된 표준오차를 오차표현법으로 사용하고 있다. 만일 β가 0이라면 정밀도와 정확도는 같은 의미로 사용될 수 있다.

그러나 그림 2.1에서 (c)가 (a), (b)보다 더 먼 거리에서 사격한 경우라면 더 정밀할 수도 있으므로, 오차의 크기를 거리로 나눈 상대정밀도로 나타내게 된다. 상대정밀도는 1/1,000, 1/10,000 등으로 나타내며 분모가 클수록 측정이 잘된 것이다.

2.2 오차와 분포

2.2.1 용어

측량에서 관측데이터의 처리와 통계분석을 위해 사용되고 있다는 기본적인 용어와 기호는 다음과 같다.

(1) x_i

$i = 1, 2, \cdots\cdots, n$. n개의 측정값.

(2) μ

정오차가 보정되었을 때 모집단의 평균 또는 참값.

(3) $\bar{x}$

μ의 추정값으로서 표본평균(흔히 평균이라 함). 여기서 x_a는 계산의 편의를 위해 도입하는 임의의 상수.

$$\bar{x} = \frac{x_1 + x_2 + \cdots + x_n}{n} = \frac{\sum x_i}{n} \tag{2.2}$$

$$\bar{x} = x_a + \frac{\sum (x_i - x_a)}{n} \tag{2.3}$$

(4) σ^2, σ

μ가 기지일 경우에 측정값의 퍼짐정도를 나타내기 위한 모집단의 분산, 표준편차.

$$\sigma^2 = \frac{\sum (x_i - \mu)^2}{n} \tag{2.4}$$

(5) s^2, s

μ가 미지일 경우에 σ^2, σ의 추정값을 나타내기 위한 표본의 분산, 표준편차(또는 표준오차라고 함). 표본의 수가 충분히 크다고 가정하면 σ^2, σ로 취급된다.

$$s^2 = \frac{\sum (x_i - \bar{x})^2}{n-1} = \frac{\sum v^2}{n-1} \tag{2.5}$$

(6) v

잔차 또는 보정량이며, 표본의 수가 충분히 크다고 가정하고 참오차의 개념으로서 흔히 오차라고 한다.

$$v = x_i - \bar{x} \tag{2.6}$$

(7) $s_{\bar{x}}^2$, $s_{\bar{x}}$

평균에 대한 분산, 표준편차(또는 표준오차라고 함).

$$s_{\bar{x}} = \frac{s}{\sqrt{n}} = \left\{ \frac{\sum v^2}{n(n-1)} \right\}^{\frac{1}{2}} \tag{2.7}$$

(8) w_i

중량(weight)이며 분산에 반비례, 또는 발생빈도수에 비례한다.

$$w_i = \frac{1}{s_i^2} \tag{2.8}$$

(9) $n-u$

자유도(freedom of degree)이며 필요한 최소측정수(u)를 초과하는 여분의 측정수.

$$자유도 = 측정수 - 최소측정수$$

(10) σ_{xy}, s_{xy}

모집단, 표본에 대한 공분산(분산의 단위와 같다).

$$s_{xy} = \frac{\sum(x_i - \bar{x})(y_i - \bar{y})}{n-1} \tag{2.9}$$

(11) ρ_{xy}

상관계수($-1 \leq \rho \leq 1$).

$$\rho_{xy} = \rho = \frac{s_{xy}}{s_x s_y} \tag{2.10}$$

2.2.2 오차분포곡선

우연오차는 정규분포(normal distribution)를 이루고 있다고 가정될 수 있으며, 측정횟수를 무한히 증가시켰을 때 표준편차가 σ인 어떤 오차 $(x-\mu)$의 발생확률 $f(x)$는 다음 정규곡선식으로 주어진다.

$$f(x) = \frac{1}{\sigma\sqrt{2\pi}} e^{-\frac{1}{2}\left(\frac{x-\mu}{\sigma}\right)^2} \tag{2.11}$$

여기서 $z = (x-\mu)/\sigma$로 놓으면, **표준정규분포**라고 부르는 $\mu = 0$, $\sigma^2 = 1$, 즉, $N(0, 1)$인 확률밀도함수가 된다.

$$f(z) = \frac{1}{\sigma\sqrt{2\pi}} e^{-\frac{z^2}{2}} \tag{2.12}$$

확률밀도 함수를 적분한 값이 확률(면적)이므로 이에 대한 차이를 구하면 일정구간에서 오차가 발생할 확률을 구할 수 있다. 한 예로서 그림 2.2에서 $X = (x-\mu)$라 할 때,

$$\begin{aligned} &P\{-\sigma \leq X < \sigma\} = 0.6827\ (68.27\%) \\ &P\{-1.96\sigma \leq X < 1.96\sigma\} = 0.9500\ (95\%) \end{aligned} \tag{2.13}$$

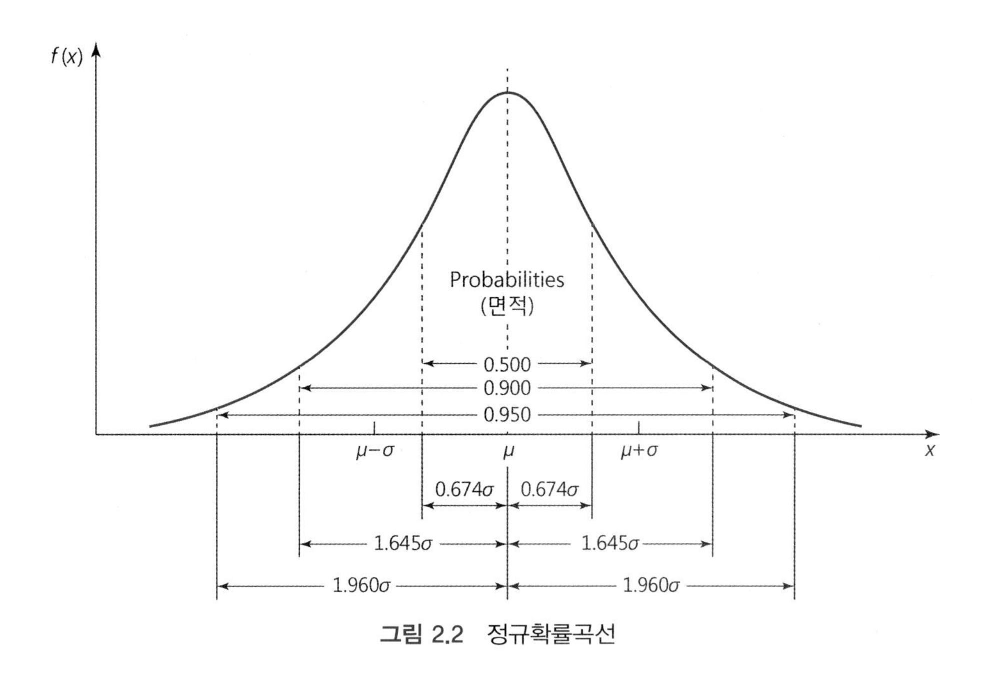

그림 2.2 정규확률곡선

어떠한 측정량이 반복측정된 경우에 확률밀도함수를 나타내기 위하여 히스토그램을 사용할 수 있으며 측정량을 동일 구간으로 분할하고 각 구간마다의 발생된 측정의 수(빈도)를 구하여 막대그래프로 나타낼 수 있다.

2.2.3 중량과 상대분산

하나의 측정량이 다른 측정량보다 상대적으로 우수한 질을 갖고 있다면, 그 척도로서 **중량**(weight)을 사용하는데 중량은 관측자, 관측장비, 관측조건에 따라 달라지게 된다. 이 세 요소는 상황에 따라 변화하기 때문에 중량을 하나의 상수값으로 사용하기가 곤란하므로 개개의 측정에 대하여 분산을 각각 σ_1^2, σ_2^2, ……, σ_n^2이라고 하고 대응되는 중량을 각각 w_1, w_2, ……, w_n이라고 한다면 다음의 관계가 성립된다.

$$w_1\sigma_1^2 = w_2\sigma_2^2 = \cdots\cdots = w_n\sigma_n^2 = \sigma_0^2 \text{ (상수)} \qquad (2.14)$$

이때 σ_0를 중량이 1인 관측의 표준편차 또는 **단위중량의 표준편차**(standard deviation of unit weight), σ_0^2을 단위분산(unit variance), 분산계수(variance factor) 또는 기준분산(reference variance)이라고 한다.

식 (2.14)로부터 중량 w_i인 측정량의 분산은 다음과 같이 표현할 수 있다.

$$\sigma_i^2 = \frac{\sigma_0^2}{w_i} \tag{2.15}$$

다시 쓰면, 중량은

$$w_i = \frac{\sigma_0^2}{\sigma_i^2} \tag{2.16}$$

또한 식 (2.14)로부터 다음이 성립되므로 중량은 분산에 반비례한다고 말할 수 있다.

$$\frac{w_1}{w_2} = \frac{\sigma_2^2}{\sigma_1^2} \tag{2.17}$$

따라서 중량은 상대적으로 나타낼 수 있기 때문에 단위중량의 분산이 불명확하더라도 중량을 편리하게 사용할 수가 있음을 알 수 있다.

중량의 역수 q_i를 **상대분산**(cofactor or relative variance)이라고 하며 이는 분산에 비례하는 양이다. 다시 나타내면,

$$\frac{\sigma_1^2}{q_1} = \frac{\sigma_2^2}{q_2} = \cdots\cdots = \frac{\sigma_n^2}{q_n} = \sigma_0^2 \ (\text{상수}) \tag{2.18}$$

여기서,

$$q_i = \frac{\sigma_i^2}{\sigma_0^2} = \frac{1}{w_i} \tag{2.19}$$

2.3 우연오차의 전파

2.3.1 우연오차의 전파

측량에서는 한번에 측정할 수 없는 경우에는 구간을 나누어 측정하거나, 각과 거리를 측정하여 이들의 함수로 만들어진 좌표를 이용한다. 이러한 경우에 각각의 측정값에는 오차가 포함되어 계산되어 있으므로 계산된 좌표에는 측정오차가 누적된다.

일반적으로 측정량 $x_1, x_2, \cdots, x_n$이 서로 독립되어 있고 $y = f(x_1, x_2, \cdots, x_n)$을 구성한다면 Taylor 급수전개로부터 고차항을 소거하면, 통계량인 분산(variance)에 대한 **오차전파식**이 된다.

$$\sigma_f^2 = (\frac{\partial f}{\partial x_1})^2 \sigma_1^2 + (\frac{\partial f}{\partial x_2})^2 \sigma_2^2 + \cdots + (\frac{\partial f}{\partial x_n})^2 \sigma_n^2 \tag{2.20}$$

여기서 σ_i는 표준편차, 표준오차, 또는 다른 표현법에 의한 오차일 수 있다. 이 식을 우연오차의 전파법칙이라고 한다. 가장 간단한 적용 예로는 평균 $\bar{x}$의 계산을 들 수 있다. 즉,

$$\bar{x} = \frac{x_1}{n} + \frac{x_2}{n} + \cdots + \frac{x_n}{n}$$

이므로 단위 측정량의 표준편차를 σ라고 할 때, 오차전파의 법칙을 적용하면

$$\sigma_{\bar{x}}^2 = n \cdot (\frac{1}{n})^2 \sigma^2 = \frac{\sigma^2}{n} \tag{2.21}$$

그러므로 $\sigma_{\bar{x}}$는 평균에 대한 표준편차가 된다.

2.3.2 오차전파 적용 예

예제 2-1 전체 길이를 세 구간으로 분할하여 측정한 결과이다. 전체 길이 L에 대한 최확값과 표준오차를 구하라.

$$l_1 = 63.5264 \pm 0.0044\ \text{m},\ l_2 = 54.3213 \pm 0.0050\ \text{m},\ l_3 = 32.1362 \pm 0.0038\ \text{m}$$

[풀이] $\text{L} = l_1 + l_2 + l_3 = 63.5264 + 54.3213 + 32.1362 = 149.9839\ \text{m}$

$$\sigma_{\text{L}} = \{\sigma_{l_1}^2 + \sigma_{l_2}^2 + \sigma_{l_3}^2\}^{\frac{1}{2}} = \{(0.0044)^2 + (0.0050)^2 + (0.0038)^2\}^{\frac{1}{2}} \fallingdotseq \pm 0.0077\ \text{m}$$

$\therefore\ \text{L} = 149.9839\ \text{m} \pm 0.0077\ \text{m}$ ■

예제 2-2 직육면체의 형상을 갖는 저수장을 측정한 결과이다. 체적 V에 대한 최확값과 표준오차를 구하라.

$$l = 40.00 \pm 0.05\ \text{m},\ w = 20.00 \pm 0.03\ \text{m},\ h = 15.00 \pm 0.02\ \text{m}$$

[풀이] $\text{V} = lwh = 40.00 \cdot 20.00 \cdot 15.00 = 12000\ \text{m}^3$

$$\sigma_{\text{v}} = \{(\sigma_l wh)^2 + (l\sigma_w h)^2 + (lw\sigma_h)^2\}^{\frac{1}{2}}$$

$$= \{(0.05 \cdot 20 \cdot 15)^2 + (40 \cdot 0.03 \cdot 15)^2 + (40 \cdot 20 \cdot 0.02)^2\}^{\frac{1}{2}} = 28.373\ \text{m}^3$$

$\therefore\ \text{V} = 12000 \pm 28.373\ \text{m}^3$ ■

예제 2-3 경사각 $\alpha = 30° \pm 60''$, 경사거리 $\text{D} = 100.000 \pm 0.05\ \text{m}$일 때 수평거리 H와 높이 V의 길이와 표준오차를 각각 계산하라. 단, ρ''는 $180°/\pi = 206265''$임.

[풀이] $\text{H} = \text{D} \cdot \cos\alpha = 100.000 \times \cos 30° = 86.603\ \text{m}$

$$\sigma_{\text{H}} = \pm \{(\sigma_D \cos\alpha)^2 + (-\text{D}\sin\alpha)^2 \cdot (\frac{\sigma_\alpha''}{\rho''})^2\}^{\frac{1}{2}}$$

$$= \pm \{(\cos 30° \cdot 0.05)^2 + (-100 \cdot \sin 30°)^2 \cdot (\frac{60''}{206265''})^2\}^{\frac{1}{2}} = \pm 0.04568\ \text{m}$$

$\text{V} = \text{D} \cdot \sin\alpha = 100 \times \sin 30° = 50\ \text{m}$

$$\sigma_{\text{v}} = \pm \{(\sigma_{\text{D}} \cdot \sin\alpha)^2 + (\text{D} \cdot \cos\alpha)^2 \cdot (\frac{\sigma_\alpha}{\rho''})^2\}^{\frac{1}{2}}$$

$$= \pm \{(0.05 \cdot \sin 30°)^2 + (100 \cdot \cos 30°)^2 \cdot (\frac{60''}{206265''})^2\}^{\frac{1}{2}} = \pm 0.0355 \text{ m}$$

$$\therefore \ H = 86.603 \pm 0.04568 \text{ m}$$

$$V = 50.000 \pm 0.0355 \text{ m}$$

■

2.3.3 공분산의 전파

만일, x_1, x_2, $\cdots$, x_n이 서로 독립되어 있지 않고 상관관계가 있다고 한다면 공분산이 적용되어야 한다. 예로서 변량이 x_1, x_2의 두 개인 경우를 들면,

$$z = ax_1 + bx_2$$

$$\sigma_z^2 = a^2\sigma_{x_1}^2 + b^2\sigma_{x_2}^2 + 2ab \cdot \sigma_{xy} \tag{2.22}$$

이러한 경우와 같이 함수식 y가 다수인 경우에는 상관관계를 고려하는 공분산의 전파를 적용해야 한다. x_i가 통계량으로서 정규분포이고 $y_i = f(x_i)$가 비선형 함수라면 선형화하여 1점에서 대응되는 정규분포를 근사적으로 처리할 수 있다. 즉,

$$\begin{bmatrix} dy_1 \\ dy_2 \\ \vdots \\ dy_m \end{bmatrix} = \begin{bmatrix} \frac{\partial y_1}{\partial x_1} & \frac{\partial y_1}{\partial x_2} & \cdots\cdots & \frac{\partial y_1}{\partial x_n} \\ \frac{\partial y_2}{\partial x_1} & \frac{\partial y_2}{\partial x_2} & \cdots\cdots & \frac{\partial y_2}{\partial x_n} \\ \vdots & & & \vdots \\ \frac{\partial y_m}{\partial x_1} & \frac{\partial y_m}{\partial x_2} & \cdots\cdots & \frac{\partial y_m}{\partial x_n} \end{bmatrix} \begin{bmatrix} dx_1 \\ dx_2 \\ \vdots \\ dx_n \end{bmatrix} \tag{2.23}$$

함수 $y_i = f(x_i)$가 선형인 경우에 편미분 대신 도함수를 사용한다. 즉, 식 (2.23)을 행렬로 다시 쓰면,

$$Y = AX \tag{2.24}$$

측정량 x_i에 대한 공분산행렬(covariance matrix)은 분산(대각선 요소)과 공분산으로 구성되는 행렬이며 다음과 같이 나타낸다.

$$\sum_{xx} = \begin{bmatrix} \sigma_{x_1}^2 & \sigma_{x_1x_2} & \cdots\cdots & \sigma_{x_1x_n} \\ \sigma_{x_2x_1} & \sigma_{x_2}^2 & \cdots\cdots & \sigma_{x_2x_n} \\ \vdots & \vdots & & \vdots \\ \sigma_{x_nx_1} & \sigma_{x_nx_2} & \cdots\cdots & \sigma_{x_n}^2 \end{bmatrix} \tag{2.25}$$

이때 **공분산의 전파식**은 다음과 같이 된다.

$$\sum_{yy} = A \sum_{xx} A^T \tag{2.26}$$

이러한 오차전파의 법칙이 적용되면 $\sum_{xx}$가 대각선행렬인($\sigma_{ij} = 0,\ i \neq j$) 서로 독립된 측정량에서도 오차전파의 결과인 함수 **Y**의 공분산행렬은 대각선행렬이 아닌 결과가 된다. 공분산 전파의 적용은 4장에서 다룬다.

2.4 측정량의 오차분석

2.4.1 EDM의 오차분석

광파측거기(electro-optical distance meter)를 이용한 거리측정에서 기계와 반사프리즘의 경사거리 S는 원리적으로 다음 식에 의하여 결정된다.

$$S = m\frac{\lambda}{2} + u + k \tag{2.27}$$

여기서, λ는 변조파의 파장, m은 완전한 파장의 수, u는 위상차 측정에 의해 구한 $\lambda/2$ 파장이 안 되는 부분, k는 기계검정에서 결정되는 영점오차(zero error)이다.

식 (2.27)에서 λ, u, k가 서로 독립이라면 **오차전파의 법칙**이 적용될 수 있다.

$$\sigma = (\frac{m}{2})^2\, \sigma_\lambda^2 + \sigma_u^2 + \sigma_k^2 \tag{2.28}$$

또한 변조파의 파장은 c를 진공상태에서 빛의 속도, n을 대기굴절계수, f를 변조주파수라고 할 때 다음과 같이 나타낼 수 있다.

$$\lambda = \frac{c}{nf} \tag{2.29}$$

같은 방법으로 식 (2.29)에서 c, n, f가 서로 독립이면

$$\sigma_\lambda^2 = \lambda^2 \{ (\frac{\sigma_c}{c})^2 + (\frac{\sigma_n}{n})^2 + (\frac{\sigma_f}{f})^2 \} \tag{2.30}$$

식 (2.30)을 식 (2.28)에 대입하고 식 (2.27)에서 근사적인 거리 $S \fallingdotseq m\frac{\lambda}{2}$만을 사용한다면,

$$\sigma_s^2 = (\frac{m\lambda}{2})^2 \{ (\frac{\sigma_c}{c})^2 + (\frac{\sigma_n}{n})^2 + (\frac{\sigma_f}{f})^2 \} + \sigma_c^2 + \sigma_k^2$$

그러므로

$$\sigma_s^2 = S^2 \{ (\frac{\sigma_c}{c})^2 + (\frac{\sigma_n}{n})^2 + (\frac{\sigma_f}{f})^2 \} + \sigma_c^2 + \sigma_k^2 \tag{2.31}$$

로 두면, 식 (2.31)은 거리와 무관한 a와 거리에 비례하는 b에 의해 다음과 같이 단순하게 표현할 수 있다.

$$\sigma_s = (a^2 + b^2 S^2)^{\frac{1}{2}} \tag{2.32}$$

여기서

$$a = (\sigma_u^2 + \sigma_k^2)^{\frac{1}{2}}$$

$$b = \{ (\frac{\sigma_c}{c})^2 + (\frac{\sigma_n}{n})^2 + (\frac{\sigma_f}{f})^2 \}^{\frac{1}{2}}$$

이 식 (2.32)이 EDM의 **정확도**를 나타내는 기본식이며 제작사에서는 다음의 형태로 표현하고 있다.

$$\text{accuracy} = \pm (a + b \text{ ppm}) \tag{2.33}$$

그러나 식 (2.32)에서는 치심오차와 경사보정 등의 오차가 제외되어 있으므로 실용적으로 볼 때에는 이러한 오차 $\sigma_{\Delta s}$를 포함하고 있다.

$$\sigma_s = (a^2 + b^2 S^2 + \sigma_{\Delta s})^{\frac{1}{2}} \tag{2.34}$$

식 (2.33)에서 제작사에서 제공하고 있는 수치를 적용해 본 실무결과에서는 a는 적합되지만 b는 2배 과장되어 있음이 알려지고 있다. 다시 말해서 제작사에서 이상적인 조건하에서 3 ppm으로 제시된 경우 6 ppm이 더 타당하다는 결과이다.

예제 2-4 $\sigma_c/c = 0.3$ ppm, $\sigma_n/n = 2.0$ ppm일 때의 EDM주파수의 상대정확도가 $\sigma_f/f = 1.0$ ppm이며, $\sigma_u = 5.0$ mm, $\sigma_k = 2.5$ mm라고 할 때 2 km 측정시의 오차크기를 구하라.

[풀이] $b = (0.3^2 + 2.0^2 + 1.0^2)^{\frac{1}{2}} = 2.3$ ppm

$a = (5.0^2 + 2.5^2)^{\frac{1}{2}} = 5.6$ mm

$\therefore \sigma_s = \{5.6^2 + (2.3)^2 (2)^2\}^{\frac{1}{2}} = \pm 7.2$ mm ■

2.4.2 각측정의 오차분석

대부분의 기계오차는 정오차이며 적절한 관측방법을 통하여 보정될 수 있으므로, 치심오차(centering error), 시준오차(pointing error), 읽음오차(reading error) 등을 고려할 수 있다.

그러므로 수평각측정에서 1방향 관측에 대한 치심오차, 시준오차, 읽음오차를 각각 σ_c, σ_p, σ_r이라고 하면 수회 관측한 수평각의 오차는 다음과 같다.

$$\sigma_\theta = (\sigma_{\theta c}^2 + \sigma_{\theta p}^2 + \sigma_{\theta r}^2)^{\frac{1}{2}} \tag{2.35}$$

치심오차는 기계점의 치심오차뿐만 아니라 두 목표점의 치심오차도 고려되어야 하므로 점

간거리가 균등하고 평균거리를 D라고 할 때

$$\sigma_{\theta_c} = \frac{2\sigma_c}{D} \cdot \rho'' \tag{2.36}$$

또한 **시준오차**는 망원경의 성능, 목표의 형상, 기상조건에 영향을 받게 되며 n대회 관측에서는 1방향을 2n회 시준하게 되므로 수평각은 두 방향의 읽음을 각각 δ_1, δ_2라고 할 때

$$\theta = \frac{\sum^{2n}(\delta_2 - \delta_1)_i}{2n} \tag{2.37}$$

반복법의 경우에는 $\sigma_{\theta p} = \sigma_p$이다. 대회법의 경우에는 오차전파법칙을 적용하여 $\sigma_{p1} = \sigma_{p2} = \sigma_p$로 할 때의 n대회법의 시준오차는

$$\sigma_{\theta p} = \frac{\sigma_p}{\sqrt{n}} \tag{2.38}$$

읽음오차의 경우에는 방향데오돌라이트에서 방향법에 의한 n대회 관측에 의해 2n번 읽게 되고 반복데오돌라이트에서 반복법에 의한 n회 반복관측에서 2번만 읽게 되므로 다음과 같이 된다.

$$\sigma_{\theta r} = \frac{\sigma_r}{\sqrt{n}} \quad \text{(방향데오돌라이트, 대회법)} \tag{2.39}$$

$$\sigma_{\theta r} = \frac{\sigma_r}{n\sqrt{2}} \quad \text{(반복데오돌라이트, 반복법)} \tag{2.40}$$

경험적으로 1″독 및 10″독 데오돌라이트를 사용하여 정위와 반위읽음의 평균에 대한 표준오차를 구한 결과 1대회 관측에서 각 측정에서 1방향의 표준오차는 최소읽음값의 2.5배임이 알려지고 있다.

표 2.1은 다른 규정이나 근거가 없을 때 사용될 수 있다. 수평각(교각)일 경우에는 두 방향의 차이이므로 이 수치를 $\sqrt{2}$배 하면 된다.

한편, 천정각측정의 경우에는 대기굴절에 영향을 받으며 정준(기포 중앙)을 유지하기가 어렵고 0눈금을 맞추기 위한 고도정수(index error)의 설정과 소거도 문제이다. 따라서 다른 규정이나 근거가 없는 경우에는 수평각 측정의 1.5배로 가정하는 것이 일반적이다.

표 2.1 데오돌라이트 표준오차

구분	1방향 표준오차(경험)
1″독 데오돌라이트	$\sigma_\theta = \pm 2.5''$
6″독 데오돌라이트	$\sigma_\theta = \pm 15''$
10″독 데오돌라이트	$\sigma_\theta = \pm 25''$

$$\sigma_v = 1.5\ \sigma_\theta \tag{2.41}$$

예제 2-5 $D = 800\ \mathrm{m}$, $\sigma_c = 2.0\ \mathrm{mm}$, $\sigma_p = 2.0''$, $\sigma_r = 6.0''$일 때 반복데오돌라이트를 사용하여 1회, 4회 반복관측에서의 측정각 오차를 구하라.

[풀이] 식 (2.36)에서 $\sigma_{\theta c} = 1.03''$

1반복에서 $\sigma_\theta = \{1.0^2 + 2.0^2 + (\frac{6}{1\sqrt{2}})^2\}^{\frac{1}{2}} = 4.8''$

4반복에서 $\sigma_\theta = \{1.0^2 + 2.0^2 + (\frac{6}{4\sqrt{2}})^2\}^{\frac{1}{2}} = 2.5''$ ■

2.4.3 직접수준측량의 오차분석

그림 2.3에서와 같이 직접수준측량에서 전·후시 거리가 모두 D이고, 시준선오차(시준축의 경사)가 각각 α_a, α_b 읽음값이 각각 r_a, r_b일 때 수준척을 세운 두 점 A, B 간의 수준차는 다음과 같이 나타낼 수 있다.

$$\Delta h = (r_a - D\alpha_a) - (r_b - D\alpha_b) \tag{2.42}$$

만일 $\alpha_a = \alpha_b$라면 시준선오차가 소거되어 $\Delta h = r_a - r_b$가 된다.

한편, σ_β를 단위시준거리당 읽음의 표준오차(m/m)라고 할 때의 읽음오차 σ_r은

$$\sigma_r = D\ \sigma_\beta \tag{2.43}$$

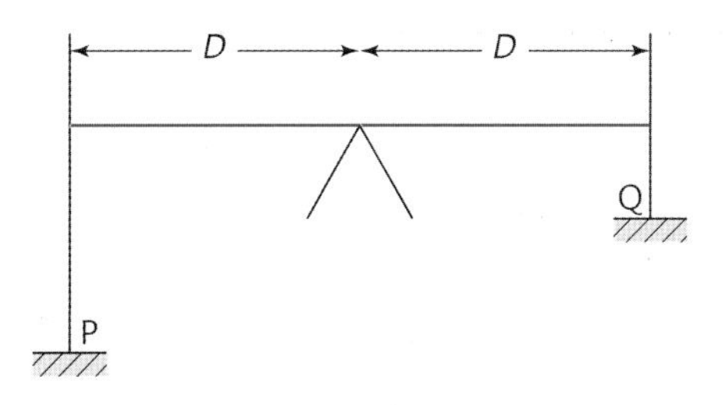

그림 2.3 수준차측정의 오차

로 표현된다. 이때 r_a와 r_b, α_a와 α_b가 각각 동등한 정확도로 측정되어 각각 σ_r, σ_α라고 할 때 식 (2.42)에 오차전파법칙을 적용하면 다음과 같이 된다.

$$\sigma_{\Delta h}^2 = \sigma_r^2 + D^2\sigma_\alpha^2 + \sigma_r^2 + D^2\sigma_\alpha^2 \tag{2.44}$$

이 식에 식 (2.43)을 고려하면, 레벨을 1회 설치한 경우의 오차는 다음과 같이 된다.

$$\sigma_{\Delta h}^2 = 2\mathrm{D}^2 \ (\sigma_\alpha^2 + \sigma_\beta^2)^2 \tag{2.45}$$

만일 n회 기계를 설치하였다면 오차전파법칙으로부터

$$\sigma_{\Delta h}^2 = 2n\mathrm{D}^2 \ (\sigma_\alpha^2 + \sigma_\beta^2) \tag{2.46}$$

전체 수준노선거리 S＝2nD이므로 식 노선에 대한 수준차의 표준오차를 다음과 같이 나타낼 수 있다.

$$\sigma_{\Delta h} = \{\mathrm{SD}(\sigma_\alpha^2 + \sigma_\beta^2)\}^{\frac{1}{2}} \tag{2.47}$$

식 (2.47)은 직접수준측량의 오차가 노선거리 S의 제곱근에 비례함을 의미하고 있으므로 **직접수준측량의 정확도**는 다음과 같이 나타낼 수 있다.

$$r = \pm c/\sqrt{\mathrm{km}} \quad \text{또는} \quad \pm c \ \mathrm{mm/km} \tag{2.48}$$

Wild N3의 경우에 제작사에서 제시하는 표준편차는 ±0.2 mm/km이지만 실무에서 적용할 때에는 ±0.6 mm/km인 것으로 알려지고 있다.

예제 2-6 레벨의 기포관 정준(시준선 경사)의 정확도 $\sigma_\alpha = 2.0''$, 단위시준거리당 읽음의 표준오차 $\sigma_\beta = 0.012$ mm/m, 시준거리를 60 m로 할 때 10 km 노선의 표준오차를 구하라.

[풀이] 식 (2.47)에서

$$\sigma_{\Delta h} = (10000)(60)\{(2.0''/\rho'')^2 + (1.2\times10^{-5})^2\}^{\frac{1}{2}}$$

$$\therefore\ \sigma_{\Delta h} = 0.012\text{m}$$ ■

예제 2-7 위 레벨을 사용하여 1.5 km 떨어진 수준점 간을 측량하고자 한다. 허용오차(95% 신뢰수준)를 ±10 mm로 할 때 적합되는 시준거리를 구하라.

[풀이] $\sigma_{\Delta h} = 10/2 = 5.0$ mm

식 (2.47)로부터

$$D = \frac{\sigma^2_{\Delta h}}{S(\sigma^2_\alpha + \sigma_{\beta^2})} = \frac{0.005^2}{1500(2.0''/\rho'')^2 + (0.012/10^3)^2}$$

$$= 70.0\ \text{m}$$ ■

참고 문헌

1. Cooper, M. A. R. (1987). "Control Surveys in Civil Engineering", Collins.
2. Harvey, B. R. (1995). "Practical Least Squares and Statistics for surveyors", UNSW.
3. Methley, B. D. F. (1986). "Computational Models in Surveying and Photogrammetry", Blackie.
4. Mikhail, E. M. (1976). "Observatioms and Least Squares", Eun-Donnelly.
5. Mikhail, E. M. (1981). "Analysis and Adjustment of Survey Measurements", VNR.
6. Schofield, W. (1984). "Enginnering Surveying (vol. 2)", Butterworths.
7. Wolf, P. R. and C. D. Ghilani (1997). "Adjustment Computations: statistics and least squares in surveying and GIS", Wiley.
8. Uren, J. and B. Price (2010). "Surveying for Engineers (5th ed.)", Palgrave Macmillan.

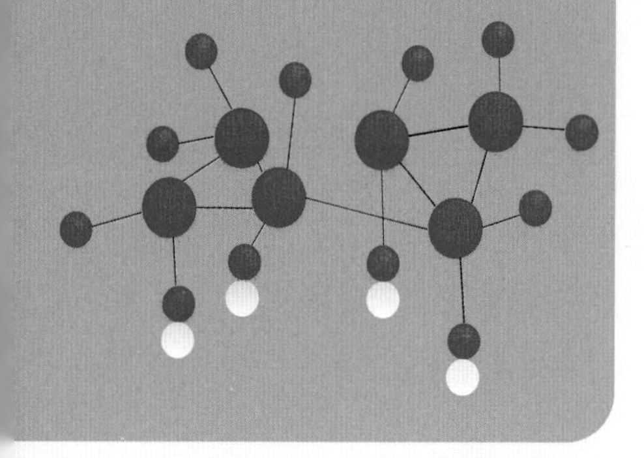

제 3 장 위치정확도와 평가

3.1 위치정확도

3.1.1 위치정확도 구분

1. 네트워크 정확도와 국부 정확도

네트워크 정확도(network accuracy)는 국부 정확도(local accuracy)의 차이를 정의하는 데 사용된다. 네트워크 정확도는 측지원점(datum)을 기준으로 한 위치의 불확실성을 나타내며, 측지기준점 전체에 대한 절대정확도(absolute accuracy)를 나타낸다. 국부 정확도는 측지원점을 기준으로 한 위치와 관련이 없으나 인접한 다른 위치와 관련된 위치의 불확실성을 나타내며, 국부 정확도는 두 점간의 측선에 대한 상대정확도를 나타낸다.

따라서 **국부 정확도**는 상대정확도(relative accuracy) 또는 **관측정확도**(observation accuracy)라고도 하며 인접된 측점간의 측정량에 대한 정확도를 나타낸다. 네트워크 정확도는 절대정확도(absolute accuracy)라고도 하며 기준측지계에 대한 한 점의 정확도를 나타낸다(그림 3.1 참조).

국부 수평정확도(local horizontal accuracy) 및 국부 수직정확도(local vertical accuracy)는 직접 연결되어 있는 인접된 점을 기준으로 할 때 다른 한 점의 평균적인 불확실량을 나타낸다. 높이정확도는 해당 점과 다른 인접된 점 사이의 선형 수직오차의 평균을 사용하여

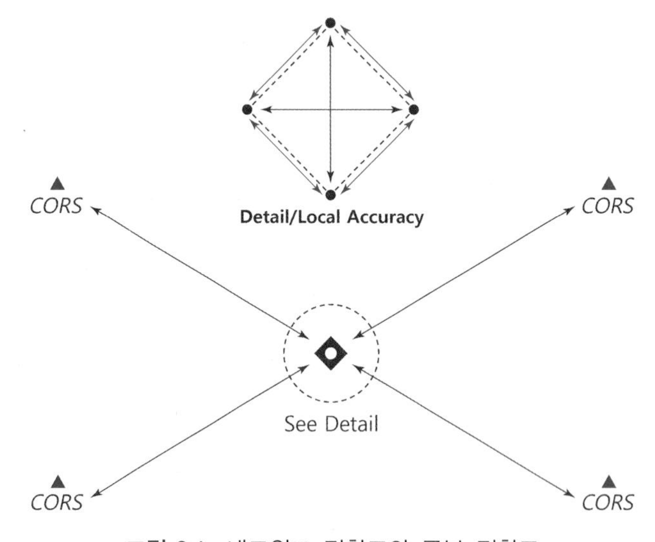

그림 3.1 네트워크 정확도와 국부 정확도

계산한다.

네트워크 정확도와 국부 정확도의 표현기준은 68% 신뢰수준을 사용하여 다음과 같이 나타낸다. 즉, 수평 및 수직의 네트워크 좌표정확도는 좌표에 대한 표준오차를 사용하여 나타낸다.

$$\sigma_{p68} = \frac{\sigma_R}{\sqrt{2}} \tag{3.1a}$$

$$\sigma_{v68} = \sigma_z \tag{3.1b}$$

또한 국부 정확도 또는 관측정확도는 거리에 비례하지 않는 측점오차 c, 거리에 비례하는 오차 b ppm을 사용하여 나타낸다.

$$\sigma_{s_{68}} = \sqrt{c^2 + (b\,D)^2} \tag{3.2}$$

좁은 지역에서는 국부 정확도가 가장 직접적인 문제일 수 있으나, 넓은 지역에서 기준점망을 구축하는 경우에는 측지원점의 구현과 위치의 관계를 알아야 한다. 국부 정확도가 좋은 지점에서 네트워크 정확도가 좋지 않을 수 있으며 반대의 경우도 있다. 네트워크 정확도(수평 및 수직)를 위해서 국가 GNSS상시관측점 또는 국가기준점과 연결이 필요하다.

2. 위치정확도 등급분류

네트워트 정확도는 수평위치에 대한 오차타원의 장반경(a)과 단반경(b)으로 나타낸다. 그리고 네트워크 정확도와 국부 정확도는 기준점측량 망조정의 경우와 같이 수평좌표 또는 수직좌표에 대한 오차크기로 구분한다.

우리나라의 경우에는 오차평가와 정확도 판정에서는 68% 정확도를 사용하는 것이 현행체계와의 혼란을 방지할 수 있으며, 등급에서는 95% 정확도를 적용하는 방안이 권장된다.

위치정확도 등급 분류(안)은 표 3.1과 같으며, 이는 우리나라에 적용할 등급 분류(안)으로 제시한 것이다. 이 위치정확도 등급구분은 기준점과 지도 등의 모든 공간데이터 분류에 적용할 수 있는 핵심요소이다.

표 3.1 위치정확도 등급 분류(안)

위치(좌표)정확도 분류	수평정확도 분류 (m)	95% 위치정확도 등급(상한) (m)	95% 위치정확도 구간(하한~상한) (m)	비고
0.1 cm	0.001	0.002	0.000~0.002	
0.2 cm	**0.003**	**0.005**	**0.002~0.005**	
0.4 cm	0.006	0.010	0.005~0.010	
0.8 cm	0.012	0.020	0.010~0.020	
2 cm	**0.030**	**0.050**	**0.020~0.050**	
4 cm	0.060	0.100	0.050~0.100	
8 cm	0.120	0.200	0.100~0.200	
20 cm	**0.300**	**0.500**	**0.200~0.500**	
40 cm	0.600	1.000	0.500~1.000	
80 cm	1.200	2.000	1.000~2.000	
200 cm	**3.000**	**5.000**	**2.000~5.000**	
400 cm	6.000	10.000	5.000~10.000	
800 cm	12.000	20.000	10.000~20.000	

3.1.2 위치정확도 계산식

일반적으로 지도 또는 공간데이터에서 정확도 기준이 되는 **평균제곱근오차** RMSE는 다음과 같이 나타낸다.

$$\mathrm{RMSE_X} = \sqrt{\frac{\sum_{i}^{n}(x_{map,\ i} - x_{ground,\ i})^2}{n}} \tag{3.3a}$$

$$\mathrm{RMSE_Y} = \sqrt{\frac{\sum_{j}^{n}(y_{map,\ j} - x_{ground,\ j})^2}{n}} \tag{3.3b}$$

여기서, $x_{map,\ i}$ $y_{map,\ j}$는 지도상 점검점(check point)의 좌표, $x_{ground,\ i}$ $y_{ground,\ j}$는 더 높은 정확도로 독립적으로 측정한 점검점의 좌표, n은 점검점의 수이다.

수평위치에 대한 평균제곱근오차 $\mathrm{RMSE_R}$은 다음과 같이 구해진다.

$$\mathrm{RMSE_R} = \sqrt{\frac{\sum_{i}^{n}(y_{map,\ i} - x_{ground,\ i})^2 + \sum_{j}^{n}(y_{map,\ j} - y_{ground,\ j})^2}{n}} \tag{3.4}$$

$$\mathrm{RMSE_R} = \sqrt{\mathrm{RMSE_X^2} + \mathrm{RMSE_Y^2}} \tag{3.5}$$

수직위치에 대한 평균제곱근오차 $\mathrm{RMSE_Z}$는 다음과 같이 구해진다.

$$\mathrm{RMSE_Z} = \sqrt{\frac{\sum_{i}^{n}(z_{\mathrm{map},\ i} - z_{\mathrm{ground},\ i})^2}{n}} \tag{3.6}$$

여기서, $z_{\mathrm{map},\ i}$는 지도상 점검점(check point)의 좌표, $z_{\mathrm{ground},\ i}$는 더 높은 정확도로 독립적으로 측정한 점검점의 좌표, n은 점검점의 수이다.

95% 좌표정확도는,

$$95\%\ \text{X좌표정확도} = 2.45 \times \mathrm{RMSE_X} \tag{3.7a}$$

$$95\%\ \text{Y좌표정확도} = 2.45 \times \mathrm{RMSE_Y} \tag{3.7b}$$

한편 95% 수평위치 정확도와 95% 수직위치 정확도는 각각 다음과 같다.

$$\begin{aligned} 95\%\ \text{수평위치 정확도} &= 2.45 \times (\mathrm{RMSE_R} / \sqrt{2}) \\ &= 1.7308 \times \mathrm{RMSE_R} \end{aligned} \tag{3.8a}$$

$$95\%\ \text{수직위치 정확도} = 1.96 \times \mathrm{RMSE_Z} \tag{3.8b}$$

3.1.3 위치정확도 표준

기준점, 지형도 등 지도제작에 기초한 규격과 정확도 기준이 필요하다. 특히 수치지도에 대해서는 각국에서 다양한 규격과 절차가 마련되어 있고 한 국가의 경우라 하더라도 역사적인 흐름 속에서 그 기준에 변천과정을 내포하고 있다. 또한 디지털 카메라의 등장과 라이다 기술의 발전에 따라 새로운 형태의 규격과 절차를 마련할 필요성이 대두되었고 현재에도 진행형이다.

최근, 미국 사진측량 및 원격탐사학회(ASPRS)에서는 필름카메라 방식, 디지털카메라방식, 라이다방식 등 다양한 데이터에 적합되면서 기존의 USGS 지형도 표준과 국가공간정보기반(NSDI, National Spatial Data Infrastructure) 공간정보 표준, 그리고 종전의 ASPRS 가이드라인에 부합되고 호환될 수 있는 표준을 제시하였다.

표 3.2(a)는 ASPRS에서 정의한 **수평정확도 등급**(horizontal accuracy class)이다. ASPRS

표 3.2(a) ASPRS 수평위치정확도 표준(2014)

horizontal accuracy class	$RMSE_X$ $RMSE_Y$ (cm)	$RMSE_R$ (cm)	horizontal accuracy (95%) $RMSE_R$ (cm)	orthoimagery mosaic seamline mismatch (cm)
X-cm	$\leq$ X	$\leq$ 1.41*X	$\leq$ 2.45*X	$\leq$ 2*X

표 3.2(b) ASPRS 수직위치정확도 표준 – DEM(2014)

vertical accuracy class	$RMSE_Z$ (cm)	Non Vegetated Accuracy (95%) NVA $RMSE_Z$ (cm)	Vegetated Vertical Accuracy (95%) VVA $RMSE_Z$ (cm)
X-cm	$\leq$ X	$\leq$ 1.96*X	$\leq$ 3.00*X

표 3.3 ASPRS AT와 GCP 위치정확도 표준(2014)

Product Accuracy	AT/INS Sensor Orientation Accuracy		Ground Control Accuracy	
	$RMSE_X$ $RMSE_Y$ (cm)	$RMSE_Z$ (cm)	$RMSE_X$ $RMSE_Y$ (cm)	$RMSE_Z$ (cm)
Orthoimagery, Planimetric data only	0.5*$RMSE_X$ 0.5*$RMSE_Y$	1.0*$RMSE_Z$	0.25*$RMSE_X$ 0.25*$RMSE_Y$	0.5*$RMSE_Z$
Orthoimagery, Planimetric data and Elevation data	0.5*$RMSE_X$ 0.5*$RMSE_Y$	0.5*$RMSE_Z$	0.25*$RMSE_X$ 0.25*$RMSE_Y$	0.25*$RMSE_Z$

위치정확도 표준(2014)에서는 평균제곱근오차(RMSE)를 기반으로 위치정확도 등급을 분류하고 있으며 68% 신뢰수준을 최대오차 기준으로 사용하고 있다. 또한 **좌표정확도**와 수평정확도를 구분하고 있고 cm 단위를 사용한다.

또한 표 3.3은 ASPRS에서 정의한 최종성과에 대한 AT/IMU, 지상기준점(GCP)와의 관계를 설명하고 있다. 미국에서도 ASPRS와 달리, FGDC표준에서는 95% 신뢰수준에서 수평면에 대한 오차타원을 적용하고 있으므로 정확도 표기법에 주의가 필요하다.

예제 3-1 그림 3.1에서 국부망 내 국가기준점 A는 상시관측점(CORS)과 연결되어 있고 네트워크 정확도가 2 cm이다. 국가기준점 A와 다른 국가기준점 B 간의 AB를 관측한 국부 정확도가 3 cm라면 상시관측점을 기준으로 하는 B점의 네트워크 정확도를 구하라.

[풀이] $\sqrt{2^2+3^2}=3.6$ cm ■

예제 3-2 그림 3.1에서 국부망 내 국가기준점 A의 네트워크 정확도가 3 cm이다. 이를 기준으로 5 km 떨어진 공공기준점 P를 GPS RTK 측량규격 1 cm+2 ppm으로 신설하고자 한다면, P점의 국부 정확도, 네트워크 정확도, 등급을 구하라.

[풀이] 5 km 거리에 대한 표준편차$=\sqrt{10^2+(2\times10^{-6}\times5\times10^6)^2}=14.1$ mm

국부 정확도$=14.1$ mm 또는 1.4 cm

네트워크 정확도$=\sqrt{14.1^2+30^2}=33.1$ mm 또는 3.3 cm

그러므로 P의 정확도 등급(68%)은 국부 정확도 등급 2 cm, 네트워크 정확도 등급 5 cm이다.

참고로, P점에 대한 정확도는 68% 신뢰수준의 좌표정확도이므로 95% 신뢰수준의 최대오차 크기는 2.45σ인 국부 정확도 35 mm, 네트워크 정확도 81 mm이다. ■

3.1.4 위치정확도 적용

현재 자율주행차용 **정밀도로지도**에 적용되고 있는 위치정확도 기준은 표 3.4와 같다.

정밀도로지도의 최종 정확도 기준인 25 cm를 유지한다고 가정하고 국내외의 축척 1/500 지도규격을 고려할 때 표준오차로 보는 것이 합리적이다. 보다 구체적으로 표준오차 측면에서도 25 cm 수치는 공공측량 규격과 GIS표준을 고려할 때 평면오차로 판단할 수 있다.

표 3.4 국내 정밀도로지도의 위치정확도 기준(안)

축척	표준편차		허용범위(95%)	
	수평위치	표고점	수평위치	표고점
1/500	0.25 m 이내	0.25 m 이내	0.43 m 이내	0.50 m 이내
1/1,000(A)	0.50 m 이내	0.33 m 이내	0.86 m 이내	0.66 m 이내
1/1,000(B)	0.70 m 이내	0.33 m 이내	1.21 m 이내	0.66 m 이내

* 1/1,000(B) 규격에서 0.7 m(도상 0.7 mm)는 수정도화에 적용하는 수평위치 규정임.

표 3.5 정밀도로지도 위치정확도 표준(안)

위치정확도 등급	$RMSE_X$ $RMSE_Y$ (cm)	$RMSE_R$ (cm)	수평정확도(95%) $RMSE_R$ (cm)	정사영상 불연속선 (cm)
X-cm	≤ X	≤ 1.41*X	≤ 2.45*X	≤ 2*X
17.5	17.5	**25**	43	35
35.0	35.0	**50**	86	70

표 3.6 3D 좌표의 위치정확도 계산 예

Point ID	지도상 좌표값			검사점 실측값			잔차		
	Easting(E)	Northing(N)	Elevation(H)	Easting(E)	Northing(N)	Elevation(H)	Δx Easting(E)	Δy Northing(N)	Δz Elevation(H)
	(m)	(m)	(m)	(m)	(m)	(m)	(m)	(m)	(m)
GCP1	359584.394	5142449.934	477.127	359584.534	5142450.004	477.198	−0.140	−0.070	−0.071
GCP2	359872.190	5147939.180	412.406	359872.290	5147939.280	412396	−0.100	−0.100	0.010
GCP3	395893.089	5136979.824	487.292	359893.072	5136979.894	487.190	0.017	−0.070	0.102
GCP4	359927.194	5151084.129	393.591	359927.264	5151083.979	393.691	−0.070	0.150	−0.100
GCP5	372737.074	5151675.999	451.305	372736.944	5151675.879	451.218	0.130	0.120	0.087
Number of check points							5	5	5
Mean Error(m)							−0.033	0.006	0.006
Standard Deviation(m)							0.108	0.119	0.006
RMSE(m)							0.102	0.106	0.081
$RMSE_R$(m)							0.147	$=SQRT(RMSE_x^2+RAISE_y^2)$	
Horizontal Accuracy at 95% Confidence Level							0.255	=RMSEr × 1.7308	
Vertical Accuracy at 95% Confidence Level							0.160	=RMSEz × 1.9600	

이 평면오차 크기는 좌표오차의 $\sqrt{2}$ 인 표준오차로 본다. 따라서 25 cm 수치는 수평위치 정확도로 고려하고 ASPRS표준을 적용하여 좌표정확도 17.5 cm와 최대오차(95%)를 설정하고 예시 결과를 표 3.5에 나타냈다.

또한, 최종 위치정확도 규정에 따른 지상기준점 및 AT 정확도 기준은 표 3.3을 적용한다. AT 또는 INS센서 표정 정확도는 좌표정확도의 1/2이며, **지상기준점**의 정확도는 좌표정확도의 1/4을 기준으로 하고 있다. 따라서 지상기준점에서 요구되는 좌표정확도 등급이 5 cm 이내이므로 현지실측해야 함을 알 수 있다.

표 3.6에서는 **위치정확도 표준**을 적용한 예를 보여주고 있으며, 5개의 검사점에 대하여 최종적인 수평정확도와 수직정확도를 검증한 사례를 보여주고 있다(출처: ASPRS, APRS Positional Accuracy Standards for Digital Geospatial Data, vol. 81, no.3, 2015, pp. A22-A23). 원래는 최소 20개 이상의 데이터가 요구되며, 평가대상이 되는 공간데이터보다 GNSS, TS 등의 더높은 정확도의 측량결과와 비교해야 한다.

3.2 관측작업과 규격

3.2.1 관측정확도

관측정확도는 정확도 표준에 따른 국부 정확도에 해당한다.

측정량에 과대오차가 포함되어 있다면 사용하기가 곤란하기 때문에 허용오차의 한계에 따라 검출해 내야 한다. 이 **허용오차**의 한계로서는 통계검정을 통한 표본데이터의 분석결과를 이용할 수 있다. 빈번하게 실시되는 측량에서는 사용 기기와 측량방법에 따라 이론상 또는 경험상으로 어느 정도로 오차가 나타나는지를 미리 알고서 국부(관측)정확도인 **목표정확도**를 정해두는 방법이 사용되고 있다.

우리나라의 작업규정에는 시범사업의 결과분석을 통해 각종의 제한값을 정하고 있으며, 허용한계를 정하고 있다. 표 3.7에서는 제작사 등에서 제시하고 있는 자료에 근거한 사전표준오차의 크기를 제시하고 있으나, 이는 근사값으로서 기계, 관측자, 관측조건에 따라 변화되므로 활용에 신중한 판단을 필요로 한다. 따라서 기관별로 경험에 따라 이러한 표를 작성해 둘 필요가 있다.

표 3.7 사전표준오차의 예시(근사값)

구분	σ	측정량	비고
각	4″	수평방향(T16)	정반평균
	5″	천정각(T16)	〃
	1.8″~2.0″	수평방향(T2)	〃
	3″	천정각(T2)	〃
	1.5″	수평방향(TC1600)	〃
	1.5″	천정각(TC1600)	〃
	0.5″	수평방향(T2000)	〃
	0.7″	천정각(T2000)	〃
거리	1 mm + 1 ppm	단거리용 EDM	
	5 mm + 1 ppm	장거리용 EDM(광파)	
	15 mm + 3 ppm	장거리용 EDM(전파)	
	0.2 mm + 0.5 ppm	정밀 EDM	기계상수, 축척오차 보정 후
치심	≤ 0.1 mm	필러(pillar)상의 치심	
	0.2~0.5 mm	치심폴(centring rod)에 의한 치심	
	0.5~1.0 mm	광학구심장치에 의한 치심	
	1~3 mm	추에 의한 치심	
기계고	1 mm	치심폴에 의한 기계고	
	3 mm	테이프에 의한 기계고	
수준차	1~3 $\sqrt{L}$ mm	수준측량(왕복)	L은 km 단위의 편도거리
	0.2~0.3 $\sqrt{L}$ mm	정밀수준측량(왕복)	〃

현재 보급되고 있는 대부분의 각측정장비는 DIN18723호(독일 공업규격에서 각의 표준편차를 나타내는 규정으로서 전 세계적으로 통용되고 있음)에 의거하여 테스트 결과를 제작사별로 제시하고 있다.

각에 대한 표준오차의 경우, DIN18723호에서는 2방향의 평균값에 대한 오차를 나타내고 있는데 1방향에 대한 오차(시준오차+읽음오차) σ_{pr}은 DIN값을 σ_{DIN}이라 할 때 $\sigma_{pr} = \sigma_{DIN}\sqrt{2}$이 성립된다.

우연오차는 기계의 특성분석 또는 제작사에서 제시한 수치를 사용할 수 있다.

3.2.2 변위측량 작업규격

변위측량의 경우에는 측량성과가 관측시기(epoch)별 위치(좌표)이므로 그 **좌표차**(coordinate differencing)를 분석하거나 또는 **관측차**(observation differencing)를 구하여 변위량을

표 3.8 구조물 측점의 요구정확도(변위측량)

Concrete Structures Dams, Outlet Works, Locks, Intake Structures:	
Long-Term Movement	±5~10 mm
Relative Short-Term Deflections Crack/Joint movements Monolith Alignment	±0.2 mm
Vertical Stability/Settlement	±2 mm
Embankment Structures Earth-Rockfill Dams, Levees:	
Slope/crest Stability	±20~30 mm
Crest Alignment	±20~30 mm
Settlement measurements	±10 mm
Control Structures Spillways, Stilling Basins, Approach/Outlet Channels, Reservoirs	
Scour/Erosion/Silting	±0.2 to 0.5 foot

출처: US Corps(2002).

구한다. 이때 절대변위(absolute displacements)인 수평변위와 수직변위를 사용하며, 상대변위(relative displacements)인 편차(deflection)와 인장(extention)을 구하게 된다. 변위측량에서는 변위량인 좌표차가 과대오차와 혼합되어 나타나므로 매우 특별한 절차와 기법이 요구된다. 또한 변위에 대한 평가단계에서는 측량공학 전문가 외에 지반 및 구조공학 전문가와 전문기관의 조언이 필요하다.

표 3.8은 변위측량에서 구조물 측점의 요구 정확도를 예시한 것이다.

3.2.3 기준점측량 및 측설 작업규격

국가기준점측량 작업과 같이 정형화된 측량에서는 작업규정에 적용되어야 할 표준오차를 시범사업을 통해 정해 놓고 있으며 표 3.9(a)는 수직기준점, 표 3.9(b)는 수평기준점에 대한 예를 보여주고 있다. 이러한 경우에는 고려될 수 있는 모든 오차를 포함하는 총 오차의 개념이 반영된 것이다.

영국 토목학회(ICE, Institution of Civil Engineers)의 측설 시공의 가이드라인(The management of setting out in construction)에서 정한 허용편차(permitted deviation)는 표 3.10과 같다. **허용교차**(P)는 조정성과(좌표 등)와 측정값과의 차이를 말하며, $P = 2.5\sigma$이며, 68% 오

차는 P를 2.5로 나눈 값을 나타낸다.

허용오차(tolerance)는 기준점측량이나 측설작업에서 3.0σ를 고려해야 한다.

표 3.9(a) 수직기준망(수준망) 표준오차(안)

구분	허용왕복차	$\hat{\sigma}_0$	비고
1급	2.5 mm $\sqrt{L}$	0.6 mm / $\sqrt{\text{km}}$	
2급	5.0 mm $\sqrt{L}$	1.2 mm / $\sqrt{\text{km}}$	
3급	10.0 mm $\sqrt{L}$	2.4 mm / $\sqrt{\text{km}}$	

* 허용왕복차를 기준으로 추정한 것임.

표 3.9(b) 기준점측량의 표준오차

구분	σ	측정량	관측방법	비고
국가기준점 (정밀 1차)	1.0″ – 5 mm + 2 ppm	수평방향 천정각 거리	T3 3대회 관측 T3 1대회 관측 (5 mm + 1 ppm) EDM관측	평균변장 10 km
국가기준점 (정밀 2차)	1.6″ – 10 mm + 3 ppm	수평방향 천정각 거리	T2 3대회 관측 T2 1대회 관측 (5 mm + 2 ppm) EDM관측	평균변장 2.5 km
공공기준점 (1급)	1.8″ – 10 mm + 5 ppm	수평방향 천정각 거리	1초독 2대회 관측 1초독 1대회 관측 (5 mm + 5 ppm) EDM관측	평균변장 1.0 km
공공기준점 (2급)	3.5″ – 10 mm + 5 ppm	수평방향 천정각 거리	10초독 2대회 관측 10초독 1대회 관측 (5 mm + 5 ppm) EDM관측	평균변장 0.5 km
공공기준점 (3급)	4.5″ – 10 mm + 5 ppm	수평방향 천정각 거리	10초독 2대회 관측 10초독 1대회 관측 (5 mm + 5 ppm) EDM관측	평균변장 0.2 km
지적재조사 (지적기준점)	– 연결교차 ±0.03 m	수평방향 거리	20초독 2대회 관측 (5 mm + 5 ppm) EDM관측	지적측량 시행규칙 제11조(지적삼각보조점)

표 3.10 측설시공의 허용교차

구분	등급	거리(mm)	각(degrees)	높이(mm)
Primary control network (L; m)	1st order	$\pm 0.5\sqrt{L}$	$\pm \frac{0.025}{\sqrt{L}}$	±5 (BM간 250m 이내)
	2nd order	$\pm 0.755\sqrt{L}$	$\pm \frac{0.75}{\sqrt{L}}$	
Secondary control traverse (L; m)		$\pm 1.5\sqrt{L}$	$\pm \frac{0.09}{\sqrt{L}}$	±3 (구조물 TBM간) ±5(BM간)
Teritory control (L; m)	category 1 Structures	$\pm 1.5\sqrt{L}$	$\pm \frac{0.09}{\sqrt{L}}$	±3
	category 2 Roadworks	$\pm 5.0\sqrt{L}$	$\pm \frac{0.15}{\sqrt{L}}$	±5
	category 3 Drainage	$\pm 7.5\sqrt{L}$	$\pm \frac{0.20}{\sqrt{L}}$	±20
	category 4 Earthworks	$\pm 10.0\sqrt{L}$	$\pm \frac{0.30}{\sqrt{L}}$	±30

출처: 영국 토목학회 가이드라인

3.3 신뢰구간

통계학적으로 모집단의 평균과 표준편차(분산)는 확률밀도함수 f(x)에 의해 다음과 같이 나타낼 수 있다.

$$\mu = \int_{-\infty}^{\infty} x f(x) dx \tag{3.9a}$$

$$\sigma^2 = \int_{-\infty}^{\infty} (x-\mu)^2 f(x) dx \tag{3.9b}$$

정오차가 소거되어 정규분포를 이루는 잔차에 대하여, 평균 $\bar{x}$는 μ와 같아지고 $\sigma_{\bar{x}}$는 $s_{\bar{x}}$와 같게 된다. 이때 $\bar{x}$와 $\sigma_{\bar{x}}$가 어느 정도 일치하는가의 판단을 위하여 **신뢰구간**(confidence interval)을 사용한다.

변량 U에 대하여 구간 u_1과 u_2에서 u의 값을 가질 확률 $(1-\alpha)$를 신뢰수준(confidence

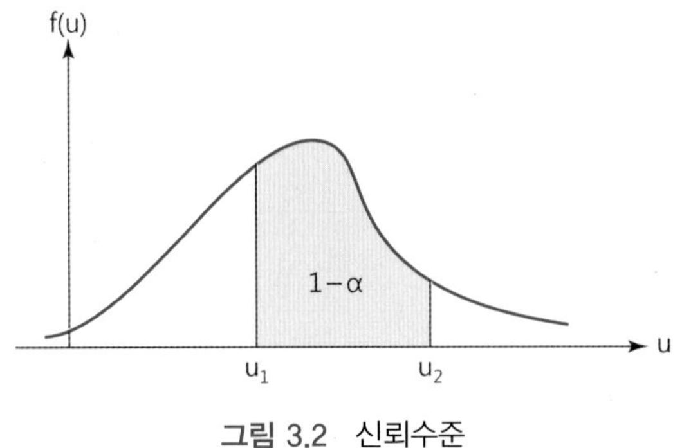

그림 3.2 신뢰수준

level)이라고 하며 다음이 성립된다.

$$P(u_1 < U < u_2) = \int_{u_1}^{u_2} f(u)du = (1-\alpha) \tag{3.10}$$

신뢰수준은 보통 90%(α=0.10), 95%(α=0.05), 99%(α=0.05) 등과 같이 선택하는 것이 일반적이며 이때 α는 유의수준(significance level)이라고 부른다.

3.3.1 평균에 대한 신뢰구간

변량 X가 정규분포이고 $\bar{x}$도 정규분포라면 표본크기 n일 경우에 다음의 통계량은 표준정규분포 N(0, 1)을 이루게 된다.

$$Z = \frac{\bar{x}-\mu}{\sigma/\sqrt{n}} \sim N(0,\ 1) \tag{3.11}$$

여기서, 기호 "~"는 "에 분포된다"의 의미를 갖고 있다. 따라서 정규분포는 대칭이므로 신뢰구간의 임계점 Z는 다음과 같이 나타낼 수 있다.

$$P(-z_{\alpha/2} < \frac{\bar{x}-\mu}{\sigma/\sqrt{n}} < z_{\alpha/2}) = (1-\alpha) \tag{3.12a}$$

$$P(\bar{x} - \frac{z_{\alpha/2} \cdot \sigma}{\sqrt{n}} < \mu < \bar{x} + \frac{z_{\alpha/2} \cdot \sigma}{\sqrt{n}}) = (1-\alpha) \tag{3.12b}$$

또는

$$\bar{x} \pm z_{\alpha/2} \cdot (\sigma/\sqrt{n}) \tag{3.13}$$

이 식에 대한 의미는 위의 구간 내에서 있을 확률이 $(1-\alpha)$라고 말한다.

만일, 변량 X에 대하여 모집단의 분산이 미지이고 표본의 분산 s로 추정하여 사용한다면 다른 통계량 T는 **t-분포**를 이룬다.

$$T = \frac{\bar{x}-\mu}{s/\sqrt{n}} \sim t_{n-1} \tag{3.14}$$

따라서,

$$P(-t_{n-1,\alpha/2} < \frac{\bar{x}-\mu}{s/\sqrt{n}} < t_{n-1,\alpha/2}) = (1-\alpha) \tag{3.15}$$

또는 다음과 같이 신뢰구간을 나타낸다.

$$\bar{x} \pm t_{n-1,\alpha/2}(s/\sqrt{n}) \tag{3.16}$$

예제 3-3 (a) $n=6$, $\bar{x}=410.82$ m, $\sigma^2=0.0009$ m^2인 모집단의 분포에 대하여 95% 신뢰구간을 구하라.

(b) (a)에서 분산이 미지이고 $s^2=0.0009$ m^2일 때 같은 조건에서 신뢰구간을 구하라.

[풀이] (a) $(1-\alpha)=0.95$, $\alpha/2=0.025$이므로 표준정규분포표에서 $z_{\alpha/2}=1.96$

$\therefore$ $(z_{\alpha/2} \cdot \sigma)/\sqrt{n}=0.024$

$\therefore$ $\mu \approx 410.82 \pm 0.024$ m (95%)

(b) $n-1=5$, t분포표에서 $t_{5,0.025}=2.571$

$\therefore$ $\mu \approx 410.82 \pm 0.031$ m (95%) ■

3.3.2 평균의 차이에 대한 신뢰구간

변량 x_1과 x_2가 각각 정규분포를 이루고 있다면 그 평균도 정규분포를 이루게 된다. 따라서 두 평균의 차이는 다음에 분포한다.

$$(\bar{x}_1 - \bar{x}_2) \sim N((\mu_1 - \mu_2),\ (\sigma_1^2/n_1) + (\sigma_2^2/n_2)) \tag{3.17}$$

그러므로 각각의 표본수 n_1, n_2에 대하여 **표준정규분포** N(0, 1)을 이루게 된다.

$$Z' = \frac{(\bar{x}_1 - \bar{x}_2) - (\mu_1 - \mu_2)}{(\sigma_1^2/n_1) + (\sigma_2^2/n_2)} \sim N(0,\ 1) \tag{3.18}$$

따라서 확률 $(1-\alpha)$의 신뢰구간은,

$$P(-z_{\alpha/2} < Z' < z_{\alpha/2}) = (1-\alpha) \tag{3.19}$$

$$(\bar{x}_1 - \bar{x}_2) \pm z_{\alpha/2} \sqrt{(\sigma_1^2/n_1) + (\sigma_2^2/n_2)} \tag{3.20}$$

만일, 모집단의 분산이 미지라면 추정량인 s_1, s_2를 사용하므로 **t-분포**를 적용한다.

$$T' = \frac{(\bar{x}_1 - \bar{x}_2) - (\mu_1 - \mu_2)}{s\sqrt{(1/n_1) + (1/n_2)}} \sim t_{n_1+n_2-2} \tag{3.21}$$

여기서 자유도는 $(n_1 + n_2 - 2)$가 되며, s는 다음과 같이 구해진다.

$$s = \frac{s_1^2(n_1 - 1) + s_2^2(n_2 - 1)}{n_1 + n_2 - 2} \tag{3.22}$$

따라서 확률 $(1-\alpha)$의 신뢰구간은

$$P(-t_{n_1+n_2-2,\,\alpha/2} < T' < t_{n_1+n_2-2,\,\alpha/2}) = (1-\alpha) \tag{3.23}$$

$$(\bar{x}_1 - \bar{x}_2) \pm t_{n_1+n_2-2} \cdot s\sqrt{(1/n_1) + (1/n_2)} \tag{3.24}$$

이는 평균의 차이에 대한 결과이므로 두 개의 평균을 비교할 수 있게 된다.

예제 3-4 서로 다른 광파측거기로 관측한 데이터에 대하여 추정한 결과이다. 평균의 차이에 대한 95% 신뢰구간을 구하고 적합성을 검토하라.

EDM A; $\bar{x}_1 = 808.912$ m, $s_1 = \pm 0.005$ m, $n_1 = 10$

EDM B; $\bar{x}_2 = 808.900$ m, $s_2 = \pm 0.008$ m, $n_2 = 8$

[풀이] 식 (3.22)에서 $s = 0.0065$

$$s\sqrt{(1/n_1) + (1/n_2)} = 0.00308$$

$$n_1 + n_2 - 2 = 16$$

$$t_{16, 0.025} = 2.120$$

$$\therefore \ (\bar{x}_1 - \bar{x}_2) = 0.012 \pm 0.0065 \equiv 0.0055 \text{ m}$$

그러므로 $(\mu_1 - \mu_2) = 0$의 위치가 95% 신뢰구간의 밖에 있으므로 두 평균은 서로 다른 것로 판단할 수 있다. 이러한 원인으로는 기계상수, 기상보정, 치심오차 등에 원인이 있을 수 있다. ■

3.3.3 표준오차에 대한 신뢰구간

변량 X가 정규분포이고 표본크기 n에서의 표본분산이 s_2이라면 다음의 통계량 Y는 χ^2-분포를 이룬다.

$$Y = \frac{s^2}{\sigma^2/(n-1)} \sim \chi^2_{n-1} \tag{3.25}$$

그러므로

$$P(\chi^2_{n-1, 1-\alpha/2} < Y < \chi^2_{n-1, \alpha/2}) = (1-\alpha) \tag{3.26}$$

또는

$$P(\frac{s^2(n-1)}{\chi^2_{n-1, \alpha/2}} < \sigma^2 < \frac{s^2(n-1)}{\chi^2_{n-1, 1-\alpha/2}}) = (1-\alpha) \tag{3.27}$$

예제 3-5 예제 3-4에서 표준편차 s_1에 대한 신뢰구간을 구하라.

[풀이] $s^2(n-1) = 0.000225$

$$\chi^2_{9, 0.025} = 19.02, \quad \chi^2_{9, 0.975} = 2.70$$

식 (3.27)에서 σ^2에 대한 95% 신뢰구간을 구하여 제곱근을 취하면,

$\sigma \equiv \pm 0.0034$ ■

3.3.4 분산의 비에 대한 신뢰구간

분산의 비(ratio)는 두 분산값을 비교하는 데 이용될 수 있다. 두 변량 X_1과 X_2가 각각 정규분포를 이루고 있다면, 표본수 n_1, n_2인 표본의 분산에 대해서는 그 비에 대해서 다음에 분포한다.

$$F = \frac{\frac{s_2^2}{\sigma_2^2}}{\frac{s_1^2}{\sigma_1^2}} \sim F_{n_1-1,\, n_2-2} \tag{3.28}$$

그러므로 **F-분포**를 이루게 된다. 따라서 확률 $(1-\alpha)$에 대한 신뢰구간은,

$$P(F_{n_1-1,\, n_2-1,\, 1-\alpha/2} < F < F_{n_1-1,\, n_2-1,\, \alpha/2}) = (1-\alpha) \tag{3.29}$$

또는

$$P\left(\frac{s_1^2/s_2^2}{F_{n_1-1,\, n_2-1,\, \alpha/2}} < \frac{\sigma_1^2}{\sigma_2^2} < \frac{s_1^2/s_2^2}{F_{n_1-1,\, n_2-1,\, 1-\alpha/2}}\right) = (1-\alpha) \tag{3.30}$$

예제 3-6 예제 3-4에서 두 분산값의 비에 대한 신뢰구간을 구하라.

[풀이] $s_1^2/s_2^2 = 0.3906$

$F_{9,7,0.025} = 4.82$

$F_{9,7,0.975} = (F_{9,7,0.025}) - 1 = (4.20) - 1 = 0.238$

$\therefore\ \sigma_1^2/\sigma_2^2 \equiv 0.081$ to 1.640 (제곱근을 취하면 0.285 to 1.281)

여기에서 $F_{m,\, n,\, 1-\alpha/2} = (F_{m,\, n,\, \alpha/2} - 1)$ 성질이 이용되었다. ■

3.4 통계검정

3.4.1 통계검정

통계검정(statistical testing)은 모집단의 확률분포에 대한 가설(hypothesis)을 기본으로 하고 있는데, 가설에는 귀무가설(null hypothesis) H_0와 대립가설(alternative hypothesis) H_1이 있다.

가설은 통계량에 의하여 검정을 실시하고 채택 또는 기각의 여부를 판정되어야 한다. 가설에 대한 판정결과는 다음 4가지로 고려될 수 있다.

① H_0가 참일 때 H_0가 채택된다(신뢰수준으로 나타낸다).

② H_0가 참일 때 H_0가 기각된다(유의수준으로 나타낸다).

③ H_0가 거짓일 때(H_1이 참) H_0가 채택된다.

④ H_0가 거짓일 때(H_1이 참) H_0가 기각된다(**검정력**으로 나타낸다).

여기서 ①과 ④의 경우에는 오류가 없이 올바른 판정을 내릴 수 있다. 그러나, ②의 경우에 발생되는 오류를 1종오류(type Ⅰ error)라고 하고 그 크기 α는 H_0를 기각할 확률로 정의한다. α는 유의수준과 동등하다. 또한 ③의 경우에 발생되는 오류를 2종오류(type Ⅱ error)라고 하고 확률 β로 나타낸다. $(1-\beta)$는 검정력(power of test)이라고 하며 ③의 경우에 적용된다.

검정을 실시할 경우에 있어서 다음 두 가지의 가설을 고려해 보자.

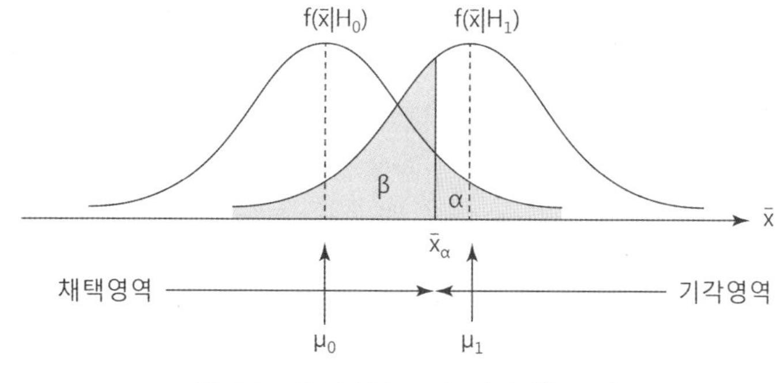

그림 3.3 유의수준 α와 검정력$(1-\beta)$

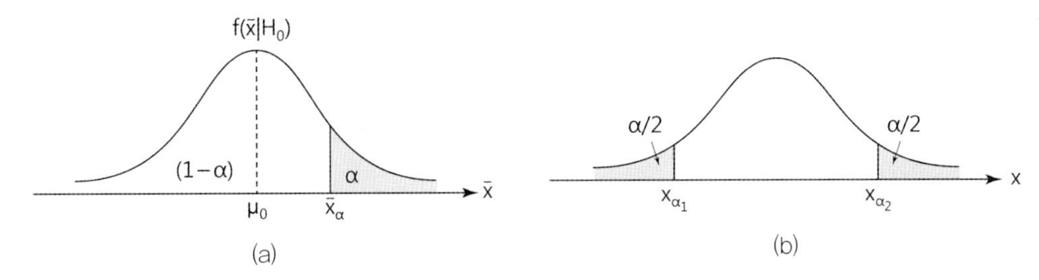

그림 3.4 단측검정(a)과 양측검정(b)

$$\text{(A)}\ H_0 : \bar{x} = \mu \qquad H_1 : \bar{x} > \mu \tag{3.31}$$
$$\text{(B)}\ H_0 : \bar{x} = \mu \qquad H_1 : \bar{x} \neq \mu$$

(A)의 경우에 정규분포가 적용된다면 통계량에 대한 확률밀도함수의 한쪽편만을 α로 정의해야 하며, (B)의 경우에는 양쪽편에 α/2씩 각각 적용되어야 한다. (A)의 경우를 단측검정(one-sided test), (B)의 경우를 양측검정(two-sided test)이라고 말한다.

종래에는 경제적인 이유에서 측정횟수가 제한되었으나 현재에는 전자기술의 발전으로 인하여 정규분포에 대한 검정의 필요성이 증대되고 있다. 이하에서는 정규분포와 관련된 통계검정의 방법을 소개한다.

3.4.2 적합도 검정

적합도 검정(goodness of fit test)은 모집단의 확률분포를 가정(정규분포, 이항분포, 또는 기타 어떠한 분포라도 가능)하고 표본데이터와 비교하여 그 가설이 타당한지의 여부를 판정하게 되며 χ^2 검정이 사용된다. 예로서,

$$H_0 : \text{정규분포이다.}\ (L \sim N(\mu,\ \sigma^2))$$
$$H_1 : \text{정규분포가 아니다.}$$

이때 χ^2 통계량,

$$Y = \sum_{i=1}^{n} \frac{(o_i - e_i)^2}{e_i} \sim \chi^2_{n-1} \tag{3.32}$$

을 사용하며, o_i는 구간 i에서 발생되는 빈도수(측정수), e_i는 가정분포의 구간 i에서 기대되는 빈도수이며 그 합은 각각 n이 된다. χ^2 검정에서 자유도는 $(n-1)$이지만 정규분포일 경우에 변량이 μ와 σ^2의 두 개이므로 전체적인 자유도는 $(n-1-2)$가 된다.

예제 3-7 다음은 EDM의 추적모드로 관측된 40개의 값이다. 거리 l_i는 모두 212.xx의 형태일 때 이 표본이 정규분포에 적합성 여부를 검정하라. 구간크기는 0.02로 한다.

0.11	0.17	0.13	0.17	0.24	0.21	0.08	0.22	0.16	0.19
0.18	0.16	0.17	0.19	0.16	0.23	0.17	0.18	0.22	0.13
0.16	0.19	0.15	0.16	0.20	0.19	0.16	0.17	0.21	0.15
0.15	0.24	0.20	0.10	0.21	0.13	0.19	0.16	0.17	0.18

[풀이] μ와 σ가 없으므로 추정하면 $\bar{l}=0.1735,\ s=0.0358$

정규분포 식에서 $z=\dfrac{x-\mu}{\sigma}$이므로 설정된 구간 i에 대응되는 z_i값을 구하고 표에서 해당되는 확률을 결정한다. 예로서, 구간 $i=3$인 경우에서

$$z_1=\frac{0.115-0.1735}{0.0358}=-1.634,\quad z_2=\frac{0.135-0.1735}{0.0358}=-1.075$$

i	Classification	o_i		e_i		Final i
1	0.075~0.095	1		0.4		
2	0.095~0.115	2	6	1.5	5.5	1
3	0.115~0.135	3		3.6		
4	0.135~0.155	3		6.5		2
5	0.155~0.175	13		8.6		3
6	0.175~0.195	8		8.4		4
7	0.195~0.215	5		6.0		5
8	0.215~0.235	3	5	3.2	4.5	6
9	0.235~0.255	2		1.3		

표준정규분포 표에서

$$P(-1.634<z<-1.075)=P(z<-1.075)-P(z<-1.634)$$

$$=\{1-P(z<1.075)\}-\{1-P(z<1.634)\}$$
$$=(1-0.8588)-(1-0.9489)=0.0901$$

따라서 기대빈도 $e_3=0.0901\times40=3.6$

$$\therefore\ Y=\sum_{i=1}^{6}\frac{(o_i-e_i)^2}{e_i}=4.423$$

자유도 $(n-1-2)=3$에 대한 95%의 확률로서

$$\chi^2_{3,0.05}=7.81$$

따라서 정규분포라는 귀무가설이 채택되고 기댓값 $\bar{l}=212.1735$ m, 표준편차 $s=0.0358$ m가 성립한다. ■

3.4.3 평균에 대한 검정

모집단의 표준편차 σ가 기지인 경우와 s를 추정하여 사용하는 경우에 통계량은 각각 다음과 같다.

$$Z=\frac{\bar{l}-\mu_0}{\sigma/\sqrt{n}}\ \sim\ N(0,\ 1) \tag{3.33}$$

$$T=\frac{\bar{l}-\mu_0}{s/\sqrt{n}}\ \sim\ t_{n-1} \tag{3.34}$$

가설로서

$$H_0\ :\ \mu=\mu_0 \qquad H_1\ :\ \mu\neq\mu_0$$

일 때 유의수준 α에서 양측검정이 실시된다.

예제 3-8 검기선의 거리가 286.921 m로 알려져 있다. 이 기선을 10회 측정하여 평균 $\bar{l}$ =286.916 m, 표준편차 s= ± 0.005 m를 얻었을 때 95%, 99% 신뢰수준으로 평균값의 적합성을 검정하라.

[풀이] 통계량

$$T=\frac{\bar{l}-\mu_0}{s/\sqrt{n}}=-3.162<t_{9,0.975}=-2.262 \quad \text{또는} \quad t_{9,0.025}=2.262$$

따라서 95% 신뢰수준에서 H_0가 기각된다. 그 원인은 프리즘상수의 부적절 또는 치심오차에 기인된 것으로 추정된다. 만일, 99% 신뢰수준을 사용한다면 $t_{9,0.995}=-3.250$이므로 H_0가 채택된다.

두 결론은 신뢰수준(95% 또는 99%)의 차이에 따른 것이므로 이 문제의 경우에는 기계의 적합성이나 관측방법에 대해 좀더 면밀히 검토되어야 한다는 의미를 갖는다. ■

3.4.4 분산에 대한 검정

정규분포인 표본의 분산을 검정하는 경우에는 평균(기대값)을 알고 있는지의 여부에 따라 두 경우로 구분될 수 있다. 표본수가 n이고 분산이 s^2이라고 할 때 평균이 기지인 경우와 미지인 경우에는 각각 통계량이 Y′, Y가 된다.

$$Y'=\frac{ns^2}{\sigma^2} \sim \chi^2_n \tag{3.35}$$

$$Y=\frac{(n-1)s^2}{\sigma^2} \sim \chi^2_{n-1} \tag{3.36}$$

가설로서

$$H_0 : \sigma^2=\sigma_0^2, \quad H_1 : \sigma^2 \neq \sigma_0^2$$

일 때 유의수준 α에서 단측검정 또는 양측검정이 실시된다. 이때 미지인 경우에는 평균 μ가 추정되어야 하므로 자유도가 $(n-1)$이 된다.

예제 3-9 작업규정에서 거리측정시 표준편차 ±5 mm 이내로 관측되어야 한다고 할 때 하나의 기선을 10회 측정하여 표준편차 s = ±6.8 mm를 얻었다면 관측에 적용 가능한지 여부를 검정하라. 단, 95% 신뢰수준을 사용한다.

[풀이] 가설, $H_0 : \sigma^2 = (5\ \text{mm})^2$, $H_1 : \sigma^2 > (5\ \text{mm})^2$

통계량 $Y = \dfrac{(n-1)s^2}{\sigma_0^2} = 16.65$

$\chi^2_{9,0.05} = 16.92$ (단측검정)

따라서 95% 신뢰수준에서 귀무가설이 채택되므로 이 장비와 관측방법이 사용될 수 있다. ■

참고 문헌

1. ASPRS (2015). ASPRS Positional Accuracy Standards for Digital Geospatial Data, vol. 81, no.3, pp. A22-A23.
2. CALTRANS (2015). "SURVEYS MANUAL 5; Accuracy Classifications and Standards", California Department of Transportation.
3. Cooper, M. A. R. (1987). "Control Surveys in Civil Engineering", Collins.
4. FGDC (1998). Geospatial positioning accuracy standards, Part 3, National standard for spatial data accuracy, FGDC-STD-007.3-1998.
5. Ogundare, J. O. (2016). "Precision Surveying: the principles and geomatics properties", Wiley.
6. Schofield, W. (1984). "Enginnering Surveying(vol. 2)", Butterworths.
7. 국토지리정보원 (2017). 법령–삼각점측량 작업규정, 공공측량 작업규정 등.
8. 이영진 (1996). "기준점 측량학", 경일대학교 측지공학과.
9. 이영진, 정의훈 (2005). "공간정보의 위치정확도 평가기법에 관한 연구", 한국지적학회지.
10. US Corps(2002). "Structural Deformation Surveying", EM 1110-2-1009.

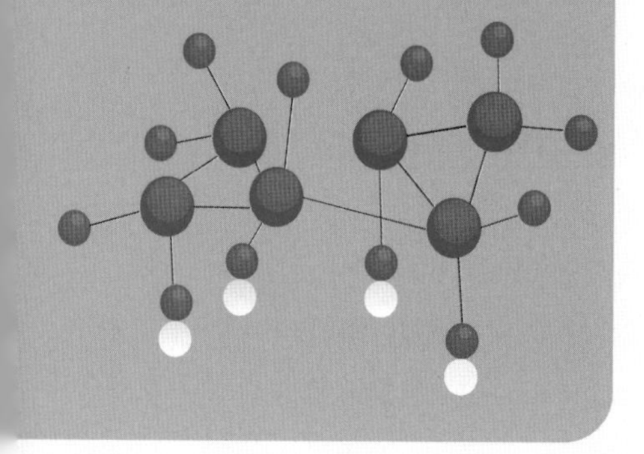

제 4 장

최소제곱법의 원리

4.1 최소제곱법의 개념

4.1.1 조정법

관측작업에서 **과대오차**를 검사할 수 있도록 잉여측정(redundant observations)을 실시하게 되면, 미지수의 수보다 측정의 수가 많게 되므로 최소제곱법을 적용하여 최확값을 구하는 것이 일반적이고 이를 엄밀조정법이라고 한다.

조정계산에 사용되는 기초 데이터는 측정량이므로 현장에서의 관측작업(observation procedures)에서 오차를 최소화하는 문제가 실무적으로 더 중요하다는 사실을 명심해야 한다. 이는 조정이 관측이후의 문제이며 최소제곱법이 관측시의 오차를 소거하는 것이 아니라 단지 확률적으로 **분배**하는 데 있다는 사실을 의미한다.

최신의 측량기재를 사용하여 숙련된 측량기술자가 현장에서 아무리 높은 정밀도의 관측작업을 실시하더라도 조정계산을 필요로 한다. 이는 최소제곱법이 다음의 효과를 갖기 때문이다.

① 최종 조정값이 원래의 측정값에 가깝도록 하여 기하학적으로 만족된다.

② 유일한 해를 제공한다.

③ 실용적으로 사용하는 성과이다.

④ 측정량과 망에 대한 오차분석이 가능하다.

최소제곱법에 의해 미지수를 구하는 데는 다음 두 방법이 있다.

(1) **관측방정식**(observation equation)을 사용하는 방법; 간접법이라고도 하며 정규방정식(normal equation)이 미지수로 구성된다.

(2) **조건방정식**(condition equation)을 사용하는 방법; 직접법이라고도 하며 정규방정식이 조건(condition)으로 구성된다.

여기서 어느 방법으로 조정계산을 할 것인가가 문제가 되는데 결과는 같게 나오므로 어떤 방법을 사용해도 좋다. 그러나 평면측량에서는 비교적 간단하므로 관측방정식을 많이 이용하고 있다. 관측방정식을 사용하는 방법은 정규방정식을 풀 때 제곱값이 사용되고 방정식의 수가 많아지는 어려운 점이 있으나 전산프로그램의 작성이 용이하고 하나의 프로그램으로서 망의 형태와 조건에 무관하게 적용할 수 있다. 보편적으로 이용하고 있는 **좌표조정법**(variation of coordinates)은 그 대표적인 방법이다.

조건방정식에 의한 조정법은 상관계수법(method of correlates)이라고도 하며 1단계로 측정량에 의하여 조정값이 구해지며 2단계로서 좌표계산이 실시되어야 하는 방법이다. 1910년대에는 1, 2등 삼각망에 적용되었으나 현재에는 지적삼각측량의 경우(엄밀법)에만 이용되고 있다.

4.1.2 최소제곱법

최소제곱법은 오차론과 확률이론에 따라 측정값을 합리적으로 조정하여 최확값을 구하고 최확값에 대한 오차(정확도 또는 정밀도)를 수량적으로 검토하는 것이 목적이다. 최소제곱법에서는 참값에 대한 추정값으로서 최확값을 도입하고 있으며 최확값이란 잔차의 제곱에 대한 합이 최소가 되는 값이다. 또한 측정값의 조정은 오차의 분배 또는 최확값의 계산을 포함하고 있는 개념이다. 이상의 의미를 확률이론으로부터 설명해 보면, 확률함수는

$$y = \frac{h}{\sqrt{\pi}} e^{-h^2\varepsilon^2} \tag{4.1}$$

여기서, $A = 1/\sqrt{\pi}$로 하고, h에 대해서 미분하면,

$$\frac{dy}{dh} = Ae^{-h^2\varepsilon^2} + Ah(-2h\varepsilon^2 e^{-h^2\varepsilon^2}) = Ae^{-h^2\varepsilon^2}(1 - 2h^2\varepsilon^2)$$

가 된다. 이 y가 최대가 되기 위해서는 다음 조건이 만족되어야 한다.

$$\frac{dy}{dh} = 0$$

또는

$$1 - 2h^2\varepsilon^2 = 0$$

$$\therefore\ \varepsilon^2 = \frac{1}{2h^2} \tag{4.2}$$

개개의 측정은 서로 독립이므로 식 (4.1)이 n개 발생되는 경우에는 $y = y_1 y_2 \cdots y_n$이므로 다음이 성립된다.

$$\varepsilon_1^2 + \varepsilon_2^2 + \cdots + \varepsilon_n^2 = \frac{1}{2h_1^2} + \frac{1}{2h_2^2} + \cdots + \frac{1}{2h_n^2}$$

$$\sum \varepsilon^2 = \sum \frac{1}{2h^2} \tag{4.3}$$

이때 h는 정밀도를 나타내므로 측정값에 대한 정확도는 h가 커짐에 따라 증가한다. 다시 말하면, 가장 양호한 정확도는 다음 조건을 만족시키게 된다.

$$\sum \frac{1}{2h^2} = \sum \varepsilon^2 = \text{최소} \tag{4.4}$$

이 식은 최확값이 오차(잔차)의 제곱에 대한 합이 최소가 되는 값임을 말해준다. 이것이 **최소제곱법의 원리**이다. 또, $h = 1/\sqrt{2}\sigma$이므로, 다음 식도 만족해야 한다.

$$\sum_{i=1}^{n} \frac{\varepsilon_i^2}{\sigma_i^2} = \frac{\varepsilon_1^2}{\sigma_1^2} + \frac{\varepsilon_2^2}{\sigma_2^2} + \cdots + \frac{\varepsilon_3^2}{\sigma_3^2} = \text{최소} \tag{4.5}$$

이 식을 만족시키는 x의 값은 최확값 $\bar{x}$이므로 오차 ε_i 대신에 잔차 v_i,

$$v_i = \bar{x} - x_i \tag{4.6}$$

를 이용하여 다음 조건에 의해 최확값을 구하면 좋다.

$$\sum_{i=1}^{n} \frac{v_i^2}{\sigma_i^2} = \frac{v_1^2}{\sigma_1^2} + \frac{v_2^2}{\sigma_2^2} + \cdots + \frac{v_n^2}{\sigma_n^2} = \text{최소} \tag{4.7}$$

또, $1/\sigma_i^2$은 중량 w_i이므로

$$\sum_{i=1}^{n} w_i v_i^2 = w_1 v_1^2 + w_2 v_2^2 + \cdots + w_n v_n^2 = \text{최소} \tag{4.8}$$

가 된다. 중량이 같은 경우에는 다음이 성립된다.

$$\sum_{i=1}^{n} v_i^2 = v_1^2 + v_2^2 + \cdots + v_n^2 = \text{최소} \tag{4.9}$$

4.2 조건방정식에 의한 조정

4.2.1 조건방정식에 의한 최소제곱법 원리

1. 일반해법

n개의 조정량은 기하학적으로 만족되는 조건식을 구성할 수 있는 제여분의 측정량이 r개라면 r개의 독립된 조건방정식을 구성한다. 간단한 예로서 삼각형의 세 내각을 측정한 경우를 고려해 보자. 여기에는 1개의 독립된 조건방정식이 성립된다. $\overline{x_1}$, $\overline{x_2}$, $\overline{x_3}$를 조정량이라고 하면,

$$\overline{x_1} + \overline{x_2} + \overline{x_3} = 180° \tag{4.10}$$

이 식은 선형이므로 최소제곱법의 원리를 직접 적용할 수 있다.

$$(x_1 + v_1) + (x_2 + v_2) + (x_3 + v_3) = 180° \tag{4.11}$$

$$\therefore \; v_1 + v_2 + v_3 = 180 - (x_1 + x_2 + x_3) = t \tag{4.12}$$

이때 t는 폐합오차(closure)이다. 중량을 모두 1로서 같다고 한다면 다음이 성립된다.

$$\phi = v_1^2 + v_2^2 + v_3^2 = v_1^2 + v_2^2 + (t - v_1 - v_2)^2 = \text{최소} \tag{4.13}$$

그러므로

$$\frac{\partial \phi}{\partial v_1} = 0, \quad 2v_1 + 2(t - v_1 - v_2)(-1) = 0$$

$$\frac{\partial \phi}{\partial v_2} = 0, \quad 2v_2 + 2(t - v_1 - v_2)(-1) = 0$$

따라서 다음의 표준방정식이 된다.

$$\begin{aligned} 2v_1 + v_2 &= t \\ v_1 + 2v_2 &= t \end{aligned} \tag{4.14}$$

풀면, $v_1 = v_2 = t/3$이므로 다시 조건식 식 (4.12)에 대입하면,

$$v_3 = t/3$$

최종조정값은 다음과 같다.

$$\begin{aligned} \overline{x_1} &= x_1 + v_1 = x_1 + t/3 \\ \overline{x_2} &= x_2 + v_2 = x_2 + t/3 \\ \overline{x_3} &= x_3 + v_3 = x_3 + t/3 \end{aligned} \tag{4.15}$$

2. 상관계수법

이 문제는 측정량이 많거나 복잡하여 조건의 수가 커질 경우에는 풀기가 어려우므로 미지의 상관계수(correlate 또는 multiplier)를 추가하는 기법으로 해결할 수 있다.

식 (4.13)으로부터

$$2k(v_1 + v_2 + v_3 - t) = 0 \tag{4.16}$$

를 추가하여 풀게 된다. 여기서 k가 상관계수이고 계수 2는 편의상 추가한 것이다. 따라서 다음이 성립한다.

$$\phi = \sum v_i^2 - 2k(v_1 + v_2 + v_3 - t) = \text{최소} \tag{4.17}$$

$$\frac{\partial \phi}{\partial v_1} = \frac{\partial \phi}{\partial v_2} = \frac{\partial \phi}{\partial v_3} = 0$$

그러므로

$$\begin{aligned} \frac{\partial \phi}{\partial v_1} &= 2v_1 - 2k = 0 \qquad v_1 = k \\ \frac{\partial \phi}{\partial v_2} &= 2v_2 - 2k = 0 \qquad v_2 = k \\ \frac{\partial \phi}{\partial v_3} &= 2v_3 - 2k = 0 \qquad v_3 = k \end{aligned} \tag{4.18}$$

따라서 조건식으로부터,

$$3k = t \tag{4.19}$$

이 식 (4.19)가 상관방정식(correlated equation)이다.

$$k = t/3 \tag{4.20}$$

다시,

$$v_1 = v_2 = v_3 = t/3 \tag{4.21}$$

최종 해는

$$\begin{aligned} \overline{x_1} &= x_1 + v_1 = x_1 + t/3 \\ \overline{x_2} &= x_2 + v_2 = x_2 + t/3 \\ \overline{x_3} &= x_3 + v_3 = x_3 + t/3 \end{aligned} \tag{4.22}$$

조건방정식을 이용할 경우에는 잔차를 먼저 계산하고 나서 최확값(조정값)이 구해진다. 또한, 상관계수법의 경우에는 상관방정식(계산과정에서 발생)의 크기가 잔차방정식의 경우보다 작아지므로 해법이 용이하게 되어 경우에 따라서는 유용한 경우가 있다.

예제 4-1 삼각형의 세 내각을 측정한 경우에 조건방정식에 의한 최소제곱법을 적용하라. 측정량은 다음과 같다.

$$x_1 = 56°21'32'', \quad x_2 = 49°52'09'', \quad x_3 = 73°46'28''$$

[풀이] $\overline{x_1} + \overline{x_2} + \overline{x_3} = 180°$

$(x_1 + v_1) + (x_2 + v_2) + (x_3 + v_3) = 180°$

$(56°21'32'' + v_1) + (49°52'09'' + v_2) + (73°46'28'' + v_3) = 180°$

$\therefore\ v_1 + v_2 + v_3 = -9$

$\phi = v_1^2 + v_2^2 + v_3^2 - 2k(v_1 + v_2 + v_3 + 9'') =$ 최소

편미분하여 0으로 하면

$$2v_1 - 2k = 0, \quad 2v_2 - 2k = 0, \quad 2v_3 - 2k = 0$$

$$\therefore\ v_1 = v_2 = v_3 = k$$

조건식에 대입하면

$$k+k+k=-9''$$
$$\therefore\ k=-3''$$
$$\therefore\ v_1=v_2=v_3=-3''$$

조정량은

$$\overline{x_1}=56°21'32''-3''=56°21'29''$$
$$\overline{x_2}=49°52'09''-3''=49°52'06''$$
$$\overline{x_3}=73°46'28''-3''=73°46'25''$$

■

예제 4-2 그림과 같은 측점조정을 조건방정식에 따라 실시하라.

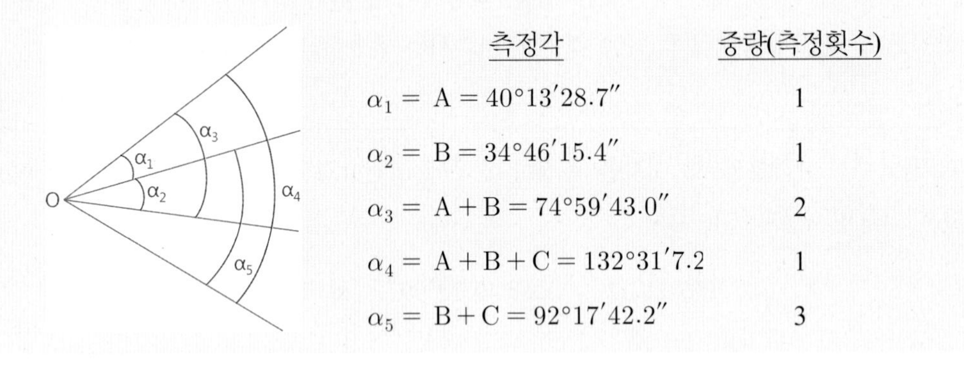

측정각	중량(측정횟수)
$\alpha_1=\ A=40°13'28.7''$	1
$\alpha_2=\ B=34°46'15.4''$	1
$\alpha_3=\ A+B=74°59'43.0''$	2
$\alpha_4=\ A+B+C=132°31'7.2$	1
$\alpha_5=\ B+C=92°17'42.2''$	3

[풀이] 측정량 α_i에 대한 잔차를 각각 v_i라 하면 조건방정식은 관측수가 5이고 미지수가 2개이므로 다음의 두 식이 성립된다.

$$v_1+v_2-v_3+1.1''=0 \qquad (\because\ \alpha_1+\alpha_2=\alpha_3)$$
$$v_1+v_5-v_4+3.7''=0 \qquad (\because\ \alpha_1+\alpha_5=\alpha_4)$$

최소제곱법으로부터

$$\phi=w_1v_1^2+w_2v_2^2+w_3v_3^2+w_4v_4^2+w_5v_5^2=\text{최소}$$

중량과 상관계수를 고려하면

$$\phi = 1 \cdot v_1^2 + 1 \cdot v_2^2 + 2 \cdot v_3^2 + 1 \cdot v_4^2 + 3 \cdot v_5^2 - 2k_1(v_1 + v_2 - v_3 + 1.1'')$$
$$- 2k_2(v_1 + v_5 - v_4 + 3.7'')$$
$$= \text{최소}$$

v_i에 대해 ϕ를 편미분하고 0으로 두면 잔차방정식은,

$$\begin{aligned} -2v_1 - 2k_1 - 2k_2 &= 0 \\ 2v_2 - 2k_1 &= 0 \\ 4v_3 + 2k_1 &= 0 \\ 2v_4 + 2k_2 &= 0 \\ 6v_5 - 2k_2 &= 0 \end{aligned} \Rightarrow \begin{cases} v_1 = k_1 + k_2 \\ v_2 = k_1 \\ v_3 = -\dfrac{1}{2}k_1 \\ v_4 = -k_2 \\ v_5 = \dfrac{1}{3}k_2 \end{cases}$$

다시 쓰면(상관방정식)

$$\begin{aligned} 2.5\,k_1 + \quad k_2 &= -1.1'' \\ k_1 + 2.33k_2 &= -3.7'' \end{aligned}$$

연립해는 $k_1 = 0.236,\ k_2 = -1.69$

$k_1,\ k_2$를 잔차방정식에 대입

$$v_1 = k_1 + k_2 = -1.45''$$
$$v_2 = k_1 = 0.24''$$
$$v_3 = -0.5k_1 = -0.12''$$
$$v_4 = -k_2 = 0.69''$$
$$v_5 = \frac{1}{3}k_2 = -0.56''$$

∴ 최확값은

$$\overline{\alpha_1} = \overline{A} = 40°13'27.25''$$
$$\overline{\alpha_2} = \overline{B} = 34°46'15.64''$$
$$\overline{\alpha_3} = 74°59'42.88''$$

$$\overline{\alpha_4} = 132°31'8.89''$$

$$\overline{\alpha_5} = 92°17'41.64'',\ \overline{C} = \overline{\alpha_5} - \overline{\alpha_2} = 57°31'26.0''$$ ■

4.2.2 관측방정식에 의한 최소제곱법 원리(비교)

측정의 수가 m, 미지수의 수가 u일 때 여분의 측정량인 자유도 r은 다음과 같이 쓸 수 있다.

$$r = m - u \tag{4.23}$$

만일 측정의 수와 자유도의 수(식의 수)가 같다면 연립해가 존재하지만 측정의 수가 더 크다면 **최소제곱법**을 적용해야 한다.

앞서의 간단한 평면삼각형을 고려한다면 관측방정식은 3개의 측정량이므로 다음 식이 된다.

$$\begin{aligned} \overline{x_1} &= x_1 + v_1 = p_1 \\ \overline{x_2} &= x_2 + v_2 = p_2 \\ \overline{x_3} &= x_3 + v_3 = p_3 = 180° - p_1 - p_2 \end{aligned} \tag{4.24}$$

일반화하여 기지의 상수 f_1, f_2, f_3를 도입하면,

$$\begin{aligned} v_1 &= p_1 - f_1 \\ v_2 &= p_2 - f_2 \\ v_3 &= -p_1 - p_2 - f_3 \end{aligned} \tag{4.25}$$

이 식에 최소제곱법을 적용하면,

$$\phi = \sum wv^2 = (p_1 - f_1)^2 + (p_2 - f_2)^2 + (-p_1 - p_2 - f_3)^2 = \text{최소}$$

이때 v에 대하여 ϕ가 최소가 되어야 하지만 v_i와 p_i는 모두 선형의 관계에 있으므로 다음이 성립되어야 한다.

$$\frac{\partial \phi}{\partial p_i} = 0 \tag{4.26}$$

따라서

$$\frac{\partial \phi}{\partial \mathrm{p}_1} = 2(\mathrm{p}_1 - f_1) - 2(-p_1 - p_2 - f_3) = 0$$

$$\frac{\partial \phi}{\partial \mathrm{p}_2} = 2(\mathrm{p}_2 - f_2) - 2(-p_1 - p_2 - f_3) = 0$$

그러므로

$$\begin{aligned} 2\mathrm{p}_1 + \ \mathrm{p}_2 &= f_1 - f_3 \\ \mathrm{p}_1 + 2\mathrm{p}_2 &= f_2 - f_3 \end{aligned} \tag{4.27}$$

이 식 (4.27)이 **정규방정식**(normal equation)이다. 풀면,

$$\mathrm{p}_1 = \frac{1}{3}(2f_1 - f_2 - f_3) = \frac{1}{3}(2x_1 - x_2 - (x_3 - 180))$$

$$\mathrm{p}_2 = (f_1 - f_3) - 2P_1 = \frac{1}{3}(-x_1 + 2x_2 + x_3 - 180) \tag{4.28}$$

최종적으로 이를 식 (4.25)에 대입하면 잔차가 구해진다. 이 방법의 특징은 조정값이 먼저 구해지고 나서 잔차가 나중에 구해진다는 점이다.

예제 4-3 예제 4-1의 문제에 대하여 관측방정식에 의한 최소제곱법을 적용하라.

[풀이] 관측방정식

$$56°21'32'' + \mathrm{v}_1 = \mathrm{p}_1$$

$$49°52'09'' + \mathrm{v}_2 = \mathrm{p}_2$$

$$73°46'28'' + \mathrm{v}_3 = -\mathrm{p}_1 - \mathrm{p}_2 + 180°$$

다시 쓰면

$$\mathrm{v}_1 = \mathrm{p}_1 - 56°21'32''$$

$$\mathrm{v}_2 = \mathrm{p}_2 - 49°52'09''$$

$$\mathrm{v}_3 = -\mathrm{p}_1 - \mathrm{p}_2 - (-106°13'32'')$$

$\phi = v_1^2 + v_2^2 + v_3^2$ =최소로부터 p_1에 대해 편미분하여 0으로 두면 다음의 정규방정식이 된다.

$$2p_1 + p_2 = 162°35'04''$$
$$p_1 + 2p_2 = 156°05'41''$$

조정값은

$$p_1 = 56°21'29'', \quad p_2 = 49°52'06''$$

다시 식 (4.24)에 대입하면

$$\overline{x_1} = 56°21'29'', \quad \overline{x_2} = 49°52'06'', \quad \overline{x_3} = 73°46'25''$$

잔차는

$$v_1 = \overline{x_1} - x_1 = 56°21'29'' - 56°21'32'' = -3''$$
$$v_2 = -3''$$
$$v_3 = -3''$$

■

4.3 관측방정식에 의한 조정

4.3.1 일반적인 경우

앞에서는 관측방정식이 1개인 경우에 대하여 설명하였으나 실용적인 면에 적합되는 m개의 측정량 x_1, x_2, x_3, ⋯, x_m이고 이에 대응되는 중량이 w_1, w_2, ⋯, w_m이라면 여분의 측정량 r개에 대응되는 미지수의 수 u는 다음과 같다.

$$u = m - r \tag{4.29}$$

따라서 m개의 선형인 관측방정식은 다음과 같이 쓸 수 있다.

$$
\begin{aligned}
\overline{x_1} &= a_1p_1 + b_1p_2 + \cdots + u_1p_u + c_1 \\
\overline{x_2} &= a_2p_1 + b_2p_2 + \cdots + u_2p_u + c_2 \\
&\vdots \\
\overline{x_m} &= a_mp_1 + b_mp_2 + \cdots + u_mp_u + c_m
\end{aligned} \tag{4.30}
$$

이 식에 $\overline{x} = x + v$를 대입하고 $x_i - c_i = f_i$로 상수항을 대치하면,

$$
\begin{aligned}
a_1p_1 + b_1p_2 + \cdots + u_1p_u &= f_1 + v_1 \\
a_2p_1 + b_2p_2 + \cdots + u_2p_u &= f_2 + v_2 \\
&\vdots \\
a_mp_1 + b_mp_2 + \cdots + u_mp_u &= f_m + v_m
\end{aligned} \tag{4.31}
$$

최소제곱법의 원리를 적용하면,

$$
\begin{aligned}
\phi = \Sigma wv^2 = w_1(a_1p_1 + b_1p_2 + \cdots + u_1p_u - f_1)^2 + w_2(a_2p_1 + b_2p_2 + \cdots + u_2p_u - f_2)^2 \\
+ \cdots + w_m(a_mp_1 + b_mp_2 + \cdots + u_mp_u - f_m)^2 = \text{최소}
\end{aligned} \tag{4.32}
$$

그러므로

$$
\frac{\partial \phi}{\partial p_i} = 0
$$

이므로 첫 식에 대해서는 다음과 같다.

$$
\begin{aligned}
\frac{\partial \phi}{\partial p_1} = 2w_1(a_1p_1 + b_1p_2 + \cdots + u_1p_u - f_1)a_1 + 2w_2(a_2p_1 + b_2p_2 + \cdots + u_2p_u - f_2)a_2 \\
+ \cdots + 2w_m(a_mp_1 + b_mp_2 + \cdots + u_mp_u - f_m)a_m = 0
\end{aligned}
$$

모든 식에 대하여 적용하고 다시 정리하면 u개의 식과 u개의 미지수로 구성된 **정규방정식**이 되며 계수들은 대각선을 기준으로 대칭이다. 그러나 연산처리가 복잡하기 때문에 행렬로 나타내는 것이 보다 편리하다.

예제 4-4 예제 4-2의 측점조정의 경우를 관측방정식에 따라 계산하라.

[풀이] 관측방정식은 A, B, C에 각각 대응되는 미지량(최확값)을 p_1, p_2, p_3라 할 때 다음과 같이 된다.

$$x_1 + v_1 = p_1$$

$$x_2 + v_2 = p_2$$

$$(x_1 + v_1) + (x_2 + v_2) = p_1 + p_2$$

$$(x_1 + v_1) + (x_2 + v_2) + (x_3 + v_3) = p_1 + p_2 + p_3$$

$$(x_2 + v_2) + (x_3 + v_3) = p_2 + p_3$$

$$\phi = w_1 v_1^2 + w_2 v_2^2 + w_3 v_3^2 + w_4 v_4^2 + w_5 v_5^2 = \text{최소}$$

$$\phi = (p_1 - 40°13'28.7'')^2 + (p_2 - 34°46'15.4'')^2 + 2(p_1 + p_2 - 74°59'43.0'')^2 + (p_1 + p_2 + p_3 - 132°31'07.2'')^2 + 3(p_2 + p_3 - 40°13'28.7'')^2 = \text{최소}$$

v_i가 p_i와 선형관계이므로 p_i에 대해 편미분하고 0으로 두면

$$\frac{\partial\phi}{\partial p_1} = 0, \quad \frac{\partial\phi}{\partial p_2} = 0, \quad \frac{\partial\phi}{\partial p_3} = 0$$

정리하면

$$4p_1 + 3p_2 + p_3 = 322°4'1.9''$$

$$3p_1 + 7p_2 + 4p_3 = 595°9'55.2''$$

$$p_1 + 4p_2 + 4p_3 = 409°24'13.8''$$

세 번째 식에서 x_1을 구해 앞 두 식에 대입하면,

$$-13p_2 - 15p_3 = 134°52'53''$$

$$-5p_2 - 8p_3 = -634°02'46.2''$$

$p_2 p_3$를 구한 후 다시 p_1을 계산하면

$p_3 = 57°31'25.97'' = \overline{A}$

$p_2 = 34°46'15.66'' = \overline{B}$

$p_1 = 40°13'27.28'' = \overline{C}$

따라서 잔차는

$$v_1 = -1.42'',\ v_2 = 0.26'',\ v_3 = -0.06'',\ v_4 = 1.71'',\ v_5 = -0.57'' \quad ■$$

4.3.2 행렬에 의한 방법

식 (4.30)으로부터 미지수 u개인 m개의 선형인 **관측방정식**은 다음과 같다.

$$\underset{(m\times1)}{\overline{X}} = \underset{(m\times u)}{A}\ \underset{(u\times1)}{P} + \underset{(m\times1)}{C} \tag{4.33}$$

잔차를 이용하면,

$$X + V = AP + C \tag{4.34}$$

$$AP = (X - C) + V \quad \text{또는} \quad V = AP - (X - C) \tag{4.35}$$

$$AP = f + V \tag{4.36}$$

이 식에 최소제곱법의 원리를 도입하면

$$\begin{aligned}
\phi &= V^T G^{-1} V \\
&= (AP - f)^T G^{-1}(AP - f) \\
&= (P^T A^T - f^T) G^{-1}(AP - f) \\
&= (P^T A^T G^{-1} - f^T G^{-1})(AP - f) \\
&= P^T A^T G^{-1} AP - f^T G^{-1} AP - P^T A^T G^{-1} f + f^T G^{-1} f + f^T G^{-1} f \\
&= \text{최소}
\end{aligned}$$

따라서

$$\frac{\partial \phi}{\partial \mathrm{P}} = 2\mathrm{A}^{\mathrm{T}}\mathrm{G}^{-1}\mathrm{A}\mathrm{P} - (f^{\mathrm{T}}\mathrm{G}^{-1}\mathrm{A}) - \mathrm{A}^{\mathrm{T}}\mathrm{G}^{-1}f = 0$$

그러므로 **정규방정식**은 다음과 같이 된다.

$$(\mathrm{A}^{\mathrm{T}}\mathrm{G}^{-1}\mathrm{A})\mathrm{P} = \mathrm{A}^{\mathrm{T}}\mathrm{G}^{-1}f \tag{4.37}$$

따라서 해는,

$$\mathrm{P} = (\mathrm{A}^{\mathrm{T}}\mathrm{G}^{-1}\mathrm{A})^{-1}\mathrm{A}^{\mathrm{T}}\mathrm{G}^{-1}f \tag{4.38}$$

다시 잔차와 최종 조정값은,

$$\mathrm{V} = \mathrm{A}\mathrm{P} - f \tag{4.39}$$

$$\overline{\mathrm{X}} = \mathrm{X} + \mathrm{V} \tag{4.40}$$

여기서 계산의 검사는 다음 식에 의하며 관측방정식의 구성은 검사 방법이 없으므로 주의가 필요하다.

$$\mathrm{A}^{\mathrm{T}}\mathrm{G}^{-1}\mathrm{V} = 0 \tag{4.41}$$

예제 4-5 예제 4-3의 평면삼각형의 경우를 행렬에 따라 관측방정식에 의하여 조정하라.

[풀이] 관측방정식

$$\overline{x_1} = p_1 \qquad (1'')$$

$$\overline{x_2} = p_2 \qquad (2'')$$

$$\overline{x_3} = -p_1 - p_2 + 180 \qquad (3'')$$

$\mathrm{AP} = (\mathrm{X} - \mathrm{C}) + \mathrm{V}$, $\mathrm{AP} = f + \mathrm{V}$에서

$$p_1 = x_1 + v_1$$

$$p_2 = x_2 + v_2$$

$$-p_1 - p_2 = (x_3 - 180) + v_3$$

$$\begin{bmatrix} 1 & 0 \\ 0 & 1 \\ -1 & -1 \end{bmatrix} \begin{bmatrix} p_1 \\ p_2 \end{bmatrix} = \begin{bmatrix} 56°21'32'' \\ 49°52'09'' \\ 73°46'28'' \end{bmatrix} - \begin{bmatrix} 0 \\ 0 \\ 180 \end{bmatrix} + \begin{bmatrix} v_1 \\ v_2 \\ v_3 \end{bmatrix}$$

$$= \begin{bmatrix} 56.35889° \\ 49.86917° \\ -106.225566° \end{bmatrix} + \begin{bmatrix} v_1 \\ v_2 \\ v_3 \end{bmatrix}$$

기준분산값 $\sigma^2 = 1\ \sec^2$로 취하면

$$\mathbf{G} = \sum = \begin{bmatrix} 1 & 0 & 0 \\ 0 & 4 & 0 \\ 0 & 0 & 9 \end{bmatrix} \quad \therefore\ \mathbf{G}^{-1} = \begin{bmatrix} 1 & 0 & 0 \\ 0 & \frac{1}{4} & 0 \\ 0 & 0 & \frac{1}{9} \end{bmatrix}$$

정규방정식 $(\mathbf{A}^T\mathbf{G}^{-1}\mathbf{A})\mathbf{P} = \mathbf{A}^T\mathbf{G}^{-1}\boldsymbol{f}$

$$\mathbf{A}^T\mathbf{G}^{-1}\mathbf{A} = \begin{bmatrix} 1 & 0 & -1 \\ 0 & 1 & -1 \end{bmatrix} \begin{bmatrix} 1 & 0 & 0 \\ 0 & \frac{1}{4} & 0 \\ 0 & 0 & \frac{1}{9} \end{bmatrix} \begin{bmatrix} 1 & 0 \\ 0 & 1 \\ -1 & -1 \end{bmatrix} = \frac{1}{36} \begin{bmatrix} 40 & 4 \\ 4 & 13 \end{bmatrix}$$

$$\therefore\ (\mathbf{A}^T\mathbf{G}^{-1}\mathbf{A})^{-1} = \frac{36}{504} \begin{bmatrix} 13 & -4 \\ -4 & 40 \end{bmatrix} = \frac{1}{14} \begin{bmatrix} 13 & -4 \\ -4 & 40 \end{bmatrix}$$

$$\mathbf{A}^T\mathbf{G}^{-1}\boldsymbol{f} = \begin{bmatrix} 1 & 0 & -1 \\ 0 & 1 & -1 \end{bmatrix} \begin{bmatrix} 1 & 0 & 0 \\ 0 & \frac{1}{4} & 0 \\ 0 & 0 & \frac{1}{9} \end{bmatrix} \begin{bmatrix} 56.35889° \\ 49.86917° \\ -106.22556° \end{bmatrix} = \begin{bmatrix} 68.16173 \\ 24.27013 \end{bmatrix}$$

$$\therefore\ \mathbf{P} = (\mathbf{A}^T\mathbf{G}^{-1}\mathbf{A})^{-1}\mathbf{A}^T\mathbf{G}^{-1}\boldsymbol{f} = \begin{bmatrix} 56.35871 \\ 49.86845 \end{bmatrix}$$

조정값 $\overline{\mathbf{X}} = \mathbf{AP} + \mathbf{C}$

$$=\begin{bmatrix}1 & 0\\ 0 & 1\\ -1 & -1\end{bmatrix}\begin{bmatrix}56.35871\\ 49.86845\end{bmatrix}+\begin{bmatrix}0\\ 0\\ 180\end{bmatrix}=\begin{bmatrix}56.35871°\\ 49.86845°\\ 73.77284°\end{bmatrix}=\begin{bmatrix}56°21'31.4''\\ 49°52'06.4''\\ 73°46'22.2''\end{bmatrix}$$

잔차는 $V = AP - f$

$$=\begin{bmatrix}1 & 0\\ 0 & 1\\ -1 & -1\end{bmatrix}\begin{bmatrix}56.35871\\ 49.86845\end{bmatrix}-\begin{bmatrix}56.35889\\ 49.86917\\ -106.22556\end{bmatrix}=\begin{bmatrix}-0.6''\\ -2.6''\\ -5.8''\end{bmatrix}$$

■

4.3.3 관측방정식에 의한 공분산 전파

먼저 미지량 P에 대하여 **공분산의 전파**를 적용해 보자. 식 (4.38)로부터

$$\begin{aligned}P &= (A^TG^{-1}A)^{-1}A^TG^{-1}f\\ &= (A^TG^{-1}A)^{-1}A^TG^{-1}(X-C)\end{aligned}$$

이 식에서 공분산의 전파식 $BN^{-1}B^T$를 적용하면

$$\begin{aligned}G_{PP} &= ((A^TG^{-1}A)^{-1}A^TG^{-1})\ G\ (A^TG^{-1}A)^{-1}A^TG^{-1})^T\\ &= ((A^TG^{-1}A)^{-1}A^TG^{-1}G)\ G^{-1}A(A^TG^{-1}A)^{-1}\\ &= (A^TG^{-1}A)^{-1}A^TG^{-1}\ A(A^TG^{-1}A)^{-1}\\ &= (A^TG^{-1}A)^{-1}\end{aligned} \tag{4.42}$$

$$G_{PP} = (A^TG^{-1}A)^{-1} = N^{-1} \tag{4.43}$$

여기서 G와 N은 모두 대칭행렬인 성질이 이용되었다.

다음으로 잔차에 대하여 공분산의 전파를 적용해보자. 식 (4.39)로부터

$$\begin{aligned}V &= AP - f\\ &= AP - (X-C)\\ &= A(A^TG^{-1}A)^{-1}A^TG^{-1}(X-C) - (X-C)\\ &= (AN^{-1}A^TG^{-1} - I)\ (X-C)\end{aligned} \tag{4.44}$$

이 식 (4.44)의 잔차에 공분산의 전파식 $BN^{-1}B^T$를 적용하면

$$G_{vv} = (AN^{-1}A^{T}G^{-1} - I)\ G\ (AN^{-1}A^{T}G^{-1} - I)^{T}$$
$$= (AN^{-1}A^{T}G^{-1} - I)\ G\ (G^{-1}AN^{-1}A^{T} - I)$$
$$= (AN^{-1}A^{T}G^{-1}G - G)\ (G^{-1}AN^{-1}A^{T} - I)$$
$$= AN^{-1}A^{T}G^{-1}GG^{-1}AN^{-1}A^{T} - GG^{-1}AN^{-1}A^{T} - GG^{-1}AN^{-1}A^{T} + G$$
$$= AN^{-1}A^{T} - AN^{-1}A^{T} - AN^{-1}A^{T} + G \qquad (4.45)$$

$$G_{vv} = G - AN^{-1}A^{T} \qquad (4.46)$$

또한 측정량 x의 조정값에 대한 공분산식 $BN^{-1}B^{T}$을 적용하면, 식 (4.40)으로부터

$$\overline{X} = AP + C$$
$$G_{\overline{x}\overline{x}} = AG_{pp}A^{T}$$

다시 쓰면,

$$G_{\overline{x}\overline{x}} = A\ N^{-1}A^{T} \qquad (4.47)$$

따라서 식 (4.46)과 식 (4.47)로부터 다음의 관계가 만족됨을 알 수 있다.

$$G_{\overline{x}\overline{x}} = G - G_{vv} \qquad (4.48)$$

예제 4–6 예제 4-5에 대하여 공분산의 전파를 적용하라.

[풀이] $G_{PP} = (A^{T}G^{-1}A)^{-1} = N^{-1} = \frac{1}{14}\begin{bmatrix} 13 & -4 \\ -4 & 40 \end{bmatrix}$

$$G_{\overline{x}\overline{x}} = AN^{-1}A^{T}$$
$$= \frac{1}{14}\begin{bmatrix} 1 & 0 \\ 0 & 1 \\ -1 & -1 \end{bmatrix}\begin{bmatrix} 13 & -4 \\ -4 & 40 \end{bmatrix}\begin{bmatrix} 1 & 0 & -1 \\ 0 & 1 & -1 \end{bmatrix} = \frac{1}{14}\begin{bmatrix} 13 & -4 & -9 \\ & 40 & -36 \\ \text{symm} & & 45 \end{bmatrix}$$

$\sigma_0 = 1\ \sec^2$이므로 $G = \sum$

$$\sigma_{\bar{x}_1} = 56°21'31.4'' \pm \sqrt{\frac{13}{14}}'' = 0.96''$$

$$\sigma_{\bar{x}_2} = 49°52'6.4'' \pm \sqrt{\frac{40}{14}}'' = 1.69''$$

$$\sigma_{\bar{x}_3} = 73°46'22.2'' \pm \sqrt{\frac{45}{14}}'' = 1.79''$$

■

4.3.4 초기값과 유효숫자의 처리

관측방정식에 의한 조정에서는 계산의 **유효숫자**의 처리가 중요하게 된다. 대부분의 전산처리에서 문제가 없으나 공학용계산기를 사용하거나 미지수의 수가 많은 경우에는 그 방법을 변형하여 풀어야만 해결이 가능하다.

미지수에 대한 초기 가정값을 P_0, 이에 대한 보정값을 Δ라고 하면 최종 조정값은 다음과 같다.

$$P = P_o + \Delta \tag{4.49}$$

그러므로 식 (4.40)은 다음과 같이 변형시킬 수 있다.

$$\bar{X} = A(P_o + \Delta) + C = X + V \tag{4.50}$$

또한,

$$\Delta = (X - C - AP_o) + V \tag{4.51}$$

이 식 (4.51)이 변형된 관측방정식이 된다. 여기서,

$$L = X - C - AP_o \tag{4.52}$$

라 하면 다음과 같이 된다.

$$A\Delta = L + V \tag{4.53}$$

따라서 식 (4.53)에 최소제곱법을 도입하면, 다음이 성립한다.

$$(A^TG^{-1}A)\,\Delta = A^TG^{-1}L \tag{4.54}$$

$$\Delta = (A^TG^{-1}A)^{-1}A^TG^{-1}L \tag{4.55}$$

다시 식 (4.50)에 의해 조정값이 구해지며, 공분산의 전파는 초기값을 사용치 않는 경우와 동일하다.

$$G_{\Delta\Delta} = G_{PP} = (A^TG^{-1}A)^{-1} = N^{-1} \tag{4.56}$$

$$G_{\bar{x}\bar{x}} = AN^{-1}A^T \tag{4.57}$$

예제 4-7 예제 4-5의 경우에 대하여 다음의 초기좌표를 사용하여 계산하라.

$$P_o = \begin{bmatrix} p_1 \\ p_2 \end{bmatrix} = \begin{bmatrix} 56°21'32'' \\ 49°52'09'' \end{bmatrix}$$

[풀이] 모든 행렬은 예제 4-5와 같으며 L은

$$L = X - C - AP_o$$

$$= \begin{bmatrix} 56°21'32'' \\ 49°52'09'' \\ 73°46'28'' \end{bmatrix} - \begin{bmatrix} 0° \\ 0° \\ 180° \end{bmatrix} - \begin{bmatrix} 1 & 0 \\ 0 & 1 \\ -1 & -1 \end{bmatrix}\begin{bmatrix} 56°21'32'' \\ 49°52'09'' \end{bmatrix} = \begin{bmatrix} 0 \\ 0 \\ 9'' \end{bmatrix}$$

$$A^TG^{-1}A = \frac{1}{36}\begin{bmatrix} 40 & 4 \\ 4 & 13 \end{bmatrix} \qquad A^TG^{-1}L = \begin{bmatrix} -1 \\ -1 \end{bmatrix}$$

여기서 $A^TG^{-1}A$의 수치는 앞서와 동일하지만 $A^TG^{-1}L$은 매우 간소화됨을 알 수 있다.

$$\Delta = \begin{bmatrix} -0.64'' \\ -2.57'' \end{bmatrix}$$

$$\therefore\ P = P_o + \Delta = \begin{bmatrix} 56°21'31.36'' \\ 49°52'\ 6.43'' \end{bmatrix}$$

따라서

$$\overline{X} = AP + C = \begin{bmatrix} 56°21'31.4'' \\ 49°52'06.4'' \\ 73°46'22.2'' \end{bmatrix}$$

공분산의 전파는 예제 4-6과 모두 같으므로 생략한다. ■

4.4 평면위치결정 적용 예

4.4.1 전방교회법 조정

그림 4.1에서 간단한 평면위치결정의 경우를 예로서 설명해 보자. 기지점 A, B, C로부터 미지점 P(x, y)의 좌표를 구하기 위하여 세 거리 l_A, l_B, l_C를 측정한 경우에 측정량은 3개, 미지수는 2개이므로 1개의 자유도를 갖는다.

따라서 3개의 관측방정식은 다음 조건으로부터 유도된다.

$$
\begin{aligned}
f_1 &= \left\{(\bar{x}-x_A)^2+(\bar{y}-y_A)^2\right\}^{\frac{1}{2}} - \bar{l}_A \\
f_2 &= \left\{(\bar{x}-x_B)^2+(\bar{y}-y_B)^2\right\}^{\frac{1}{2}} - \bar{l}_B \\
f_3 &= \left\{(\bar{x}-x_C)^2+(\bar{y}-y_C)^2\right\}^{\frac{1}{2}} - \bar{l}_C
\end{aligned}
\tag{4.58}
$$

식 (4.58)에서 관측방정식의 계수를 구하기 위하여 첫 행에 대하여 선형화하면,

$$
\begin{aligned}
a_{11} &= \frac{\partial f_1}{\partial x} = \frac{1}{2}\left\{(x-x_A)^2+(y-y_A)^2\right\}^{-1/2} \cdot 2(x-x_A) \\
&= \frac{(x-x_A)}{\left\{(x-x_A)^2+(y-y_A)^2\right\}^{1/2}}
\end{aligned}
\tag{4.59}
$$

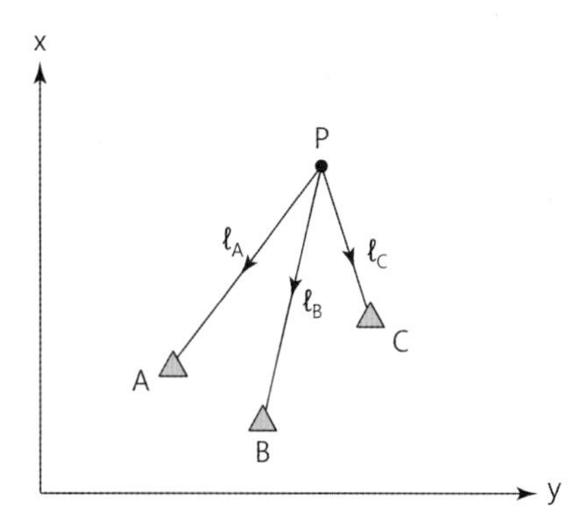

그림 4.1 평면위치결정의 예

$$a_{12} = \frac{\partial f_1}{\partial y} = \frac{1}{2}\left\{(x-x_A)^2 + (y-y_A)^2\right\}^{-1/2} \cdot 2(y-y_A)$$

$$= \frac{(y-y_A)}{\left\{(x-x_A)^2 + (y-y_A)^2\right\}^{1/2}} \tag{4.60}$$

P점의 초기좌표를 x_0, y_0로 하면 계수행렬은 다음과 같게 된다.

$$A = \begin{bmatrix} \frac{x_0 - x_A}{l_{A0}} & \frac{y_0 - y_A}{l_{A0}} \\ \frac{x_0 - x_B}{l_{B0}} & \frac{y_0 - y_B}{l_{B0}} \\ \frac{x_0 - x_C}{l_{C0}} & \frac{y_0 - y_C}{l_{C0}} \end{bmatrix} \tag{4.61}$$

또한, 상수항에 대한 행렬은

$$\mathbf{L} = (\mathbf{O} - \mathbf{C}) = \begin{bmatrix} l_A - l_{A0} \\ l_B - l_{B0} \\ l_C - l_{C0} \end{bmatrix} \tag{4.62}$$

그러므로 최소제곱해가 구해질 수 있다.

4.4.2 전방교회법 조정예

예제 4-8 그림 4.1에서 기지점의 좌표와 측정량이 다음과 같다. 관측방정식에 의해 P점의 좌표를 구하라.

A(300 m, 300 m), B(250 m, 600 m), C(400 m, 800 m)

$l_A = 360.50 \pm 0.05$ m, $l_B = 250.10 \pm 0.05$ m, $l_C = 223.50 \pm 0.05$ m

[풀이] l_A와 l_B로부터 P점의 좌표 x_0, y_0를 계산하고 이를 초기값으로 사용한다.

$$x_0 = 500.02 \text{ m}, \quad y_0 = 599.85 \text{ m}$$

계산된 거리는

$$l_{A0} = 360.441, \quad l_{B0} = 250.020, \quad l_{C0} = 223.750$$

또한

$$\mathbf{G} = \begin{bmatrix} 0.05^2 & 0 & 0 \\ 0 & 0.05^2 & 0 \\ 0 & 0 & 0.05^2 \end{bmatrix} \qquad \mathbf{G}^{-1} = 400\sigma_0^2 \begin{bmatrix} 1 & 0 & 0 \\ 0 & 1 & 0 \\ 0 & 0 & 1 \end{bmatrix}$$

식 (4.61)과 식 (4.62)로부터

$$\mathbf{A} = \begin{bmatrix} 0.55493 & 0.83190 \\ 1.00000 & -0.00060 \\ 0.44702 & -0.89453 \end{bmatrix} \qquad \mathbf{L} = \begin{bmatrix} 0.059 \\ 0.080 \\ -0.250 \end{bmatrix}$$

중량의 요소에서 $\sigma_0^2/0.05^2 = 400\sigma_0^2$이므로 정규방정식은 다음과 같이 된다.

$$(\mathbf{A}^T\mathbf{G}^{-1}\mathbf{A})\Delta = \mathbf{A}^T\mathbf{G}^{-1}\mathbf{L}$$

$$400\sigma_0^2 \begin{bmatrix} 0.55493 & 1.00000 & 0.44702 \\ 0.83190 & 0.00060 & -0.89453 \end{bmatrix} \begin{bmatrix} 0.55493 & 0.83190 \\ 1.00000 & -0.00060 \\ 0.44702 & -0.89453 \end{bmatrix}$$

$$= 400\sigma_0^2 \begin{bmatrix} 0.55493 & 1.00000 & 0.44702 \\ 0.83190 & 0.00060 & -0.89453 \end{bmatrix} \begin{bmatrix} 0.059 \\ 0.080 \\ -0.250 \end{bmatrix}$$

$$400\sigma_0^2 \begin{bmatrix} 1.50777 & 0.06117 \\ 0.06117 & 1.49223 \end{bmatrix} \begin{bmatrix} dx \\ dy \end{bmatrix} = 400\sigma_0^2 \begin{bmatrix} 0.00074 \\ 0.27267 \end{bmatrix}$$

최소제곱해

$$\Delta = (\mathbf{A}^T\mathbf{G}^{-1}\mathbf{A})^{-1}\mathbf{A}^T\mathbf{G}^{-1}\mathbf{L} = \begin{bmatrix} -0.0068 \\ 0.1830 \end{bmatrix}$$

$$\therefore \ \bar{x} = x_0 + dx = 500.013 \ \text{m}, \quad \bar{y} = y_0 + dy = 600.033 \ \text{m}$$

측정량에 대한 잔차는,

$$\mathbf{V} = \mathbf{A}\Delta - \mathbf{L}$$

$$= \begin{bmatrix} 0.55493 & 0.83190 \\ 1.00000 & -0.00060 \\ 0.44702 & -0.89453 \end{bmatrix} \begin{bmatrix} 0.0068 \\ 0.1830 \end{bmatrix} = \begin{bmatrix} 0.089 \\ -0.087 \\ 0.083 \end{bmatrix}$$

조정된 측정량은

$$\hat{L} = L_o + V$$
$$= \begin{bmatrix} 360.441 \\ 250.020 \\ 223.751 \end{bmatrix} + \begin{bmatrix} 0.089 \\ -0.087 \\ 0.083 \end{bmatrix} = \begin{bmatrix} 360.530 \\ 249.933 \\ 223.833 \end{bmatrix}$$

주의 이 예제에서는 거리에 대한 비선형식을 선형화 하였으므로 $\bar{x}$와 $\bar{y}$를 다시 초기값(x_0, y_0)으로 하여 **반복계산**되어야 하지만 본 예제에서는 설명을 위한 것이므로 생략되었다. 잔차와 조정된 측정값의 계산은 모든 반복계산이 완료된 이후에 실시하게 된다.

또한, 이 예제에서 기준분산 σ_0^2은 정규방정식의 좌우변에 나타나므로 서로 상쇄됨을 알 수 있으며, 유효숫자의 처리와 최소제곱해 계산에서는 상대중량인 **상대공분산**(cofactor)이 유용함을 알 수 있다. ■

참고 문헌

1. Bannister, A., S. Raymond and R. Baker (1995). “Surveying (6th ed.)”, Longman.
2. Methey, B. D. F. (1986). “Computational Models in Surveying and photogrammetry”, Blackie.
3. Mikhail, E. M. (1981). “Analysis and Adjustment of Survey Measurements”, VNR.
4. Schofield, W. (1984). “Engineering Surveying (vol. 2)”, Butterworths.
5. Wolf, P. R. and C. D. Ghilani. (1997). “Adjustment Computations: statistics and least squares in surveying and GIS”, Wiley.

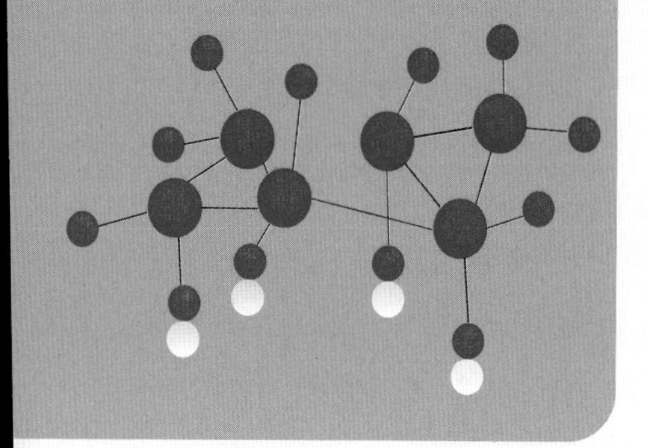

제 5 장
좌표조정법

5.1 좌표조정법

5.1.1 측량데이터

조정계산에 사용되는 측량데이터는 과대오차를 소거하고 보정계산과 점검계산이 수행된 평면거리, 평면각, 수준차 등이며, 이 과정은 작업규정에 제시된 방법을 따라야 한다. 예비계산(pre-processing)에서는 반복측정된 데이터에 대하여 재측여부를 판정한 후에 그 평균값을 이용하는 것이 일반적이다.

보정계산은 현지에서 측정된 경사거리에 대하여 평면직각좌표계상의 평면거리를 구하는 것으로서 기계고의 불일치에 따른 고저각보정, 경사보정 및 **타원체면**상으로의 보정, 선축척계수의 보정, 편심보정 등을 포함한다.(9장 측정량의 보정 참조)

또한 **점검계산**에서는 표고, 방향각, 좌표 등을 개략적으로 산정하여 폐합차를 점검하는 것으로서 삼각형의 폐합차 계산(중심각 점검)이 포함된다. 이때 산출된 좌표값은 조정계산에서의 초기가정값으로 활용된다.(10장 측점의 위치계산 참조)

조정계산에 적용될 모든 측량데이터는 독립적인 점검(checking)이 실시되어야 하며, 이는 최소제곱법은 보정량(잔차)을 최소화하기 때문에 조정의 과정에서 오차를 분배시키므로 오류가 밝혀질수 없는 경우가 있기 때문이다.

좌표조정법의 적용을 위해 필요한 입력데이터에 대해서는 다음의 점검을 실시하게 된다.

① 폐합차(misclosure)의 크기가 작은지를 점검한다.

② 측정량과 초기근사좌표와의 관계를 점검한다(측정량과 계산값을 비교).

③ 관측기록의 입력오류를 점검한다.

④ 반복측정량의 교차는 그 크기가 표준편차의 수배 이내여야 한다.

⑤ 삼각형의 내각합이 180°인지를 점검한다.

⑥ 코사인, 사인공식에 의해 거리측정량이 각과 적합하는지를 점검한다. 삼변측량에서 삼각을 각각 계산하면 삼각형 폐합차를 점검할수 있다.

⑦ 삼각망에서는 변조건에 의해 적합성을 점검한다.

⑧ 트래버스에서 각오차를 점검한다. 만일 원시데이터를 사용하여 결합트래버스 양단 점을 기준으로 좌표계산을 실시한다면 비슷한 좌표값이 나오는 점에서 각오차의 가능성이 있다.

⑨ 트래버스에서 **폐합오차**(linear misclose)를 점검한다. 이때 폐합오차의 벡터가 어느 측

선과 평행이라면 그 측선에 거리오차의 가능성이 있다.

⑩ 수준측량에서는 환폐합차 또는 왕복차로서 점검한다.

5.1.2 좌표조정법 절차

최소제곱법에 의해 측정량의 조정계산을 엄밀하게 실시할 경우에 있어서 미지점의 수가 많아짐에 따라 방대한 연산이 수반되기 때문에 컴퓨터에 의한 체계적인 연산이 필수적이며, 현재 국가기준점망뿐만 아니라 공공기준점과 지적기준점의 경우에 있어서도 **관측방정식**에 따라 엄밀조정하는 방법을 사용해야 한다.

좌표조정법(variation of coordinates method of adjustment)은 본래 관측방정식에 의한 방법이지만 미지수를 좌표로 하여 관측방정식을 구성하는 특징이 있으며 이 좌표조정법은 복잡한 망의 경우라고 하더라도 측정량 1개마다 1개씩의 관측방정식이 독립적으로 구성된다. 그리고 하나의 전산프로그램으로서 모든 형태의 망(삼각망, 삼변망, 트래버스망 등)에 적용할 수 있다는 장점이 있으나 반복계산이 필요하고 초기좌표가 필요하다는 단점이 있다.

실제의 좌표조정법에 있어서는 다음 몇 단계로 계산을 실시하는 것이 일반적이다.

(1) 측정값의 분석

이 단계에서는 측정값에 과대오차의 포함 여부를 파악하고 적절한 통계분석을 통해 측정의 정확도를 추정한다. 이 내용은 6장에서 설명하고자 한다.

(2) 예비계산

예비계산에서는 보정계산과 점검계산을 실시하고 폐합차를 점검하며 개략 좌표를 산출한다.

(3) 1단계 조정(예비조정)

최소제약조건에 의해 조정계산을 실시하게 되며 망의 적합성과 정확도를 평가하는 단계이다. 다시 말해서 목표로 하고 있는 관측정확도에 도달하고 있는지의 여부를 판정하며 잔차분석이 실시된다.

(4) 2단계 조정(본조정)

기지점 고정 등의 방법에 따라 실용성과를 산정하기 위한 조정계산을 말한다.

그림 5.1은 XY망(평면망) 조정을 위한 계산의 흐름도를 보여 준다.

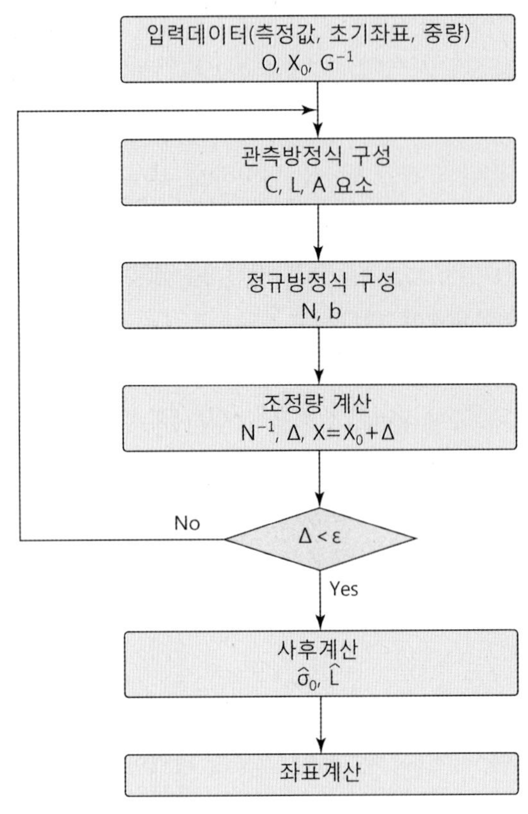

그림 5.1 조정계산의 흐름도

5.1.3 최소제곱해(요약)

선형화된 **관측방정식**을 적용할 때에는 먼저 미지수에 대한 **초기근사값**(initial approximate values)을 알아야 하며, 이 값은 측정량의 일부(또는 최소한의 측정량)만으로 최종 조정값에 가능한 한 근접되도록 선택되어야 한다.

초기값 벡터를 X_o, 미지의 보정값 벡터를 Δ라고 한다면,

$$X = X_o + \Delta \tag{5.1}$$

또한 측정량 L에 대한 최소제곱조정값($\bar{L}$)은 다음과 같이 변형되어야 한다.

$$\overline{L} = A(P_o + \Delta) + C = L + V$$

$$A\Delta = (L - AP_o - C) + V \qquad (5.2)$$

$$A\Delta = (L - L_o) + V = (\text{Observed} - \text{Computed}) + V \qquad (5.3)$$

따라서 변형된 관측방정식은 다음과 같다.

$$A\Delta = (O - C) + V \qquad (5.4)$$

따라서 관측방정식에서 측정량의 수가 m, 미지수의 수(평면망의 경우 미지점의 수×2)를 u라고 할 때 $W = G^{-1}$로 하면 다음의 행렬형태로 된다.

$$\underset{(m\times u)}{A} \quad \underset{(u\times 1)}{\Delta} = \underset{(m\times 1)}{L} + \underset{(m\times 1)}{V} \quad \underset{(m\times m)}{(G^{-1})} \qquad (5.5)$$

식 (5.5)에서 최소제곱해가 만족되기 위해서는,

$$\phi = V^T G^{-1} V = \text{최소} \qquad (5.6)$$

의 조건이 성립되어야 하므로 ϕ를 X에 대해 미분하면 다음과 같은 **정규방정식**을 구성할 수 있다.

$$(A^T G^{-1} A)\Delta = A^T G^{-1} L \qquad (5.7)$$

$$N\Delta = b$$

이때 미지량벡터 Δ는 다음과 같이 구해진다.

$$\Delta = (A^T G^{-1} A)^{-1} A^T G^{-1} L \qquad (5.8)$$

$$V = A\Delta - L \qquad (5.9)$$

그러므로 조정좌표 X는 초기가정좌표 X_o로부터 다음 식에 의하여 구한다.

$$X = X_o + \Delta \qquad (5.10)$$

만일 Δ의 값이 크다면 X를 다시 초기가정좌표로 하여 관측방정식을 재구성하고 재계산해야 한다. 또한 망에 대해 **추정된 표준오차**는,

$$\hat{\sigma}_0 = \pm\left(\frac{\mathbf{V}^T\mathbf{G}^{-1}\mathbf{V}}{m-u}\right)^{1/2} \tag{5.11}$$

조정좌표에 대한 표준오차는 다음의 대각선 요소로 나타낸다.

$$\Sigma_{xx} = \hat{\sigma}_0^2\,\mathbf{N}^{-1} \tag{5.12}$$

여기서 각의 표준오차를 독립적으로 고려한 경우에는 $\hat{\sigma}_0^2$가 **무차원량**이 되며, 상대적인 중량을 고려하여 방향의 중량을 $1''$로 한 경우에는 초($''$) 단위인 $\hat{\sigma}_0$이므로 조정좌표에 대한 표준오차 계산에서 $\hat{\sigma}_0$을 필히 곱해야 한다.

5.2 평면거리 관측방정식

5.2.1 평면거리 관측방정식

그림 5.2에서와 같이 두 점 1, 2 간의 평면거리 S를 측정하여 측정오차 v_s가 있다고 가정하면 다음 식이 성립된다.

$$S = \{(x_2 - x_1)^2 + (y_2 - y_1)^2\}^{\frac{1}{2}} = s + v_s \tag{5.13}$$

이 식에서 S를 초기근사치로부터 계산한 s'와 그 보정량 Δs로 분리하면,

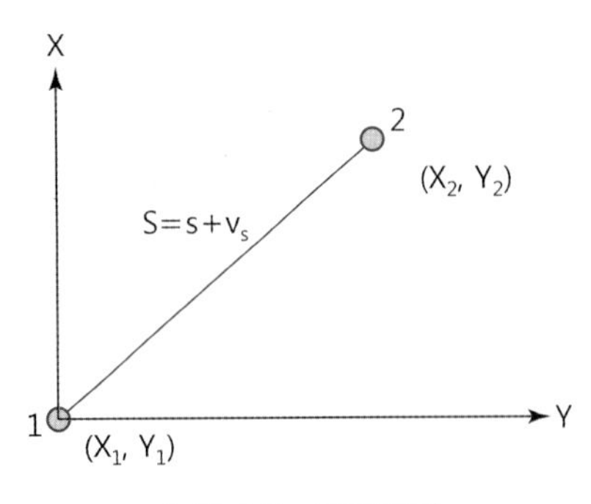

그림 5.2 평면거리

$$s' = \{(x'_2 - x'_1)^2 + (y'_2 - y'_1)^2\}^{\frac{1}{2}} \tag{5.14}$$

$$\begin{aligned} \Delta s &= \frac{\partial S}{\partial x_1}dx_1 + \frac{\partial S}{\partial y_1}dy_1 + \frac{\partial S}{\partial x_2}dx_2 + \frac{\partial S}{\partial y_2}dy_2 \\ &= -\frac{x_2 - x_1}{s}dx_1 - \frac{y_2 - y_1}{s}dy_1 + \frac{x_2 - x_1}{s}dx_2 + \frac{y_2 - y_1}{s}dy_2 \\ &= s - s' \end{aligned} \tag{5.15}$$

따라서 $S = s' + \Delta s = s + v_s$이므로,

$$\therefore \ \Delta s = (s - s') + v_s \tag{5.16}$$

그러므로 12측선에 대한 거리 관측방정식은 다음과 같다.

$$-\left(\frac{x_2 - x_1}{s}\right)_o dx_1 - \left(\frac{y_2 - y_1}{s}\right)_o dy_1 + \left(\frac{x_2 - x_1}{s}\right)_o dx_2 + \left(\frac{y_2 - y_1}{s}\right)_o dy_2 = (s - s') + v_s \tag{5.17}$$

$$-a\,dx_1 - b\,dy_1 + a\,dx_2 + b\,dy_2 = (s - s') + v_s \tag{5.18}$$

이때 아래첨자 o는 초기값에 의해 계산됨을 나타내며 중량은 $w_s = 1/\sigma_s^2$로서 m 단위와 관련된다.

각 또는 방향측정과 조합된 망의 경우에는 위 방정식에 ρ''/s를 곱하여 각도 초(″) 단위로 만들면 최소제곱해의 계산에서 유효숫자의 처리에 효과적이나. 이때의 식은,

$$-\rho''\left(\frac{x_2 - x_1}{s^2}\right)_o dx_1 - \rho''\left(\frac{y_2 - y_1}{s^2}\right)_o dy_1 + \rho''\left(\frac{x_2 - x_1}{s^2}\right)_o dx_2 + \rho''\left(\frac{y_2 - y_1}{s^2}\right)_o dy_2 = \rho''\frac{(s - s')}{s} + \rho''\frac{v_s}{s} \tag{5.19}$$

만일 식 (5.17)과 식 (5.19)에서 1점이 기지점이라고 한다면 $dx_1 = 0$, $dy_1 = 0$이므로 미지수의 항을 삭제하고 계산하면 된다.

예제 5-1 그림과 같이 기지점 A, B, C, D로부터 미지점 P까지의 거리를 EDM에 의해 측정한 경우를 고려해 보라. 이때 기지점에는 오차가 없고(error free), 측정량 간에는 서로 독립이며, 측정거리의 표준오차는 거리에 비례하는 것으로 가정한다.

기지점의 좌표	측정거리
A(3912.57, 5997.73)	AP = 1120.76 m
B(4643.10, 7279.56)	BP = 574.53 m
C(2593.70, 7781.63)	CP = 1648.73 m
D(4011.21, 9002.47)	DP = 1901.22 m

[풀이] 이때 P점의 초기 근사좌표는 AP와 BP로부터 계산된 수치를 사용하여 P(4096.265 m, 7103.332 m)를 이용한다. 관측방정식은 식 (5.17)로부터 기지점에 대응되는 미지량이 소거되므로,

$$\left(\frac{x_P - x_A}{s_{AP}}\right)_o dx_P + \left(\frac{y_P - y_A}{s_{AP}}\right)_o dy_P = (s_{AP} - s'_{AP}) + v$$

$$\left(\frac{x_P - x_B}{s_{BP}}\right)_o dx_P + \left(\frac{y_P - y_B}{s_{BP}}\right)_o dy_P = (s_{BP} - s'_{BP}) + v$$

$$\left(\frac{x_P - x_C}{s_{CP}}\right)_o dx_P + \left(\frac{y_P - y_C}{s_{CP}}\right)_o dy_P = (s_{CP} - s'_{CP}) + v$$

$$\left(\frac{x_P - x_D}{s_{DP}}\right)_o dx_P + \left(\frac{y_P - y_D}{s_{DP}}\right)_o dy_P = (s_{DP} - s'_{DP}) + v$$

그러므로 초기값으로부터 $\mathbf{A}\boldsymbol{\Delta} = \mathbf{L} + \mathbf{V}$의 계수들을 구하면,

$$\mathbf{A} = \begin{bmatrix} 0.1639 & 0.9865 \\ -0.9518 & -0.3067 \\ 0.9114 & -0.4114 \\ 0.0447 & -0.9990 \end{bmatrix} \qquad \boldsymbol{\Delta} = \begin{bmatrix} dx_p \\ dy_p \end{bmatrix}$$

$$\mathbf{L} = \begin{bmatrix} 1120.76 \\ 574.53 \\ 1648.73 \\ 1901.22 \end{bmatrix} - \begin{bmatrix} 1120.760 \\ 574.530 \\ 1648.572 \\ 1901.042 \end{bmatrix} = \begin{bmatrix} 0 \\ 0 \\ 0.518 \\ 0.178 \end{bmatrix}$$

또한 중량 행렬은

$$\boldsymbol{\Sigma} = \begin{bmatrix} 1.12^2 & 0 & 0 & 0 \\ 0 & 0.57^2 & 0 & 0 \\ 0 & 0 & 1.65^2 & 0 \\ 0 & 0 & 0 & 1.90^2 \end{bmatrix}$$

$$\mathbf{G}^{-1} = \begin{bmatrix} 0.7972 & 0 & 0 & 0 \\ 0 & 3.0778 & 0 & 0 \\ 0 & 0 & 0.3673 & 0 \\ 0 & 0 & 0 & 0.2770 \end{bmatrix}$$

따라서 $\mathbf{G}^{-1} = \mathbf{I}$이므로 정규방정식은

$$(\mathbf{A}^T\mathbf{A})\Delta = \mathbf{A}^T\mathbf{L}$$

$$\begin{bmatrix} 3.115 & 0.878 \\ 0.878 & 1.404 \end{bmatrix} \begin{bmatrix} dx_p \\ dy_p \end{bmatrix} = \begin{bmatrix} 0.055 \\ -0.073 \end{bmatrix}$$

$$\therefore\ \Delta = (\mathbf{A}^T\mathbf{A})^{-1}\mathbf{A}^T\mathbf{L}$$

$$= \begin{bmatrix} 0.38953 & -0.24342 \\ -0.24342 & 1.40388 \end{bmatrix} \begin{bmatrix} 0.055 \\ -0.073 \end{bmatrix} = \begin{bmatrix} 0.0392 \\ -0.0766 \end{bmatrix} \text{m}$$

최종적으로 조정좌표는 다음과 같이 계산된다.

$$\mathbf{X} = \mathbf{X}_o + \Delta$$

$$= \begin{bmatrix} 4096.265 \\ 7103.332 \end{bmatrix} + \begin{bmatrix} 0.0392 \\ -0.0760 \end{bmatrix} = \begin{bmatrix} 4193.304 \\ 7103.256 \end{bmatrix} \text{m}$$

비선형인 거리계산에 대한 모델식으로부터 선형화된 관측방정식을 이용하므로 반복계산을 실시한다면 보다 정밀한 해를 구할 수 있다.

$$\mathbf{V} = \mathbf{A}\Delta - \mathbf{L}$$

$$= \begin{bmatrix} -0.0689 \\ -0.0138 \\ -0.0908 \\ -0.0997 \end{bmatrix}$$

■

5.3 각 관측방정식

5.3.1 평면방위각 관측방정식

북극성 등을 관측하여 구한 방위각에 대하여 자오선 수차를 고려하고 평면방위각의 측정량 t에 오차 v_t가 있다면, 그림 5.3에서

$$T = \tan^{-1}\left(\frac{y_2 - y_1}{x_2 - x_1}\right) = t + v_t \tag{5.20}$$

이 식에서 T를 계산된 t′와 보정량 Δt로 분리하면,

$$\frac{\partial T}{\partial x_1}dx_1 + \frac{\partial T}{\partial y_1}dy_1 + \frac{\partial T}{\partial x_2}dx_2 + \frac{\partial T}{\partial y_2}dy_2 = (t - t') + v_t \tag{5.21}$$

1차 편미분하여 초(″) 단위로 통일시키면 $\rho'' = 206265''$를 사용하여,

$$\rho''\left(\frac{y_2 - y_1}{s^2}\right)_o dx_1 - \rho''\left(\frac{x_2 - x_1}{s^2}\right)_o dy_1 - \rho''\left(\frac{y_2 - y_1}{s^2}\right)_o dx_2 + \rho''\left(\frac{x_2 - x_1}{s^2}\right)_o dy_2 = (t - t') + v_t \tag{5.22}$$

그러나 통상적인 각측정에서는 방향관측법의 경우에 진북이나 x축을 기준으로 하지 않고 임의의 기준방향(zero direction)에 있는 목표물을 기준으로 삼기 때문에 x좌표축과의 표정량

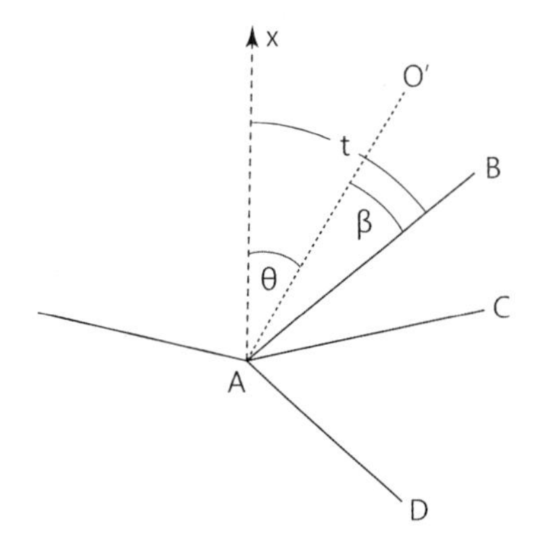

그림 5.3 임의 방향각

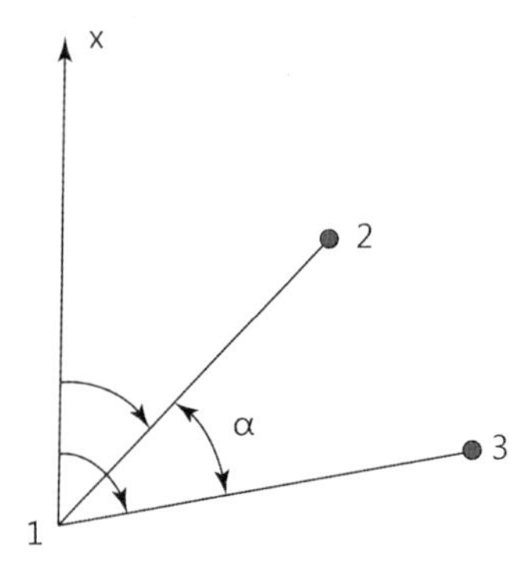

그림 5.4 평면방위각

이 나타나며, 이에 대한 오차가 관측방정식에 포함되어야 한다. 이때의 오차크기는 매 기계 설치점마다 같은 값을 갖는다.

그림 5.4에서 AB측선에 대한 모델은,

$$\tan(\beta+\theta) = \frac{y_2 - y_1}{x_2 - x_1} \tag{5.23}$$

선형화하면 다음과 같이 된다.

$$\frac{1}{\cos^2(\beta+\theta)}(d\beta + d\theta) = \frac{1}{x_2 - x_1}(dx_2 - dy_1) - \frac{y_2 - y_1}{(x_2 - x_1)}(dx_2 - dx_1)$$

그러므로

$$s \cdot \cos(\beta+\theta) = x_2 - x_1$$
$$s \cdot \sin(\beta+\theta) = y_2 - y_1$$

을 이용하면,

$$d\beta + d\theta = -\frac{y_2 - y_1}{s^2}(dx_2 - dx_1) + \frac{x_2 - x_1}{s^2}(dx_2 - dx_1) \tag{5.24}$$

표정량(orientation correction) θ에 대한 미지의 보정량 $d\theta$는 초기치 θ_0를 사용하여 적용될 수 있으며 근사적으로 $\beta + \theta_0 \approx t$이므로, $d\beta + dt = t - t'$로 대체할 수 있다. 따라서 임의의 방향에 대한 관측방정식은 다음과 같이 표현할 수 있다.

$$\rho''\left(\frac{y_2 - y_1}{s^2}\right)_o dx_1 - \rho''\left(\frac{x_2 - x_1}{s^2}\right)_o dy_1 - \rho''\left(\frac{y_2 - y_1}{s^2}\right)_o dx_2 + \rho''\left(\frac{x_2 - x_1}{s^2}\right)_o dy_2 - d\theta = (t - t') + v_t \tag{5.25}$$

이 식을 적용하기 위해서는 초기좌표와 함께 표정량에 대한 초기값를 알아야 하므로 보통의 경우인 방향관측에서는 첫 시준방향을 선택해도 된다.

특별하게 표정량에 대한 미지수 $d\theta$를 소거하기 위한 방법으로는 Schreiber소거법이 있는데 이는 기계점당 1개의 식을 추가함으로써 해결하는 방법이다. 보다 간편한 방법은 다음 절에서 설명할 각 관측방정식을 사용하는 것이다.

예제 5-2 그림에서와 같이 데오돌라이트를 미지점 P에 세우고 기지점 A, B, C, D를 방향법에 따라 관측할 경우 측정값의 정확도가 동일할 때의 문제를 고려해 보라.

기지점의 좌표	측정방향각	
A(4102.96, 8246.18)	PA	57°45′00″
B(2593.70, 7781.63)	PB	171°13′11″
C(3912.56, 5997.73)	PC	280°08′12″
D(4643.10, 7297.56)	PD	343°44′11″

[풀이] P점의 초기근사좌표를 P(3666.702, 7589.759)로 하고, 근사적인 표정량을 −1°21′29″로 하여 처리할 때 관측방정식은 다음과 같이 된다. 즉, 식 (5.25)의 방향 관측방정식에서 기지점 2에 대한 미지량은 무시되므로,

$$\rho''\left(\frac{y_A - y_P}{s_{PA}^2}\right)_o dx_P - \rho''\left(\frac{x_A - x_P}{s_{PA}^2}\right)_o dy_P - d\theta_{PA} = (t_{PA} - t'_{PA}) + v$$

$$\rho''\left(\frac{y_B - y_P}{s_{PB}^2}\right)_o dx_P - \rho''\left(\frac{x_B - x_P}{s_{PB}^2}\right)_o dy_P - d\theta_{PB} = (t_{PB} - t'_{PB}) + v$$

$$\rho''\left(\frac{y_C - y_P}{s_{PC}^2}\right)_o dx_P - \rho''\left(\frac{x_C - x_P}{s_{PC}^2}\right)_o dy_P - d\theta_{PC} = (t_{PC} - t'_{PC}) + v$$

$$\rho''\left(\frac{y_D - y_P}{s_{PD}^2}\right)_o dx_P - \rho''\left(\frac{x_D - x_P}{s_{PD}^2}\right)_o dy_P - d\theta_{PD} = (t_{PD} - t'_{PD}) + v$$

초기좌표로부터 거리와 평면방위각을 계산하면 아래와 같다.

측선	계산거리	계산방위각(t′)	측정방위각(t)	t−t′
PA	788.168	56°23′31″	56°23′31″	0″
PB	1090.022	169°51′42″	169°51′42″	0″
PC	1610.901	278°46′44″	278°46′43″	−1″
PD	1024.488	342°22′30″	342°22′42″	12″

여기서 t는 관측방향각에서 표정량을 뺀 수치이므로 관측방정식은 다음과 같다.

$$\mathbf{A}=\begin{bmatrix} 218.00 & -144.80 & -1 \\ 33.31 & 186.20 & -1 \\ -126.60 & -19.54 & -1 \\ -60.96 & -191.90 & -1 \end{bmatrix} \qquad \varDelta=\begin{bmatrix} dx_P \\ dy_P \\ d\theta \end{bmatrix}$$

중량은 $\mathbf{G}^{-1}=\mathbf{I}$로 동일하므로 배제하면

정규방정식과 해는,

$$(\mathbf{A}^T\mathbf{A})\varDelta=\mathbf{A}^T\mathbf{L}$$

$$\begin{bmatrix} 68377 & -11192 & -63.75 \\ -11192 & 92845 & 170.04 \\ -63.75 & 170.04 & 4 \end{bmatrix}\begin{bmatrix} dx_P \\ dy_P \\ d\theta \end{bmatrix}=\begin{bmatrix} -604.92 \\ -2283.26 \\ -11.00 \end{bmatrix}$$

$$\therefore \quad \varDelta=\begin{bmatrix} -0.009\ \text{m} \\ -0.027\ \text{m} \\ -2.9'' \end{bmatrix}$$

그러므로 조정값은 다음과 같다.

$$\mathbf{X}=\mathbf{X}_o+\varDelta$$

$$\begin{bmatrix} x_P \\ y_P \\ \theta \end{bmatrix}=\begin{bmatrix} 3666.702 \\ 7589.759 \\ -1°21'29'' \end{bmatrix}+\begin{bmatrix} -0.009 \\ -0.027 \\ -2.9'' \end{bmatrix}=\begin{bmatrix} 3666.693\ \text{m} \\ 7589.732\ \text{m} \\ -1°21'32'' \end{bmatrix}$$

각에 관한 관측방정식은 선형화된 것이므로 조정값을 다시 초기값으로 하여 반복 계산하면 보다 정밀한 해를 구할 수 있다. ■

5.3.2 평면각 관측방정식

표정량에 대한 미지수 $d\theta$를 소거하기 위한 방법으로는 그림 5.4에서 교각 α에 대해 관측방정식을 구성하는 방법이 있다. 다시 말해서 하나의 각은 두 평면방위각의 차이이므로 교각 213에 대해 두 측선에 대한 평면방위각 관측방정식을 활용할 수 있다.

즉, 12측선에 대해서는 식 (5.25)가 적용되며, 13측선에 대해서는 다음 식 (5.26)이 적용된다.

$$\rho''\left(\frac{y_3-y_1}{s^2}\right)_o dx_1-\rho''\left(\frac{x_3-x_1}{s^2}\right)_o dy_1-\rho''\left(\frac{y_3-y_1}{s^2}\right)_o dx_3+\rho''\left(\frac{x_3-x_1}{s^2}\right)_o dy_3-d\theta$$

$$=(t-t')_{13}+v_t \qquad (5.26)$$

따라서 13측선방향에서 12측선을 빼주면 교각 213에 대하여 다음이 성립된다.

$$\Delta t_{13}-\Delta t_{12}=(\alpha-\alpha')+v_\alpha \qquad (5.27)$$

$$\rho''\left(\frac{y_3-y_1}{s_{13}^2}-\frac{y_2-y_1}{s_{12}^2}\right)_0 dx_1-\rho''\left(\frac{x_3-x_1}{s_{13}^2}-\frac{x_2-x_1}{s_{12}^2}\right)_0 dy_1+\rho''\left(\frac{y_2-y_1}{s_{12}^2}\right)_0 dx_2$$

$$-\rho''\left(\frac{x_2-x_1}{s_{12}^2}\right)_0 dy_2-\rho''\left(\frac{y_3-y_1}{s_{13}^2}\right)_0 dx_3+\rho''\left(\frac{x_3-x_1}{s_{13}^2}\right)_0 dy_3 \qquad (5.28)$$

$$=(\alpha-\alpha')+v_\alpha$$

이 식이 교각에 대한 **각 관측방정식**이다. 이때의 중량은 방향의 오차를 전파시켜 공분산을 고려해야 되지만 그 영향이 작고 컴퓨터 용량 때문에 방향오차를 $\sqrt{2}$ 배하여 각오차로 고려하고 대각선 요소만을 사용하는 것이 일반적이다. 즉,

$$\sigma_\alpha^2=2\cdot\sigma_t^2$$

예제 5-3 예제 5-2 그림에서, 각측정에 의한 후방교회법의 경우에 대하여 적용해 보라. 단, 측정각의 중량은 모두 동일한 것으로 한다.

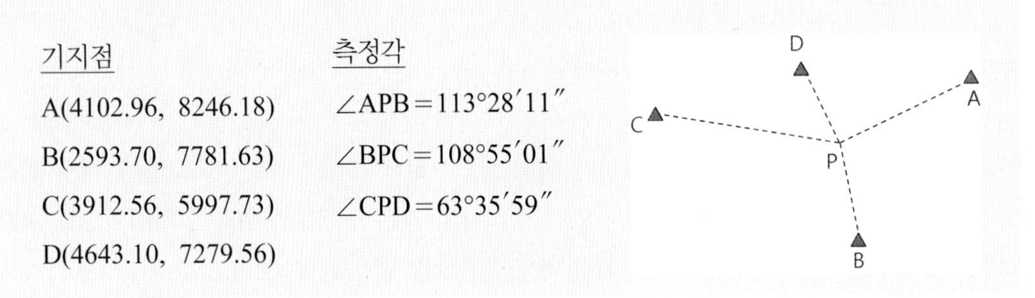

기지점

A(4102.96, 8246.18)

B(2593.70, 7781.63)

C(3912.56, 5997.73)

D(4643.10, 7279.56)

측정각

∠APB = 113°28′11″

∠BPC = 108°55′01″

∠CPD = 63°35′59″

[풀이] 각 관측방정식에서 기지점에 대응되는 계수를 제외시키고 각항의 계수에는 ρ''를 곱한다. 초기가정좌표 P(3666.702, 7589.759)로 한다.

각 관측방정식은 식 (5.28)에서 기지점 2와 기지점 3에 대한 미지량을 삭제하면,

$$\rho''\left(\frac{y_B-y_P}{s_{PB}^2}-\frac{y_A-y_P}{s_{PA}^2}\right)_0 dx_P-\rho''\left(\frac{x_B-x_P}{s_{PB}^2}-\frac{x_A-x_P}{s_{PA}^2}\right)_0 dy_P=(\alpha_{APB}-\alpha'_{APB})+v_\alpha$$

$$\rho''\left(\frac{y_C-y_P}{s_{PC}^2}-\frac{y_B-y_P}{s_{PB}^2}\right)_0 dx_P-\rho''\left(\frac{x_C-x_P}{s_{PC}^2}-\frac{x_B-x_P}{s_{PB}^2}\right)_0 dy_P=(\alpha_{BPC}-\alpha'_{BPC})+v_\alpha$$

$$\rho''\left(\frac{y_D-y_P}{s_{PD}^2}-\frac{y_C-y_P}{s_{PC}^2}\right)_0 dx_P-\rho''\left(\frac{x_D-x_P}{s_{PD}^2}-\frac{x_C-x_P}{s_{PC}^2}\right)_0 dy_P=(\alpha_{CPD}-\alpha'_{CPD})+v_\alpha$$

$$\mathbf{A}\boldsymbol{\Delta}=\mathbf{L}+\mathbf{V}$$

$$\begin{bmatrix}-184.7 & 331.0\\ -159.9 & -205.7\\ 65.64 & -172.4\end{bmatrix}\begin{bmatrix}dx_P\\ dy_P\end{bmatrix}=\begin{bmatrix}113°28'11''-113°28'11''\\ 108°55'01''-108°55'02''\\ 63°35'59''-\ 63°35'46''\end{bmatrix}+\begin{bmatrix}v_1\\ v_2\\ v_3\end{bmatrix}$$

$$=\begin{bmatrix}0''\\ -1''\\ 13''\end{bmatrix}+\begin{bmatrix}v_1\\ v_2\\ v_3\end{bmatrix}$$

$\mathbf{G}^{-1}=\mathbf{I}$이므로 정규방정식은

$$(\mathbf{A}^T\mathbf{A})\boldsymbol{\Delta}=\mathbf{A}^T\mathbf{L}$$

$$\begin{bmatrix}63990.710 & -39560.606\\ -39560.606 & 181595.250\end{bmatrix}\begin{bmatrix}dx_p\\ dy_p\end{bmatrix}=\begin{bmatrix}1013.22\\ -2035.50\end{bmatrix}$$

$$\boldsymbol{\Delta}=\begin{bmatrix}0.010\\ -0.009\end{bmatrix}$$

$$\therefore\ x_P=3666.702+0.010=3666.712\ \text{m}$$

$$y_P=7589.759-0.009=7589.750\ \text{m}$$

■

5.4 수준차 관측방정식

5.4.1 수준차 관측방정식

두 점간에 직접수준측량한 경우에는 $h=H_2-H_1$이 성립되므로 다음의 **수준차 관측방정식**이 성립된다. 여기서 계수는 -1 또는 $+1$이 되며, 중량으로는 표준오차를 적용하거나 1/s을 사용하는 것이 일반적이다.

$$(-1)dH_1+(+1)dH_2=(h_{12}-h'_{12})+v_h \tag{5.29}$$

예제 5-4 그림과 같이 기지수준점이 A=237.150 m, D=246.050 m이고 미지 수준점 B, C, E일 때 노선별로 독립측정되었다고 할 때 조정계산하라. 단, 중량은 거리에 반비례하는 것으로 한다.

노선	출발	도착	거리(km)	수준차(m)
l_1	A	B	15	−22.93
l_2	B	C	12	+10.94
l_3	C	D	28	+21.04
l_4	D	A	26	−8.92
l_5	E	B	17	−5.23
l_6	E	A	11	+17.91
l_7	D	E	13	−27.15

[풀이] 관측방정식은 미지점을 B, C, E로 하면,

l_1의 경우 $B-A=-22.93$ $\therefore\ B=-22.93+237.15=214.22+v_1$

l_2의 경우 $C-B=+10.94$ $\therefore\ -B+C=10.94+v_2$

l_3의 경우 $D-C=+21.04$ $\therefore\ -C=-225.01+v_3$

l_4의 경우 $A-D=-8.92$ $\therefore\ 0+0=-0.02+v_4$

l_5의 경우 $B-E=-5.23$ $\therefore\ B-E=-5.23+v_5$

l_6의 경우 　 $A-E=+17.91$ 　 $\therefore\ -E=-219.24+v_6$

l_7의 경우 　 $E-D=-27.15$ 　 $\therefore\ E=218.90+v_7$

행렬로 나타내면 $\mathbf{A\Delta=L+V}$

$$\begin{bmatrix} 1 & 0 & 0 \\ -1 & 1 & 0 \\ 0 & -1 & 0 \\ 0 & 0 & 0 \\ 1 & 0 & -1 \\ 0 & 0 & -1 \\ 0 & 0 & 1 \end{bmatrix} \begin{bmatrix} B \\ C \\ E \end{bmatrix} = \begin{bmatrix} 214.22 \\ 10.94 \\ -225.01 \\ -0.02 \\ -5.23 \\ -219.24 \\ 218.90 \end{bmatrix} + \begin{bmatrix} v_1 \\ v_2 \\ v_3 \\ v_4 \\ v_5 \\ v_6 \\ v_7 \end{bmatrix}$$

$$\mathbf{G}^{-1} = \begin{bmatrix} \frac{1}{15} & 0 & 0 & 0 & 0 & 0 & 0 \\ 0 & \frac{1}{12} & 0 & 0 & 0 & 0 & 0 \\ 0 & 0 & \frac{1}{28} & 0 & 0 & 0 & 0 \\ 0 & 0 & 0 & \frac{1}{26} & 0 & 0 & 0 \\ 0 & 0 & 0 & 0 & \frac{1}{17} & 0 & 0 \\ 0 & 0 & 0 & 0 & 0 & \frac{1}{11} & 0 \\ 0 & 0 & 0 & 0 & 0 & 0 & \frac{1}{13} \end{bmatrix}$$

정규방정식 $\mathbf{(A^TG^{-1}A)\Delta=A^TG^{-1}L}$

$$\begin{bmatrix} 0.209 & -0.083 & -0.059 \\ -0.083 & 0.119 & 0.000 \\ -0.059 & 0.000 & 0.227 \end{bmatrix} \begin{bmatrix} B \\ C \\ E \end{bmatrix} = \begin{bmatrix} 13.062 \\ 8.948 \\ 37.077 \end{bmatrix}$$

해는, $\mathbf{\Delta=(A^TG^{-1}A)^{-1}A^TG^{-1}L}$

$$\begin{bmatrix} B \\ C \\ E \end{bmatrix} = \begin{bmatrix} 214.074 \\ 225.013 \\ 219.141 \end{bmatrix} \mathrm{m}$$

잔차는 $\mathbf{V}=\mathbf{A}\Delta-\mathbf{L}=\begin{bmatrix}-0.146\\-0.001\\-0.003\\0.050\\0.163\\0.099\\0.241\end{bmatrix}\text{ m}$

조정량 $\hat{\mathbf{L}}=\mathbf{A}\Delta=\begin{bmatrix}-23.076\\10.939\\21.037\\-8.900\\-5.067\\18.009\\-26.909\end{bmatrix}$

$$\mathbf{G}_{\Delta\Delta}=(\mathbf{A}^{T}\mathbf{G}^{-1}\mathbf{A})^{-1}=\mathbf{N}^{-1}=\begin{bmatrix}7.395 & 5.176 & 1.919\\ & 12.024 & 1.343\\ \text{symm} & & 4.910\end{bmatrix}$$

$$\hat{\sigma}_0=\pm\left(\frac{\mathbf{V}^{T}\mathbf{G}^{-1}\mathbf{V}}{m-u}\right)^{\frac{1}{2}}=\frac{0.00836}{7-3}=0.0021\ \text{m}^2/\text{km}$$

$$\therefore\ \hat{\sigma}_0=0.046\ \text{m}\ /\ \sqrt{\text{km}}$$

$$\sum\nolimits_{XX}=\hat{\sigma}_0^2\,\mathbf{G}_{\Delta\Delta}=\begin{bmatrix}0.0155 & 0.0108 & 0.0040\\ & 0.0251 & 0.0028\\ \text{symm} & & 0.0103\end{bmatrix}$$

$$\therefore\ B=214.07\pm0.124\ \text{m}$$

$$C=225.01\pm0.158\ \text{m}$$

$$E=219.14\pm0.101\ \text{m}$$

■

5.5 오차타원

5.5.1 절대오차타원

오차타원은 평면좌표계에서 측점의 공분산이나 표준오차타원(standard error ellipse)을 표현할 때 매우 유용하다. 측점에 대한 오차타원은 절대오차타원(absolute error ellipse)이라고

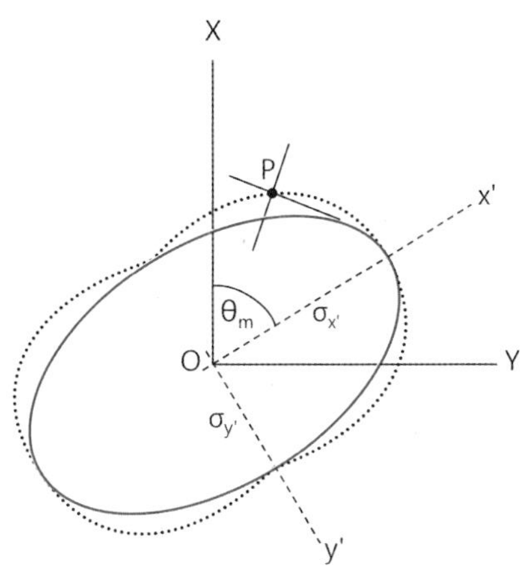

그림 5.5 오차타원

부르고 있는데 통계적 특성이 고정점을 기준으로 하는 상대적인 특성을 나타낸다. 이는 측점의 신뢰영역과 망의 강도 또는 정오차의 경향을 파악하는데 도움을 줄 수 있다.

오차타원을 정확히 표현하기 위해서는 최대 분산을 나타내는 방향을 결정하고 그 크기를 알아야 한다. 평면직각좌표계의 한 점 $P(x_p,\ y_p)$에 대한 통계량을 각각 σ_x^2, σ_y^2, σ_{xy}라고 할 때 공분산 행렬은 다음과 같이 나타낸다.

$$\sum = \begin{bmatrix} \sigma_x^2 & \sigma_{xy} \\ \sigma_{xy} & \sigma_y^2 \end{bmatrix} \tag{5.30}$$

그림 5.5에서 **최대오차**가 발생되는 **주축의 방향**을 x', 이에 직교하는 방향을 y'라 하면 다음의 관계가 성립된다. 여기서 θ는 x축을 기준으로 x'축까지 우회로 정의되는 각이다.

$$\begin{aligned} x' &= x\ \cos\theta + y\ \sin\theta \\ y' &= -x\ \sin\theta + y\ \cos\theta \end{aligned} \tag{5.31}$$

식 (5.31)에 공분산의 전파를 적용하면 다음과 같이 된다.

$$\sigma_{x'}^2 = \cos^2\theta\ \sigma_x^2 + \sin^2\theta\ \sigma_y^2 + 2\sin\theta\cos\theta\ \sigma_{xy} \tag{5.32a}$$

$$\sigma_{y'}^2 = \sin^2\theta\ \sigma_x^2 + \cos^2\theta\ \sigma_y^2 - 2\sin\theta\cos\theta\ \sigma_{xy} \tag{5.32b}$$

$$\sigma_{x'y'} = -\sin\theta\cos\theta\ \sigma_x^2 + \sin\theta\cos\theta\ \sigma_y^2 + (\cos^2\theta - \sin^2\theta)\ \sigma_{xy} \tag{5.32c}$$

이때 주축의 방향각 θ_m을 $\sigma_{x'y'}=0$이라고 한다면 식 (5.32c)로부터 구할 수 있다. $\cos^2\theta_m - \sin^2\theta_m = \cos 2\theta_m$이므로,

$$-\sin\theta_m \cos\theta_m (\sigma_x^2 - \sigma_y^2) + \cos 2\theta_m = 0$$

$$-\sin 2\theta_m (\sigma_x^2 - \sigma_y^2) + 2\cos 2\theta_m \sigma_{xy} = 0$$

따라서 σ_m은 다음 식으로부터 계산할 수 있다.

$$\tan 2\theta_m = \frac{2\sigma_{xy}}{\sigma_x^2 - \sigma_y^2} \tag{5.33}$$

또한 θ_m의 부호는 분자와 분모의 부호를 고려하여 결정된다. 이 θ_m을 식 (5.32a)와 식 (5.32b)에 대입하면 최대오차가 발생되는 **주축의 크기**를 구할 수 있고 각각 식 (5.34)로 표현이 가능하다.

$$\sigma_{x'}^2 = a^2 = \frac{\sigma_x^2 + \sigma_y^2}{2} + \left\{\frac{(\sigma_x^2 - \sigma_y^2)^2}{4} + \sigma_{xy}^2\right\}^{\frac{1}{2}} \tag{5.34a}$$

$$\sigma_{y'}^2 = b^2 = \frac{\sigma_x^2 + \sigma_y^2}{2} - \left\{\frac{(\sigma_x^2 - \sigma_y^2)^2}{4} + \sigma_{xy}^2\right\}^{\frac{1}{2}} \tag{5.34b}$$

1차원인 경우에 1σ영역이 68.3%이지만 오차타원의 경우에는 39.4%이다. 오차타원에 대한 영역별 확률은 표 5.1과 같다.

표 5.1 오차타원의 확률범위

확률	0.394	0.50	0.90	0.95	0.99
범위	1.00σ	1.18σ	2.15σ	2.45σ	3.03σ

예제 5-5 한 측점에 대한 통계량이 다음과 같을 때 오차타원을 구하라.

$$\sigma_x^2 = 39.0\ \text{mm}^2,\quad \sigma_y^2 = 86.5\ \text{mm}^2,\quad \sigma_{xy} = -24.4\ \text{mm}^2$$

[풀이] $\tan 2\theta_m = \frac{2\times(-24.4)}{39.0-86.5} = \frac{-48.8}{-47.5} = 1.02737$

$\therefore\ 2\theta_m = 225.77°$ ($\because$ 3상한)

$\therefore\ \theta_m = 112.89°$

따라서 $\sigma_{x'} = \pm 9.8$ mm, $\sigma_{y'} = \pm 5.4$ mm ■

5.5.2 상대오차타원

측점 간의 상대오차를 고려하면 실용적으로 유용한 결과를 제공할 수 있는데 이를 **상대오차타원**(relative error ellipse)이라고 한다. 측점 i와 측점 j를 고려하면,

$$\Delta x = x_j - x_i$$
$$\Delta y = y_j - y_i \tag{5.35}$$

이므로 공분산의 전파를 적용하면 i점과 j점간의 상대적인 거리오차와 유사한 개념으로 나타낼 수 있다.

$$\sigma^2_{\Delta x} = \sigma^2_{xi} + \sigma^2_{xj} - 2\sigma_{xixj} \tag{5.36a}$$

$$\sigma^2_{\Delta y} = \sigma^2_{yi} + \sigma^2_{yj} - 2\sigma_{yiyj} \tag{5.36b}$$

$$\sigma_{\Delta x \Delta y} = \sigma_{xiyi} + \sigma_{xjyj} - \sigma_{xiyj} - \sigma_{xjyi} \tag{5.36c}$$

따라서 식 (5.36)을 식 (5.32)의 우변에 대입하면 상대오차타원의 $\sigma^2_{x'}$, $\sigma^2_{y'}$, $\sigma_{x'y'}$가 계산될 수 있으므로 식 (5.33)과 식 (5.34)로부터 상대오차타원 요소를 구할 수 있다.

예제 5-6 망의 조정결과, 두 점 A, B의 조정좌표에 대한 공분산행렬이 다음과 같다. 상대오차타원의 요소를 구하라.

$$\Sigma_{xx} = \begin{bmatrix} \sigma^2_{XA} & \sigma_{XAYA} & \sigma_{XAXB} & \sigma_{XAYB} \\ & \sigma^2_{YA} & \sigma_{YAXB} & \sigma_{YAYB} \\ & & \sigma^2_{XB} & \sigma_{XBYB} \\ \text{symm} & & & \sigma^2_{Y_B} \end{bmatrix} = \begin{bmatrix} +8.91 & -2.74 & +0.52 & +0.72 \\ & +5.26 & -0.68 & +.098 \\ & & +2.95 & +1.97 \\ \text{symm} & & & +3.28 \end{bmatrix}$$

[풀이] $\sigma^2_{\Delta X} = \sigma^2_{XA} + \sigma^2_{XB} - 2\sigma_{XAXB} = 8.91 + 2.95 - 2(0.52) = 10.82$

$\sigma^2_{\Delta Y} = \sigma^2_{YA} + \sigma^2_{YB} - 2\sigma_{YAYB} = 5.26 + 3.28 - 2(0.98) = 6.58$

$\sigma_{\Delta X \Delta Y} = \sigma_{XAYA} + \sigma_{XBYB} - \sigma_{XAYB} - \sigma_{XBYA}$

$= (-2.74) + (1.97) - (0.72) - (-0.68) = -0.81$

$$\sum_{\Delta X \Delta Y} = \begin{bmatrix} 10.82 & -0.81 \\ -0.81 & 6.58 \end{bmatrix}$$

그러므로 이 행렬에 대한 절대오차타원을 구하면 AB 간의 거리에 대한 상대오차를 구할 수 있다. ■

참고 문헌

1. Cooper, M. A. R. (1987). "Control Surveys in Civil Engineering", Collins.
2. Methey, B. D. F. (1986). "Computational Models in Surveying and photogrammetry", Blackie.
3. Mikhail, E. M. (1976). "Observations and Least Squares", Eun-Donnelly.
4. Mikhail, E. M. (1981). "Analysis and Adjustment of Survey Measurements", VNR.
5. Wolf, P. R. and C. D. Ghilani (1997). "Adjustment Computations: statistics and least squares in surveying and GIS", Wiley.

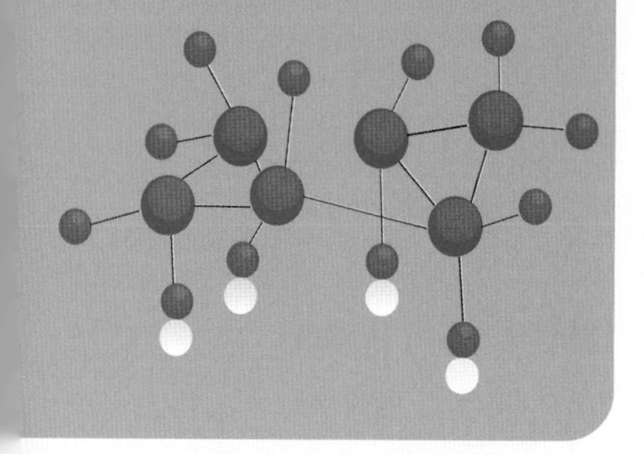

제 6 장

망조정과 원점문제

6.1 원점문제

6.1.1 원점문제

관측방정식은 기지점에 대응되는 미지수를 제거하여 구성되었으므로 정규방정식의 계수에 대한 역행렬이 계산될 수 있었다. 그러나 일반적으로는 모든 점(기지점과 미지점)에 대응되는 미지수가 포함되므로 역행렬이 존재하지 않으며 수학적으로는 rank(N) $<$ n이 되어 singular가 된다고 말한다.

측량망을 구성하기 위한 충분한 측정량이 있는 경우에는 도형상의 결함, 랭크부족수(rank defect)은 없게 되나 망을 지구상의 특정한 위치에 고정시키려면 위치정보를 필요로 하게 된다. 예를 들면, 직접수준측량된 수준망의 경우에는 최소한 1점의 높이정보(표고)가 필요하며, 평면삼각망의 경우에는 x, y의 좌표정보와 방위에 관한 회전정보, 크기에 관한 축척정보의 4가지 정보를 필요로 하게 된다.

이와 같이 측량망의 조정에서 필요한 위치정보와 관련되어 발생하는 문제를 **원점문제**(datum problem)라고 하며 정의된 원점을 **조정원점**(datum for adjustment 또는 coordinate datum)이라고 한다.

원점문제를 해결하기 위해서는 관측방정식에 별도의 식을 추가해야 하는데 이때 추가되는 식을 **제약조건식**(constraint equation)이라고 한다. 조정원점의 정의에 필요한 최소조건에 의한 조정법을 **최소제약조건**(minimum constraints)에 의한 조정이라고 하며 최소제약조건보다 더 많은 조건에 의한 조정법을 다점고정(over-constrained)에 의한 조정이라고 말한다.

표 6.1 원점문제와 정보량

구분	요소	원점정보 부족수	최소제약조건(예)
수준망	수준차	1	1점의 표고
평면망(삼각망)	방향	4	2점의 평면좌표 또는 1점의 평면좌표와 방위각, 축척
평면망(삼변망)	거리	3	1점의 평면좌표와 1방위각
평면망(트래버스)	방향, 거리	3	1점의 평면좌표와 1방위각
평면망(트래버스)	방향, 거리, 방위각	2	1점의 평면좌표
3차원망(TS)	고저차, 방향, 경사거리, 고저각	4	1점의 3차원좌표와 방위각
3차원망(GPS)	좌표차	3	1점의 3차원좌표

표 6.1에서는 일반적인 측량망에서 발생되고 있는 최소제약조건을 요약해 두고 있다.

최소제약조건보다 더 많은 조건을 제약(고정)할 경우에는 조정된 결과(측정량, 좌표 등)에서 제약에 따른 변위가 발생될 것이므로 오차분석이나 망의 평가에는 적용하기 어렵다. 따라서 망의 평가와 과대오차의 검출을 위해서는 최소제약조건에 의한 1점고정 또는 자유망(free network)의 형태로 조정한 결과를 이용해야 한다.

6.1.2 불변량

망의 특성을 분석하거나 평가할 경우에 있어서, **조정원점**이 동일해야만 비교가 가능하다. 특히 조정좌표와 이에 대한 공분산행렬은 조정원점의 선택에 따라 값이 변화하는 특징이 있다.

따라서 **최소제약조건**에 의한 조정(예로서 1점고정 또는 자유망)을 실시하더라도 다음과 같은 **불변량**(invariant)을 사용하여 비교 검토하여야 한다.

① 조정된 측정량 $\hat{\mathbf{L}}$

② 잔차 $\mathbf{V}$

③ 잔차에 대한 공분산 $\sum_{vv}$

④ 조정된 측정량에 대한 공분산 $\sum_{\hat{L}\hat{L}}$

⑤ $\mathbf{V}^T\mathbf{G}^{-1}\mathbf{V}$

⑥ $\hat{\sigma}_0^2$

여기서 전차와 측정량은 망의 기하학적인 특성을 나타내고 있으며 모든 불변량이 이에 관련되고 있음을 알 수 있다. 그러나 잔차와 측정량에 대한 공분산행렬의 연산량이 대단히 크기 때문에 실용적으로 간편한 결과가 이용되기도 한다. 예로서, **조정거리**에 대한 표준오차 σ_l 대신에 **상대오차타원**으로부터 구한 주축방향의 오차크기를 사용하기도 한다.

6.2 제약조건에 의한 최소제곱해

6.2.1 확장된 정규방정식

선형인 c개의 제약조건식은 다음과 같이 나타낸다.

$$\underset{(c\times u)}{C}\ \underset{(u\times 1)}{\Delta} = \underset{(c\times 1)}{w} \tag{6.1}$$

그러므로 관측방정식,

$$\underset{(m\times u)}{A}\ \underset{(u\times 1)}{\Delta} = \underset{(m\times 1)}{L} + \underset{(m\times 1)}{V} \tag{6.2}$$

에 추가하여 구성한다면 다음과 같이 조합시킬 수가 있다. 즉,

$$\begin{bmatrix} A \\ C \end{bmatrix}\Delta = \begin{bmatrix} L \\ w \end{bmatrix} + \begin{bmatrix} V \\ 0 \end{bmatrix} \tag{6.3}$$

u개의 최소제곱해 Δ는 최소제곱법의 원리로부터 다음과 같이 구할 수 있다.

$$\begin{aligned} \phi &= V^T G^{-1} V \\ &= (A\Delta - L)^T G^{-1} (A\Delta - L) + 2k^T (C\Delta - w) = \text{최소} \end{aligned} \tag{6.4}$$

여기서 k는 c개의 Lagrange의 상관계수이다. Δ에 대하여 미분하여 0으로 두면,

$$2\,\Delta^T A^T G^{-1} - 2\,L^T G^{-1} A + 2\,k^T C = 0$$

다시 전치하고 정리하면,

$$\therefore\ A^T G^{-1} A\Delta + Ck^T = A^T G^{-1} L \tag{6.5}$$

따라서 Δ와 k에 대하여 확장된 정규방정식은 다음과 같이 된다.

$$\begin{bmatrix} A^T G^{-1} A & C^T \\ C & 0 \end{bmatrix}\begin{bmatrix} \Delta \\ k \end{bmatrix} = \begin{bmatrix} A^T G^{-1} L \\ w \end{bmatrix} \tag{6.6}$$

이 정규방정식은 C^T에 의해 확장된 것이며 C는 역벡터의 랭크부족수(rank defect)를 소거시킨 것이다. 그러나 대각선 요소에서 0(zero)이 나타나므로 주의가 필요하며 역행렬의 계산에서는 보다 일반적인 역행렬을 구해야 한다. 또한 식 (6.1)에서 w는 상수가 아닐 수도 있으며 통계특성(분산 등)을 고려할 수도 있다.

식 (6.6)의 해법은 아래의 정규역행렬, 유사역행렬 두 가지 방법을 사용할 수가 있다.

6.2.2 정규역행렬(regular inverse)을 사용하는 방법

$$\begin{bmatrix} A^T G^{-1} A & C^T \\ C & 0 \end{bmatrix}^{-1} = \begin{bmatrix} Q & \beta \\ \beta' & \nu \end{bmatrix} \tag{6.7}$$

이 방법은 $(A^T G^{-1} A)^{-1}$이 존재하지 않으므로 **내부제약조건**의 계수 C를 추가한 전체행렬(식 (6.7)의 좌변 전체를 의미한다)을 직접 구한 결과로부터 역행렬의 일부인 Q값만을 이용하게 된다.

이때의 해는

$$\Delta = Q A^T G^{-1} L \tag{6.8}$$

$$\Sigma_{\Delta\Delta} = \hat{\sigma}_0^2 Q \tag{6.9}$$

$$\hat{\sigma}_0^2 = \frac{V^T G^{-1} V}{(m+c-u)} \tag{6.10}$$

6.2.3 유사역행렬(Moore-Penrose pseudo-inverse)을 사용하는 방법

$$\Delta = (A^T G^{-1} A)^{+} A^T G^{-1} L \tag{6.11}$$

이 방법은 **일반역행렬**(generalised inverse) A^-의 특수한 형태를 사용하는 것이며 측정량의 종류가 다양할 때에는 계산이 어렵고 전산처리에 일부 낭비가 있는 단점이 있다.

식 (6.7)로부터 다음에 의해 구할 수 있다(유도는 생략한다).

$$\begin{bmatrix} A^T G^{-1} A & C^T \\ C & 0 \end{bmatrix}^{-1} = \begin{bmatrix} Q & C^T (CC^T)^{-1} \\ (CC^T)^{-1} C & 0 \end{bmatrix} \tag{6.12}$$

여기서 Q는 다음 식으로부터 계산될 수 있다.

$$(\mathbf{A}^{\mathrm{T}}\mathbf{G}^{-1}\mathbf{A})^{+} = \mathbf{Q}$$

$$\mathbf{Q} = (\mathbf{A}^{\mathrm{T}}\mathbf{G}^{-1}\mathbf{A}+\mathbf{C}^{\mathrm{T}}\mathbf{C})^{-1} - \mathbf{C}^{\mathrm{T}}(\mathbf{C}\mathbf{C}^{\mathrm{T}}\mathbf{C}\mathbf{C}^{\mathrm{T}})^{-1}\mathbf{C} \tag{6.13}$$

예제 6-1 다음은 관측방정식과 대응되는 제약조건방정식이다. 역행렬을 계산하라.

$$\begin{bmatrix} -1 & 1 \\ -1 & 1 \end{bmatrix}\begin{bmatrix} \Delta_1 \\ \Delta_2 \end{bmatrix} = \begin{bmatrix} \mathrm{h}_1 \\ \mathrm{h}_2 \end{bmatrix} + \begin{bmatrix} \mathrm{v}_1 \\ \mathrm{v}_2 \end{bmatrix}$$

$$\begin{bmatrix} 1 & 1 \end{bmatrix}\begin{bmatrix} \Delta_1 \\ \Delta_2 \end{bmatrix} = 0$$

[풀이] ① 정규역행렬에 의한 방법

$$\mathbf{A}^{\mathrm{T}}\mathbf{G}^{-1}\mathbf{A} = \begin{bmatrix} 2 & -2 \\ -2 & 2 \end{bmatrix}$$

$$\therefore \begin{bmatrix} \mathbf{A}^{\mathrm{T}}\mathbf{G}^{-1}\mathbf{A} & \mathbf{C}^{\mathrm{T}} \\ \mathbf{C} & 0 \end{bmatrix}^{-1} = \begin{bmatrix} 2 & -2 & 1 \\ -2 & 2 & 1 \\ 1 & 1 & 0 \end{bmatrix}^{-1} = -\frac{1}{8}\begin{bmatrix} -1 & 1 & -4 \\ 1 & -1 & -4 \\ -4 & -4 & 0 \end{bmatrix}$$

$$\therefore \mathbf{Q} = -\frac{1}{8}\begin{bmatrix} -1 & 1 \\ 1 & -1 \end{bmatrix} = \frac{1}{8}\begin{bmatrix} 1 & -1 \\ -1 & 1 \end{bmatrix}$$

② 유사역행렬에 의한 방법

$$\mathbf{A}^{\mathrm{T}}\mathbf{G}^{-1}\mathbf{A} = \begin{bmatrix} 2 & -2 \\ -2 & 2 \end{bmatrix}$$

$$\mathbf{C}^{\mathrm{T}}\mathbf{C} = \begin{bmatrix} 1 \\ 1 \end{bmatrix}\begin{bmatrix} 1 & 1 \end{bmatrix} = \begin{bmatrix} 1 & 1 \\ 1 & 1 \end{bmatrix}$$

$$(\mathbf{A}^{\mathrm{T}}\mathbf{G}^{-1}\mathbf{A}+\mathbf{C}^{\mathrm{T}}\mathbf{C})^{-1} = \begin{bmatrix} 3 & -1 \\ -1 & 3 \end{bmatrix}^{-1} = \frac{1}{8}\begin{bmatrix} 3 & 1 \\ 1 & 3 \end{bmatrix}$$

$$\mathbf{C}^{\mathrm{T}}(\mathbf{C}\mathbf{C}^{\mathrm{T}}\mathbf{C}\mathbf{C}^{\mathrm{T}})^{-1}\mathbf{C} = \frac{1}{4}\begin{bmatrix} 1 & 1 \\ 1 & 1 \end{bmatrix}$$

$$\therefore \mathbf{Q} = (\mathbf{A}^{\mathrm{T}}\mathbf{G}^{-1}\mathbf{A})^{+}$$

$$= \frac{1}{8}\begin{bmatrix} 3 & 1 \\ 1 & 3 \end{bmatrix} - \frac{1}{4}\begin{bmatrix} 1 & 1 \\ 1 & 1 \end{bmatrix} = \frac{1}{8}\begin{bmatrix} 1 & -1 \\ -1 & 1 \end{bmatrix}$$ ■

6.3 최소제약조건(1점고정망)

6.3.1 좌표고정

수평각만을 관측한 평면삼각망의 경우에는 랭크부족수(rank defect)가 4개이므로 2점의 좌표, 즉 4개의 좌표를 고정하면 풀 수 있다.

따라서 초기좌표를 사용한다면 고정점을 P, Q라고 할 때 이에 해당하는 다음의 제약조건 방정식이 구성된다.

$$C\Delta = 0 \tag{6.14}$$

$$\begin{bmatrix} 0 & 0 & \cdots & 1 & 0 & 0 & 0 & \cdots \\ 0 & 0 & \cdots & 0 & 1 & 0 & 0 & \cdots \\ 0 & 0 & \cdots & 0 & 0 & 1 & 0 & \cdots \\ 0 & 0 & \cdots & 0 & 0 & 0 & 1 & \cdots \end{bmatrix} \begin{bmatrix} dx_1 \\ dy_1 \\ \vdots \\ dx_P \\ dy_P \\ dx_Q \\ dy_Q \\ \vdots \end{bmatrix} = \begin{bmatrix} 0 \\ 0 \\ 0 \\ 0 \end{bmatrix} \tag{6.15}$$

만일 m개의 관측방정식이 있다면 최소제곱해를 식 (6.6)에 의하는 것보다 고정점 P, Q에 대응되는 미지수와 계수를 제거하고 처리하는 방법이 훨씬 효과적이다. 이 방법은 이미 앞에서 적용한 바 있다.

그러므로 식 (6.2)로부터 A의 4개 열을 제거하면

$$\underset{\{m\times(u-4)\}\times\{u-4\}}{A'} \quad \underset{(u-4)\times 1}{\Delta'} = \underset{(m\times 1)}{L} + \underset{(m\times 1)}{V} \tag{6.16}$$

이므로 최소제곱해가 구해진다.

$$\Delta' = (A'^T G^{-1} A')^{-1} A'^T G^{-1} L \tag{6.17}$$

6.3.2 거리고정

평면삼각망에서 1점의 좌표와 1측선의 방위각이 기지일 경우에는 1개의 측선거리 PQ에 대한 제약조건식이 필요하다.

$$(x_Q - x_P)^2 + (y_Q - y_P)^2 = s^2 \tag{6.18}$$

식 (6.18)에서 s가 고정이므로 미분하면,

$$(x_Q - x_P)(dx_Q - dx_P) + (y_Q - y_P)(dy_Q - dy_P) = 0$$

그러므로 **제약조건방정식**은 다음과 같이 된다.

$$[0,\ 0,\ \cdots,\ -(x_Q - x_P),\ -(y_Q - y_P),\ (x_Q - x_P),\ (y_Q - y_P),\ \cdots] \begin{bmatrix} dx_1 \\ dy_1 \\ \vdots \\ dx_P \\ dy_P \\ dx_Q \\ dy_Q \\ \vdots \end{bmatrix} = 0 \tag{6.19}$$

6.3.3 방위각 고정

평면망에서 각과 거리가 측정된 경우에 1측점의 좌표가 기지라면 회전(방향)에 대한 제약조건식이 필요하다.

$$\tan\alpha = \frac{y_Q - y_P}{x_Q - x_P} \tag{6.20}$$

PQ방위각이 고정되어야 하므로 미분하면,

$$(y_Q - y_P)dx_P - (x_Q - x_P)dy_P - (y_Q - y_P)dx_Q + (x_Q - x_P)dy_Q = 0$$

그러므로 **제약조건방정식**은 다음과 같이 된다.

$$[0, 0, \cdots, +(y_Q - y_P), -(x_Q - x_P), (y_Q - y_P), (x_Q - x_P), \cdots, 0, 0]\begin{bmatrix} dx_1 \\ dy_1 \\ \vdots \\ dx_P \\ dy_P \\ dx_Q \\ dy_Q \\ \vdots \\ 0 \\ 0 \end{bmatrix} = 0$$

(6.21)

6.4 내부제약조건(자유망)

내부제약조건(inner constraints)은 좌표보정량 간의 함수관계를 나타내는 최소제약조건 방정식에서도 특수한 경우에 해당되며 기하학적으로는 망의 무게중심에 고정된 해가 구해지는데 모든 측점을 미지점으로 취급하기 때문에 **자유망조정**(free network adjustment)이라고 말하고 있다.

다시 말하면, 최소제곱법의 원리인 잔차의 제곱합이 최소라고 하는 조건에 추가하여 좌표조정량의 제곱의 합이 최소라는 조건이 적용된 것이다.

$$\Delta^T \Delta = \text{최소} \tag{6.22}$$

6.4.1 수준망의 제약조건식

m개의 수준차(수준노선)로 구성된 u개의 점인 수준망을 고려해보자.

이때의 관측방정식에 다음의 제약조건식을 추가한다. 즉, $H_i = H_0 + dH_i$(dH_i는 보정량)으로부터,

$$dH_1 + dH_2 + \cdots + dH_u = 0 \tag{6.23}$$

따라서 **제약조건방정식**은 다음과 같다.

$$\underset{(1\times u)}{C}\ \underset{(u\times 1)}{\Delta} = \underset{(1\times 1)}{w} \tag{6.24}$$

$$[1,\ 1,\ \cdots,\ 1,\ 1]\begin{bmatrix} dH_1 \\ dH_2 \\ \vdots \\ dH_u \end{bmatrix} = 0 \tag{6.25}$$

6.4.2 평면망의 제약조건식

평면망의 원점문제는 x방향과 y방향의 이동 및 회전, 축척의 4가지 조건에 대한 제약을 필요로 한다. m개의 각으로 구성된 삼각망의 경우에는 관측방정식은 방향별로 구성되어 2m 개이고 측점의 수가 u개라면 미지수의 수는 2u가 될 것이다. 4개의 제약조건방정식은 다음과 같다.

먼저 x, y방향의 이동에 제약조건은,

$$dx_1 + dx_2 + \cdots + dx_u = 0 \tag{6.26a}$$

$$dy_1 + dy_2 + \cdots + dy_u = 0 \tag{6.26b}$$

다시 쓰면,

$$\Sigma dx_i = 0 \tag{6.27a}$$

$$\Sigma dy_i = 0 \tag{6.27b}$$

망전체의 회전에 대한 제약조건은,

$$-y_1 dx_1 + x_1 dy_1 - y_2 dx_2 + x_2 dy_2 + \cdots - y_u dx_u + x_u dy_u = 0 \tag{6.28}$$

$$\Sigma(-y_i dx_i + x_i dy_i) = 0 \tag{6.29}$$

또한 망의 축척에 대한 제약조건은,

$$x_1 dx_1 + y_1 dy_1 + x_2 dx_2 + y_2 dy_2 + \cdots + x_u dx_u + y_u dy_u = 0 \tag{6.30}$$

$$\Sigma(x_i dx_i + y_i dy_i) = 0 \tag{6.31}$$

식 (6.27a), (6.27b), (6.29), (6.31)이 각각 4개의 제약조건식이다.

이들 u개 점에 대한 2u개의 제약조건식을 행렬로 나타내면 다음과 같다.

$$\underset{(4\times 2u)}{\mathbf{C}} \quad \underset{(2u\times 1)}{\Delta} = \underset{(4\times 1)}{\mathbf{w}} \tag{6.32a}$$

$$\begin{bmatrix} 1 & 0 & 1 & 0 & \cdots & 1 & 0 \\ 0 & 1 & 0 & 1 & \cdots & 0 & 1 \\ -y_1 & x_1 & -y_2 & x_2 & \cdots & -y_u & x_u \\ x_1 & y_1 & x_2 & y_2 & \cdots & x_u & y_u \end{bmatrix} \begin{bmatrix} dx_1 \\ dy_1 \\ dx_2 \\ dy_2 \\ \vdots \\ dx_u \\ dy_u \end{bmatrix} = \begin{bmatrix} 0 \\ 0 \\ 0 \\ 0 \end{bmatrix} \tag{6.32b}$$

6.4.3 특수한 제약조건식

앞에서는 모든 측점을 미지점으로 제약하고 있으나 특정한 점만을 제약할 수도 있다. 식 (6.32)의 평면망의 제약조건식에서 1점과 2점 두 개만을 제약하는 경우의 제약조건식은 다음과 같이 변형시킬 수 있다.

$$\underset{(4\times 4)}{\mathbf{C}} \quad \underset{(4\times 1)}{\Delta} = \underset{(4\times 1)}{\mathbf{w}} \tag{6.33}$$

$$\begin{bmatrix} 1 & 0 & 1 & 0 & 0 & 0 & \cdots & 0 & 0 \\ 0 & 1 & 0 & 1 & 0 & 0 & \cdots & 0 & 0 \\ -y_1 & x_1 & -y_2 & x_2 & 0 & 0 & \cdots & 0 & 0 \\ x_1 & y_1 & x_2 & y_2 & 0 & 0 & \cdots & 0 & 0 \end{bmatrix} \begin{bmatrix} dx_1 \\ dy_1 \\ dx_2 \\ dy_2 \\ \vdots \\ dx_u \\ dy_u \end{bmatrix} = \begin{bmatrix} 0 \\ 0 \\ 0 \\ 0 \end{bmatrix} \tag{6.34}$$

이 결과는 1점과 2점만을 제약하고 다른 모든 점은 모두 미지점으로 취급하는 것이므로 지각변동해석 등에서 효과적으로 적용할 수가 있다. 예로서 구성과를 초기가정좌표로 사용하는 경우에 미지수인 보정량이 지각변동량이 된다.

또한 모든 측점을 동일한 중량으로서 자유망 조정을 실시한다면 변동이 크게 부각되지 않지만 비교적 지각변동이 작은 지역의 점만을 제약한다면 제약점에서의 변동은 작게 나타나지만 제약되지 않은 다른 모든 점의 변동이 크게 부각될 것이다.

측량망의 조정에 있어서도 기지점만을 제약할 수도 있고, 기지점에 중량을 달리 부여하는 가중측점 조건을 사용할 수도 있다.

6.5 과대오차의 검출

6.5.1 χ^2 검정

단위중량에 대한 **사후분산값**은 다음의 **χ^2-분포**를 이용하여 검정할 수 있다.

$$\frac{\mathbf{V}^{\mathrm{T}}\mathbf{G}^{-1}\mathbf{V}}{\sigma_0{}^2} = \frac{\hat{\sigma}_0{}^2}{\sigma_0{}^2}(\mathrm{m}-\mathrm{u}) \sim \chi^2{}_{\mathrm{m}-\mathrm{u}} \tag{6.35}$$

여기서, $(\mathrm{m}-\mathrm{u})$는 자유도이며 망전체의 적합성을 점검하는데 이용할 수 있다. 만일 사후분산값 σ_0^2이 1과 큰 차이가 있거나 또는 사전분산값 $\hat{\sigma}_0^2$과 큰 차이가 있다면 통계검정에서 기각될 것이며, 이 경우에 그 원인으로는 다음을 들 수 있다.

① 초기 중량값이 부적당한 경우
② 측정량에 정오차가 있는 경우
③ 측정량에 과대오차가 있는 경우
④ 자유도가 낮은 경우

가설검정을 실시하기 위하여 가설,

$$\begin{aligned} \mathrm{H}_0 &: \sigma_0{}^2 = \hat{\sigma}_0{}^2 \\ \mathrm{H}_1 &: \sigma_0{}^2 \neq \hat{\sigma}_0{}^2 \end{aligned} \tag{6.36}$$

로부터 다음이 유의수준 α(예: 0.05)로 선택되어야 한다.

$$y = \frac{\hat{\sigma}_0{}^2}{\sigma_0{}^2}(m-u) = \frac{\mathbf{V}^T\mathbf{G}^{-1}\mathbf{V}}{\sigma_0{}^2} \tag{6.37}$$

$$\chi^2_{m-u,\frac{\alpha}{2}} < y < \chi^2_{m-u,1-\frac{\alpha}{2}} \tag{6.38}$$

식 (6.38)이 만족되어 식 (6.36)의 귀무가설 H_0가 채택된다면 조정좌표에 대한 공분산 행렬은 $\sigma_0{}^2$을 사용하여 다음과 같이 된다.

$$\sum_{xx} = \hat{\sigma}_0^2 \mathbf{N}^{-1} = \sigma_0^2 \mathbf{N}^{-1} = \mathbf{N}^{-1} \tag{6.39}$$

만일 식 (6.39)가 만족되지 않아서 식 (6.36)의 기각가설 H_1이 채택된다면 어떤 원인에 따라 적합되지 않고 있기 때문에 그 원인이 파악되어야 한다.

6.5.2 과대오차 검출

χ^2검정이 기각된다면 망내에 과대오차가 포함되어 있으므로 Baarda법 또는 Pope법 등의 방법에 따라 추출되어야 한다. Baarda는 가설로서

$$\begin{aligned} H_0 &: l_i = \mathit{l}_i + \varepsilon_i \\ H_1 &: l_i = \mathit{l}_i + \varepsilon_i + \Delta_i \end{aligned} \tag{6.40}$$

를 사용하고 다음의 분포를 이용하였다.

$$w_i = \frac{\hat{v}_i}{\sigma_0 \sigma_{V_i}} \sim N(0,\ 1) \tag{6.41}$$

이 경우에는 σ_0을 사용하며 유의수준 0.1%인 3.29를 사용하고 한 번에 1개씩의 과대오차를 기각시키는 반복법을 채용한다. 다시 말해서 χ^2검정이 기각될 때마다 1개씩의 최대 w_i값에 해당되는 측정량을 제외시키고 다시 조정하여 반복적으로 처리하는 Baarda법이다.

Pope는 특수한 τ-분포를 이용하는 Pope법을 제시하였다.

$$\tau_i = \frac{v_i}{\hat{\sigma}_{V_i}} \sim \tau_{m-u} \tag{6.42}$$

이 분포는 t-분포와 관련되어 다음과 같이 나타낸다.

$$\tau_{m-u} = \frac{(m-u)^{\frac{1}{2}} \cdot t_{(m-u)-1}}{\left\{(m-u)-1+t^2_{(m-u)-1}\right\}^{\frac{1}{2}}} \tag{6.43}$$

이때 임계값은 $\alpha=0.05$일 때의 측정수 n과 관계되는 α/n을 사용한다.

예제 6-2 수준망의 최소제약조건인 조정(1점 고정)의 결과에서, $\hat{\sigma}_0^2=2.74$, 자유도 6 −3=3일 때 95% 신뢰수준에서의 σ_0^2을 검정하라. 단, $\sigma_0^2=1$이다.

[풀이] 가설 $H_0 : \hat{\sigma}_0^2 = \sigma_0^2$, $H : \hat{\sigma}_0^2 > \sigma_0^2$

$$\chi^2_{3,0.025}=9.35$$

$$y = \frac{r \cdot \hat{\sigma}_0^2}{\sigma_0^2} = 3\times 2.74 = 8.22$$

그러므로 귀무가설 H_0가 채택되므로 $\hat{\sigma}_0^2 = \sigma_0^2 = 1$로 판정될 수 있다. 실용적인 면에서는 $\chi^2_{(m-u),\alpha}$의 단측 검정을 사용하기도 한다. 사전분산값이 정확할 경우에는 과대오차의 검출에 적용되지만 반대로 사후분산값으로서 사전분산값을 추정하기도 한다. ■

참고 문헌

1. Cooper, M. A. R. (1987). “Control Surveys in Civil Engineering”, Collins.
2. Hoffman-Wellenhof, B., H. Lichtenegger, and J. Collins (1997). “GPS”, Springer.
3. Mikhail, E. M. (1981). “Analysis and Adjustment of Survey Measurements”, VNR.
4. Mueller, I. I. and K. H. Ramsayer (1979). “Introduction to Surveying”, Ungar.
5. 이영진 (1996). “기준점측량학”, 경일대학교 측지공학과.

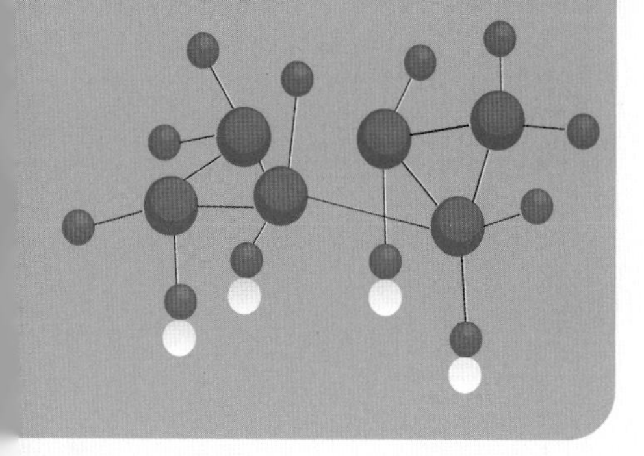

제 7 장

망조정과 수치계산 예

7.1 수준망 조정 예

7.1.1 수준망 문제

6개의 수준노선과 4개의 수준점으로 구성된 그림의 수준망의 예를 수치계산해 보자. 관측의 결과인 수준차와 거리는 아래와 같다. 관측의 사전 표준오차는 $\pm 5\text{ mm}\sqrt{s}$ 이고 s는 km 단위의 노선길이로 한다.

노선	구간	수준차(m)	거리(km)
1	A → B	9.138	3
2	A → F	18.640	6
3	A → G	4.310	4
4	B → G	−4.786	4
5	B → F	9.500	5
6	G → F	14.293	2

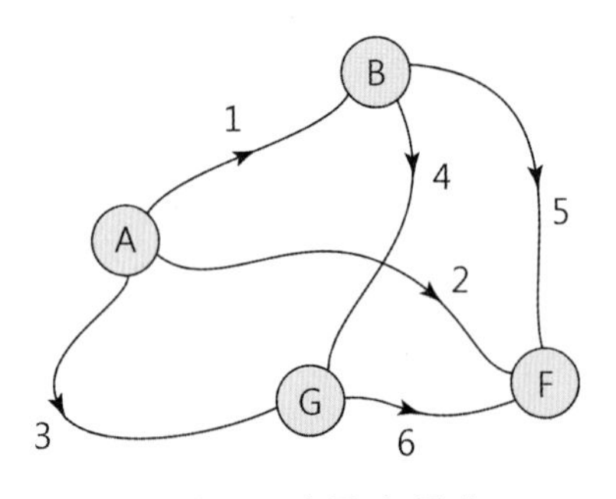

그림 7.1 수준망 문제

7.1.2 관측방정식 구성

예제 7-1 그림 7.1과 같은 수준망에 대하여 관측방정식을 구성하라.

[풀이] 초기좌표를 A = 100 m, B = 109.138 m, G = 104.352 m, F = 118.616 m로 한다. ij노선에 대한 관측방정식은 $-dH_j + dH_i = (O - C) + v$

$$
\begin{aligned}
-dH_A + dH_B \qquad\qquad &= (O_{AB} - C_{AB}) + v \\
-dH_A \qquad\qquad + dH_F &= (O_{AF} - C_{AF}) + v \\
-dH_A \qquad + dH_G \qquad &= (O_{AG} - C_{AG}) + v \\
-dH_B + dH_G \qquad &= (O_{BG} - C_{BG}) + v \\
-dH_B \qquad + dH_F &= (O_{BF} - C_{BF}) + v \\
-dH_G + dH_F &= (O_{GF} - C_{GF}) + v
\end{aligned}
$$

관측방정식을 행렬로 나타내면,

$$\mathbf{A}\boldsymbol{\Delta} = \mathbf{L} + \mathbf{V}$$

$$
\begin{bmatrix} -1 & 1 & 0 & 0 \\ -1 & 0 & 0 & 1 \\ -1 & 0 & 1 & 0 \\ 0 & -1 & 1 & 0 \\ 0 & -1 & 0 & 1 \\ 0 & 0 & -1 & 1 \end{bmatrix}
\begin{bmatrix} dH_A \\ dH_B \\ dH_G \\ dH_F \end{bmatrix}
=
\begin{bmatrix} 0 \\ 0.024 \\ -0.042 \\ 0 \\ 0.022 \\ 0.029 \end{bmatrix}
+
\begin{bmatrix} v_1 \\ v_2 \\ v_3 \\ v_4 \\ v_5 \\ v_6 \end{bmatrix}
$$

■

높이에 대한 원점문제가 정의되지 않은 상태이다. 이 식에는 이동(translation)에 대한 1개의 제약조건식이 필요하다.

7.1.3 수준망 조정계산 예

예제 7-2 예제 7-1로부터 A=100 m로 고정점인 경우의 조정을 실시하라.

[풀이] 관측방정식에서 dH_A에 대응되는 항들을 소거한 후에 조정한다.

$$
\begin{bmatrix} 1 & 0 & 0 \\ 0 & 0 & 1 \\ 0 & 1 & 0 \\ -1 & 1 & 0 \\ -1 & 0 & 1 \\ 0 & -1 & 1 \end{bmatrix}
\begin{bmatrix} dH_B \\ dH_G \\ dH_F \end{bmatrix}
=
\begin{bmatrix} 0 \\ 0.024 \\ -0.042 \\ 0 \\ 0.022 \\ 0.029 \end{bmatrix}
+
\begin{bmatrix} v_1 \\ v_2 \\ v_3 \\ v_4 \\ v_5 \\ v_6 \end{bmatrix}
$$

중량계수($\because \sigma_0^2 = 1$로 택함)

$$\mathbf{G}^{-1} = \begin{bmatrix} \frac{1}{3} & 0 & 0 & 0 & 0 & 0 \\ 0 & \frac{1}{6} & 0 & 0 & 0 & 0 \\ 0 & 0 & \frac{1}{4} & 0 & 0 & 0 \\ 0 & 0 & 0 & \frac{1}{4} & 0 & 0 \\ 0 & 0 & 0 & 0 & \frac{1}{5} & 0 \\ 0 & 0 & 0 & 0 & 0 & \frac{1}{2} \end{bmatrix} \times 0.005^2 \ \mathrm{m}^2$$

정규방정식

$$(\mathbf{A}'^{\mathrm{T}}\mathbf{G}^{-1}\mathbf{A}')\boldsymbol{\Delta}' = \mathbf{A}'^{\mathrm{T}}\mathbf{G}^{-1}\mathbf{L}$$

$$\begin{bmatrix} 0.78333 & -0.25 & -0.2 \\ -0.25 & 1 & -0.5 \\ -0.2 & -0.5 & 0.8667 \end{bmatrix} \begin{bmatrix} \mathrm{dH_B} \\ \mathrm{dH_G} \\ \mathrm{dH_F} \end{bmatrix} = \begin{bmatrix} -0.0044 \\ -0.0250 \\ 0.029 \end{bmatrix}$$

조정표고의 중량계수 행렬

$$\mathbf{G}_{\Delta\Delta} = (\mathbf{A}'^{\mathrm{T}}\mathbf{G}^{-1}\mathbf{A}')^{-1}$$
$$= \begin{bmatrix} 1.81967 & 0.93443 & 0.95902 \\ & 1.88525 & 1.30328 \\ \mathrm{symm} & & 2.12705 \end{bmatrix} \times 0.005^2 \ \mathrm{m}^2$$

최소제곱해

$$\boldsymbol{\Delta}' = (\mathbf{A}'^{\mathrm{T}}\mathbf{G}^{-1}\mathbf{A}')^{-1}\mathbf{A}'^{\mathrm{T}}\mathbf{G}^{-1}\mathbf{L}$$
$$= \begin{bmatrix} -0.0093 \\ -0.0212 \\ 0.0123 \end{bmatrix} \mathrm{m}$$

조정표고

$\mathrm{H_A} = 100$ m, $\mathrm{H_B} = 109.1286$ m, $\mathrm{H_G} = 104.3306$ m, $\mathrm{H_F} = 118.6279$ m

잔차(보정량)

$$\mathbf{V} = \mathbf{A}'\Delta' - \mathbf{L}$$

$$= \begin{bmatrix} -0.0094 \\ -0.0121 \\ 0.0206 \\ -0.0120 \\ -0.0007 \\ 0.0043 \end{bmatrix} \mathrm{m}$$

$$\mathbf{G}_{vv} = \mathbf{G} - \mathbf{A}'\mathbf{N}^{-1}\mathbf{A}'^{T}$$

$$= \begin{bmatrix} 1.1803 & -0.9590 & -0.9344 & 0.8852 & 0.8606 & -0.0246 \\ & 3.8730 & -1.3033 & -0.3443 & -1.1680 & -0.8238 \\ & & 2.1148 & -0.9508 & -0.3688 & 0.5820 \\ & & & 2.1639 & -1.2295 & 0.6066 \\ & & & & 2.9713 & -0.7992 \\ \text{symm} & & & & & 0.5943 \end{bmatrix} \times 0.005^2 \ \mathrm{m}^2$$

조정수준차

$$\hat{\mathbf{L}} = \mathbf{L} + \mathbf{V}$$

$$= \begin{bmatrix} 0 \\ 0.024 \\ -0.042 \\ 0 \\ 0.022 \\ 0.029 \end{bmatrix} + \begin{bmatrix} -0.0094 \\ -0.0121 \\ 0.0206 \\ -0.0120 \\ -0.0007 \\ 0.0043 \end{bmatrix} = \begin{bmatrix} 9.1286 \\ 18.6279 \\ 4.3306 \\ -4.7980 \\ 9.4993 \\ 14.2973 \end{bmatrix} \mathrm{m}$$

$$\mathbf{G}_{\overline{LL}} = \mathbf{A}'\mathbf{N}^{-1}\mathbf{A}'^{T}$$

$$= \begin{bmatrix} 1.8197 & 0.9590 & 0.9344 & -0.8852 & -0.8606 & 0.0246 \\ & 2.1270 & 1.3033 & 0.3443 & 1.1680 & 0.8238 \\ & & 1.8852 & 0.9508 & 0.3688 & -0.5820 \\ & & & 1.8361 & 1.2295 & -0.6066 \\ & & & & 2.0287 & 0.7992 \\ \text{symm} & & & & & 1.4057 \end{bmatrix} \times 0.005^2 \ \mathrm{m}^2$$

사후 분산값

$$\hat{\sigma}_0^2 = \frac{\mathbf{V}^T\mathbf{G}^{-1}\mathbf{V}}{(6-3)} = 2.74$$

■

예제 7-3 예제 7-1에서 내부제약조건에 따라 자유망 조정을 실시하라.

[풀이] 내부제약조건식

$$\mathbf{C}\,\Delta' = 0$$

$$[1 \quad 1 \quad 1 \quad 1]\begin{bmatrix} dH_A \\ dH_B \\ dH_G \\ dH_F \end{bmatrix} = 0$$

그러므로 예제 7-1로부터 확장된 정규방정식은

$$\begin{bmatrix} \mathbf{A}'^T\mathbf{G}^{-1}\mathbf{A}' & \mathbf{C}^T \\ \mathbf{C} & \mathbf{0} \end{bmatrix}\begin{bmatrix} \Delta' \\ \boldsymbol{k} \end{bmatrix} = \begin{bmatrix} \mathbf{A}'^T\mathbf{G}^{-1}\mathbf{L} \\ \mathbf{0} \end{bmatrix}$$

$$\left[\begin{array}{cccc:c} 0.75 & -0.33333 & -0.25 & -0.16667 & 1 \\ & -0.78333 & -0.25 & -0.2 & 1 \\ & & 1 & 0.5 & 1 \\ & & & 0.86667 & 1 \\ \hdashline \text{symm} & & & & 0 \end{array}\right]\begin{bmatrix} dH_A \\ dH_B \\ dH_G \\ dH_F \\ \hdashline k \end{bmatrix} = \begin{bmatrix} 0.0065 \\ -0.0044 \\ -0.0250 \\ 0.0229 \\ \hdashline 0 \end{bmatrix}$$

여기서 좌우변에 각각 $0.005^{-2}\ \text{m}^{-2}$이 곱해진 식이므로 서로 삭제된 것이다.

해는,

$$\begin{bmatrix} \Delta' \\ \boldsymbol{k} \end{bmatrix} = \begin{bmatrix} \mathbf{A}'^T\mathbf{G}^{-1}\mathbf{A}' & \mathbf{C}^T \\ \mathbf{C} & \mathbf{0} \end{bmatrix}\begin{bmatrix} \mathbf{A}'^T\mathbf{G}^{-1}\mathbf{L} \\ \mathbf{0} \end{bmatrix}$$

$$= \left[\begin{array}{cccc:c} 0.76409 & -0.16419 & -0.26665 & -0.33325 & 0.25 \\ & 0.72720 & -0.26050 & -0.30251 & 0.25 \\ & & 0.58786 & -0.06071 & 0.25 \\ & & & 0.69647 & 0.25 \\ \hdashline \text{symm} & & & & 0 \end{array}\right]\begin{bmatrix} 0.0065 \\ -0.0044 \\ -0.0250 \\ 0.0229 \\ \hdashline 0 \end{bmatrix}$$

$$= \begin{bmatrix} 0.0047 \\ -0.0047 \\ -0.0167 \\ 0.0167 \\ \hdashline 0.0609 \end{bmatrix}$$

조정표고의 중량계수행렬,

$$\mathbf{G}_{\Delta\Delta}=\begin{bmatrix} 0.76409 & -0.16419 & -0.26665 & -0.33325 \\ & 0.72720 & -0.26050 & -0.30251 \\ & & 0.58786 & -0.06071 \\ \text{symm} & & & 0.69647 \end{bmatrix}\times 0.005^2\ \text{m}^2$$

조정표고

$$H_A = 100.0047\ \text{m},\quad H_B = 109.1333\ \text{m},$$
$$H_G = 104.3353\ \text{m},\quad H_F = 118.6327\ \text{m}$$

잔차(보정량)

$$\mathbf{V}=\mathbf{A}'\boldsymbol{\Delta}'-\mathbf{L}$$
$$=\begin{bmatrix} -0.0094 \\ -0.0120 \\ 0.0206 \\ -0.0120 \\ -0.0006 \\ 0.0044 \end{bmatrix}\text{m}$$

주의 여기서 잔차는 1점고정에 의한 예제 7-2와 동일하며(유효숫자와 절단오차의 차이가 있음), 이 결과는 조정원점의 선택에도 불구하고 **최소제약조건**에 의한 조정(1점고정 조정)과 **내부제약조건**에 의한 자유망 조정의 결과는 잔차가 같기 때문에 망의 형상이 유지됨을 알 수 있다. 이는 조정 수준차가 동일한 **불변량**(invariant)임을 말한다.

또한, $\mathbf{G}_{\Delta\Delta}$에서는 **자유망**의 경우가 $\boldsymbol{\Delta}'^{T}\boldsymbol{\Delta}'$ = 최소의 조건이 추가되어 Trace ($\mathbf{G}_{\Delta\Delta}$)값이 더 작게 나타난다는 사실도 확인할 수 있다. ■

7.2 삼변삼각망 조정 예

7.2.1 평면삼각형 문제

3개의 변과 3개의 각으로 구성된 그림 7.2의 평면산각형의 예를 수치계산해 보자. 관측의 결과인 거리와 각은 아래와 같다. 관측의 사전 표준오차는 각각 ±5 mm, ±5″이다.

$$l_1 = c = AB = 562.100 \pm 0.005 \text{ m}$$

$$l_2 = a = BC = 623.800 \pm 0.005 \text{ m}$$

$$l_3 = b = AC = 746.838 \pm 0.005 \text{ m}$$

$$l_4 = A = \angle BAC = 54°44'50'' \pm 5''$$

$$l_5 = B = \angle CBA = 77°52'10'' \pm 5''$$

$$l_6 = C = \angle ACB = 47°22'55'' \pm 5''$$

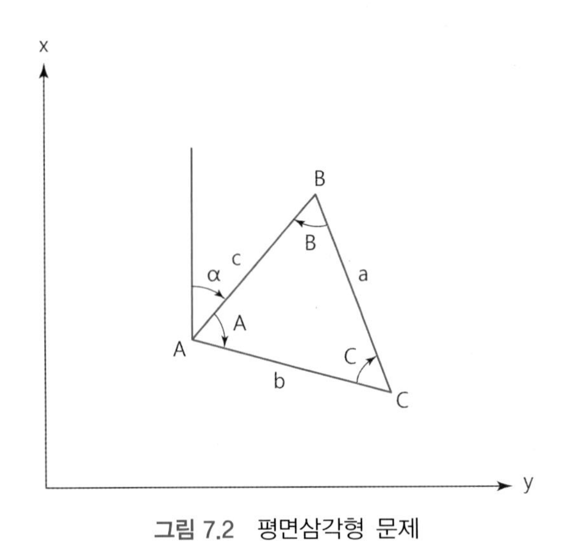

그림 7.2 평면삼각형 문제

7.2.2 관측방정식 구성

예제 7-4 그림 7.2에서 측정량과 표준오차를 사용하여 관측방정식을 구성하라.

[풀이] 초기값

$$x_A = 1000.0 \text{ m} \quad x_B = 1407.7329 \text{ m} \quad x_C = 892.8 \text{ m}$$

$$y_A = 1000.0 \text{ m} \quad y_B = 1386.9241 \text{ m} \quad y_C = 1739.1 \text{ m}$$

12측선의 거리 관측방정식 식 (5.17)로부터 AB측선, BC측선, AC측선은 각각,

$$-\frac{x_B - x_A}{s}dx_A - \frac{y_B - y_A}{s}dy_A + \frac{x_B - x_A}{s}dx_B + \frac{y_B - y_A}{s}dy_B = (O_{AB} - C_{AB}) + v$$

$$-\frac{x_C - x_B}{s}dx_B - \frac{y_C - y_B}{s}dy_B + \frac{x_C - x_B}{s}dx_C + \frac{y_C - y_B}{s}dy_C = (O_{BC} - C_{BC}) + v$$

$$-\frac{x_C - x_A}{s}dx_A - \frac{y_C - y_A}{s}dy_A + \frac{x_C - x_A}{s}dx_C + \frac{y_C - y_A}{s}dy_C = (O_{AC} - C_{AC}) + v$$

교각 213의 각 관측방정식 식 (5.28)로부터 $\angle$BAC, $\angle$CBA, $\angle$ACB는 각각,

$$\left\{\frac{y_3 - y_1}{s_{13}^2} - \frac{y_2 - y_1}{s_{12}^2}\right\}dx_1 - \left\{\frac{x_3 - x_1}{s_{13}^2} - \frac{x_2 - x_1}{s_{12}^2}\right\}dy_1$$

$$+\frac{y_2 - y_1}{s_{12}^2}dx_2 - \frac{x_2 - x_1}{s_{12}^2}dy_2 - \frac{y_3 - y_1}{s_{13}^2}dx_3 + \frac{x_3 - x_1}{s_{13}^2}dy_3 = (O - C)''_{BAC} + v$$

$$\left\{\frac{y_3 - y_1}{s_{13}^2} - \frac{y_2 - y_1}{s_{12}^2}\right\}dx_1 - \left\{\frac{x_3 - x_1}{s_{13}^2} - \frac{x_2 - x_1}{s_{12}^2}\right\}dy_1$$

$$+\frac{y_2 - y_1}{s_{12}^2}dx_2 - \frac{x_2 - x_1}{s_{12}^2}dy_2 - \frac{y_3 - y_1}{s_{13}^2}dx_3 + \frac{x_3 - x_1}{s_{13}^2}dy_3 = (O - C)''_{CBA} + v$$

$$\left\{\frac{y_3 - y_1}{s_{13}^2} - \frac{y_2 - y_1}{s_{12}^2}\right\}dx_1 - \left\{\frac{x_3 - x_1}{s_{13}^2} - \frac{x_2 - x_1}{s_{12}^2}\right\}dy_1$$

$$+\frac{y_2 - y_1}{s_{12}^2}dx_2 - \frac{x_2 - x_1}{s_{12}^2}dy_2 - \frac{y_3 - y_1}{s_{13}^2}dx_3 + \frac{x_3 - x_1}{s_{13}^2}dy_3 = (O - C)''_{ACB} + v$$

관측방정식은,

$$A\Delta = L + V$$

$$\begin{bmatrix} -0.7253 & -0.6884 & 0.7253 & 0.6884 & 0 & 0 \\ 0 & 0 & 0.8254 & -0.5645 & -0.8254 & 0.5645 \\ 0.1435 & -0.9896 & 0 & 0 & -0.1435 & 0.9896 \\ 0.0001 & 0.0015 & 0.0012 & -0.0012 & -0.0013 & -0.0002 \\ 0.0012 & -0.0013 & -0.0021 & -0.0000 & 0.0009 & 0.0013 \\ -0.0013 & -0.0002 & 0.0009 & 0.0013 & 0.0004 & -0.0011 \end{bmatrix} \begin{bmatrix} dx_A \\ dy_A \\ dx_B \\ dy_B \\ dx_C \\ dy_C \end{bmatrix}$$

$$= \begin{bmatrix} 0.0000\text{m} \\ -0.0460\text{m} \\ 0.0043\text{m} \\ -19.7\text{sec} \\ 0.7\text{sec} \\ 14.0\text{sec} \end{bmatrix} + \begin{bmatrix} v_1 \\ v_2 \\ v_3 \\ v_4 \\ v_5 \\ v_6 \end{bmatrix}$$

중량계수행렬($\sigma_0^2 = 1$로 선택)

$$G^{-1} = \begin{bmatrix} \frac{1}{0.005^2\,\text{m}^2} & 0 & 0 & 0 & 0 & 0 \\ 0 & \frac{1}{0.005^2\,\text{m}^2} & 0 & 0 & 0 & 0 \\ 0 & 0 & \frac{1}{0.005^2\,\text{m}^2} & 0 & 0 & 0 \\ 0 & 0 & 0 & \frac{1}{25\,\text{sec}^2} & 0 & 0 \\ 0 & 0 & 0 & 0 & \frac{1}{25\,\text{sec}^2} & 0 \\ 0 & 0 & 0 & 0 & 0 & \frac{1}{25\,\text{sec}^2} \end{bmatrix} \blacksquare$$

주의 여기서 단위는 L의 단위에 대응되고 있음에 주의가 필요하다. 그리고 앞으로의 계산에서는 초(″) 단위를 라디안으로 변환해야 한다. 평면삼각형의 계산에 필요한 제약조건의 형태는 다음 4종류가 있다.

- 1점의 좌표(x, y)와 1개 방위각(two fixed coordinates and a fixed bearing)
- 이전에 추정된 좌표와 공분산(previously estimated coordinates and covariance matrix)
- 내부제약조건(inner constraints)
- 다점고정(over-constrained estimation)

7.2.3 평면삼각형 조정계산 예

예제 7-5 예제 7-4의 문제를 1점 1방향 고정에 의하여 조정하라.

$$x_A = 1000 \text{ m}, \quad y_A = 1000 \text{ m}(\text{고정점}), \quad \alpha_{AB} = 43°30'00''(\text{고정방위각})$$

[풀이] A점이 고정이므로 $dx_A = dy_A = 0$이므로 대응되는 계수들을 소거한다.

$x_A = 1000$ m, $y_A = 1000$ m일 때 $\alpha_{AB} = 43°30'$을 만족시키도록

$x_B = 1407.7329$ m, $y_B = 1386.9241$ m를 계산하여 초기값으로 하고 이는 충분한 유효숫자를 가져야 한다.

그러므로 위 예제에서 사용한 A계수에서 1열과 2열을 제외한 나머지 요소값들을 재계산한 다음의 (6×4)인 새로운 계수행렬 A'가 성립한다. 또한 A점에 대응되는 미지수가 제외된다.

$$\mathbf{A}'\Delta' = \mathbf{L} + \mathbf{V}$$

$$\begin{bmatrix} 0.7253 & 0.6884 & 0 & 0 \\ 0.8254 & -0.5645 & -0.8254 & 0.5645 \\ 0 & 0 & -0.1435 & 0.9896 \\ 0.0012 & -0.0012 & -0.0013 & -0.0002 \\ -0.0021 & -0.0000 & 0.0009 & 0.0013 \\ 0.0009 & 0.0013 & 0.0004 & -0.0011 \end{bmatrix} \begin{bmatrix} dx_B \\ dy_B \\ dx_C \\ dy_C \end{bmatrix} = \begin{bmatrix} 0.0000 \text{ m} \\ -0.0460 \text{ m} \\ 0.0043 \text{ m} \\ -19.7'' \\ 0.7'' \\ 14.0'' \end{bmatrix} + \begin{bmatrix} v_1 \\ v_2 \\ v_3 \\ v_4 \\ v_5 \\ v_6 \end{bmatrix}$$

따라서 AB측선에 대한 방위각 제약조건식은 식 (6.21)로부터 P, Q에 각각 B, C를 대응하면,

$$\mathbf{C}\Delta' = 0$$

$$[(y_C - y_B),\ -(x_C - x_B),\ (y_C - y_B),\ (x_C - x_B)] \begin{bmatrix} dx_B \\ dy_B \\ dx_C \\ dy_C \end{bmatrix} = \begin{bmatrix} 0 \\ 0 \\ 0 \\ 0 \end{bmatrix}$$

$$[-386.9241 \quad 407.7329 \quad 0.0000 \quad 0.0000] \begin{bmatrix} dx_B \\ dy_B \\ dx_C \\ dy_C \end{bmatrix} = \begin{bmatrix} 0 \\ 0 \\ 0 \\ 0 \end{bmatrix}$$

확장된 정규방정식은

$$\begin{bmatrix} \mathbf{A'^TG^{-1}A'} & \mathbf{C^T} \\ \mathbf{C} & \mathbf{0} \end{bmatrix} \begin{bmatrix} \boldsymbol{\Delta'} \\ \boldsymbol{k} \end{bmatrix} = \begin{bmatrix} \mathbf{A'^TG^{-1}L} \\ \mathbf{0} \end{bmatrix}$$

$$10^4 \left[\begin{array}{cccc:c} 5.9962 & 0.0800 & -3.2646 & 1.1702 & -0.0387 \\ & 3.7516 & 2.2445 & -1.4945 & +0.0408 \\ & & 3.2759 & -2.2659 & 0.0 \\ & & & 5.7142 & 0.0 \\ \hdashline \text{symm} & & & & 0 \end{array}\right] \begin{bmatrix} dx_B \\ dy_B \\ dx_C \\ dy_C \\ \cdots \\ k \end{bmatrix} = 10^4 \begin{bmatrix} -0.1625 \\ 0.1401 \\ 0.1763 \\ -0.0960 \\ \cdots \\ 0 \end{bmatrix}$$

역행렬은, 좌상의 (4×4)행렬 $A'^TG^{-1}A'$의 역행렬이 존재하지 않으므로(singular) 확장된 전체 (5×5)행렬의 역행렬을 구하여 계산하게 된다.

$$\begin{bmatrix} \mathbf{A'^TG^{-1}A'} & \mathbf{C^T} \\ \mathbf{C} & \mathbf{0} \end{bmatrix}^{-1} = 10^{-4} \left[\begin{array}{cccc:c} 0.1127 & 0.1069 & 0.0584 & 0.0206 & 12.2461 \\ & 0.1015 & 0.0555 & 0.0266 & 12.9047 \\ & & 0.4509 & 0.1813 & 23.3925 \\ & & & 0.2431 & 3.3928 \\ \hdashline \text{symm} & & & & 0 \end{array}\right]$$

해는

$$\boldsymbol{\Delta} = \begin{bmatrix} 0.00429 \\ 0.00407 \\ 0.06036 \\ 0.00733 \end{bmatrix} \text{m}$$

조정좌표

$$\therefore \begin{bmatrix} x_B \\ y_B \\ x_C \\ y_C \end{bmatrix} = \begin{bmatrix} 1407.7372\text{ m} \\ 1386.9282\text{ m} \\ 892.8604\text{ m} \\ 1739.1073\text{ m} \end{bmatrix}$$

조정측정량과 잔차는

$$\begin{bmatrix} l_1 \\ l_2 \\ l_3 \\ l_4 \\ l_5 \\ l_6 \end{bmatrix} = \begin{bmatrix} 562.1059\text{ m} \\ 623.8014\text{ m} \\ 746.8323\text{ m} \\ 54°44'52.9'' \\ 77°52'20.6'' \\ 47°22'46.5'' \end{bmatrix}, \begin{bmatrix} v_1 \\ v_2 \\ v_3 \\ v_4 \\ v_5 \\ v_6 \end{bmatrix} = \begin{bmatrix} +5.9\text{ mm} \\ +1.4\text{ mm} \\ -5.7\text{ mm} \\ +2.9'' \\ +10.6'' \\ -8.5'' \end{bmatrix}$$

조정좌표에 대한 공분산행렬

$$\mathbf{G}_{\Delta\Delta} = \begin{bmatrix} 0 & 0 & 0 & 0 & 0 & 0 \\ 0 & 0 & 0 & 0 & 0 & 0 \\ 0 & 0 & 0.11270 & 0 & 0 & 0 \\ 0 & 0 & 0 & 0.1015 & 0 & 0 \\ 0 & 0 & 0 & 0 & 0.4509 & 0 \\ 0 & 0 & 0 & 0 & 0 & 0.2481 \end{bmatrix}$$ ■

예제 7-6 예제 7-4의 관측방정식으로부터 내부제약조건에 의한 자유망조정을 실시하라.

[풀이] 예제 7-4에서 구성된 6개의 관측방정식으로부터 식 (6.32)의 추가제약조건 중에서 축척을 제외한 3가지의 제약조건이 필요하다. 왜냐하면 거리는 측정량에 포함되어 있기 때문이다.

$$\mathbf{C} = \begin{bmatrix} 1 & 0 & 1 & 0 & 1 & 0 \\ 0 & 1 & 0 & 1 & 0 & 1 \\ -y_A & x_A & -y_B & x_B & -y_C & x_C \end{bmatrix}$$

초기값으로는

$$x_A^o = 1000.0\text{ m}, \quad y_A^o = 1000.0\text{ m}$$
$$x_B^o = 1407.7329\text{ m}, \quad y_B^o = 1386.9241\text{ m}$$
$$x_C^o = 892.8\text{ m}, \quad y_C^o = 1739.1\text{ m}$$

관측방정식은 (풀이 7-4)의 경우와 동일하게 된다.

$$A'\Delta' = L + V$$

$$\begin{bmatrix} -0.7253 & -0.6884 & 0.7253 & 0.6884 & 0 & 0 \\ 0 & 0 & 0.8254 & -0.5645 & -0.8254 & 0.5645 \\ 0.1435 & -0.9896 & 0 & 0 & -0.1435 & 0.9896 \\ 0.0001 & 0.0015 & 0.0012 & -0.0012 & -0.0013 & -0.0002 \\ 0.0012 & -0.0013 & -0.0021 & -0.0000 & 0.0009 & 0.0013 \\ -0.0013 & -0.0002 & 0.0009 & 0.0013 & 0.0004 & -0.0011 \end{bmatrix} \begin{bmatrix} dx_A \\ dy_A \\ dx_B \\ dy_B \\ dx_C \\ dy_C \end{bmatrix}$$

$$= \begin{bmatrix} 0.0000\ m \\ -0.0460\ m \\ 0.0043\ m \\ -19.7\ sec \\ 0.7\ sec \\ 14.0\ sec \end{bmatrix} + \begin{bmatrix} v_1 \\ v_2 \\ v_3 \\ v_4 \\ v_5 \\ v_6 \end{bmatrix}$$

그러므로 정규방정식은 식 (6.6)으로부터 다음과 같이 된다.

$$\begin{bmatrix} A'^T G^{-1} A' & C^T \\ C & 0 \end{bmatrix} \begin{bmatrix} \Delta' \\ k \end{bmatrix} = \begin{bmatrix} A'^T G^{-1} L \\ 0 \end{bmatrix}$$

$$10^5 \times \left[\begin{array}{cccccc:ccc} 0.2187 & 0.1429 & -0.2105 & -0.1997 & -0.0082 & 0.0568 & 1 & 0 & -0.0100 \\ & 0.5813 & -0.1997 & -0.1895 & 0.0568 & -3.9177 & 0 & 1 & 0.0100 \\ & & 4.8297 & 0.0133 & -2.7251 & 1.8639 & 1 & 0 & -0.0139 \\ & & & 3.1703 & 1.8640 & -1.2750 & 0 & 1 & 0.1408 \\ & & & & 5.1927 & -2.4318 & 1 & 0 & -0.0174 \\ & & & & & 5.1927 & 0 & 1 & 0.0089 \\ \hdashline & & & & & & 0.0 & 0.0 & 0.0000 \\ & & & & & & & 0.0 & 0.0000 \\ symm & & & & & & & & 0.0000 \end{array}\right] \begin{bmatrix} dx_A \\ dy_A \\ dx_B \\ dy_B \\ dx_C \\ dy_C \\ k_1 \end{bmatrix}$$

$$= 10^4 \times \left[\begin{array}{c} 0.00000 \\ 0.00000 \\ 0.00608 \\ -0.00415 \\ -0.00607 \\ 0.00414 \\ \hdashline 0 \\ 0 \\ 0 \end{array}\right]$$

여기서 계수행렬의 부분행렬인 좌상 (6×6)행렬의 역행렬이 중량계수 행렬이다.

$$
G_{\Delta\Delta} = \left[\begin{array}{cccccc:ccc}
0.5388 & -0.0287 & -5.726 & -0.3758 & 0.0338 & 0.4045 & 155968 & -98101 & 89.167 \\
 & 0.8727 & 0.3387 & -0.3627 & -0.3100 & -4.651 & -32740 & 59523 & -23.805 \\
 & & 1.1017 & -0.0021 & -0.5291 & -0.3366 & 29548 & 3028 & -2.7521 \\
 & & & 0.6164 & 0.3779 & -0.2537 & 100480 & -47045 & 73.058 \\
 & & & & 0.4953 & -0.0679 & -85517 & 95074 & -86.415 \\
 & & & & & 0.7188 & -67740 & 87522 & -49.253 \\
\hdashline
 & & & & & & 0.0 & 0.0 & 0.0 \\
 & & & & & & & 0.0 & 0.0 \\
\text{symm} & & & & & & & & 0.0
\end{array}\right] \times 10^{-5}\ \text{m}^2
$$

해는

$$
\begin{bmatrix} dx_A \\ dy_A \\ dx_B \\ dy_B \\ dx_C \\ dy_C \end{bmatrix} = \begin{bmatrix} -0.01892 \\ -0.01544 \\ 0.00427 \\ 0.02746 \\ 0.01466 \\ -0.01202 \end{bmatrix} \text{m}
$$

$$
\therefore \begin{bmatrix} \hat{x}_A \\ \hat{y}_A \\ \hat{x}_B \\ \hat{y}_B \\ \hat{x}_C \\ \hat{y}_C \end{bmatrix} = \begin{bmatrix} 999.9811 \\ 999.9846 \\ 1407.7043 \\ 1386.9275 \\ 892.8147 \\ 1739.0880 \end{bmatrix} \text{m}
$$

여기서는 반복계산을 실시하지 않았다. 조정값과 잔차는

$$
\begin{bmatrix} \hat{l}_1 \\ \hat{l}_2 \\ \hat{l}_3 \\ \hat{l}_4 \\ \hat{l}_5 \\ \hat{l}_6 \end{bmatrix} = \begin{bmatrix} 562.1059\ \text{m} \\ 623.8015\ \text{m} \\ 746.8323\ \text{m} \\ 54°44'53.0'' \\ 77°52'20.6'' \\ 47°22'46.5'' \end{bmatrix}, \quad \therefore \begin{bmatrix} v_1 \\ v_2 \\ v_3 \\ v_4 \\ v_5 \\ v_6 \end{bmatrix} = \begin{bmatrix} +5.8\ \text{mm} \\ +1.5\ \text{mm} \\ -5.7\ \text{mm} \\ +3.0'' \\ +10.6'' \\ -8.5'' \end{bmatrix}
$$

■

예제 7-7 A, B점의 좌표에 오차가 없다고 할 때(고정점) 조정계산하라.

$$\dot{x}_A = 1000.0201 \text{ m} \quad \dot{x}_B = 1407.7212 \text{ m}$$

$$\dot{y}_A = 999.9776 \text{ m} \quad \dot{y}_B = 1386.9336 \text{ m}$$

[풀이] 이 예제는 5장에서의 경우와 같은 방법이 적용된다. 고정점의 좌표는 주어져 있으므로 관측방정식에서 A, B점에 대응되는 계수를 제거하며 A, B 간의 측정량인 S_{AB}의 관계식을 제외시킨다.

관측방정식

$$\mathbf{A}'\boldsymbol{\Delta}' = \mathbf{L} + \mathbf{V}$$

$$\begin{bmatrix} -0.8254 & 0.5645 \\ -0.1435 & 0.9896 \\ -0.1325\times10^{-2} & -0.1922\times10^{-3} \\ 0.9049\times10^{-3} & 0.1323\times10^{-2} \\ 0.4202\times10^{-3} & -0.1131\times10^{-2} \end{bmatrix} \begin{bmatrix} dx_C \\ dy_C \end{bmatrix} = \begin{bmatrix} 0.66 \text{ mm} \\ -1.94 \text{ mm} \\ -0.7'' \\ -16.5'' \\ 12.2'' \end{bmatrix} + \begin{bmatrix} v_2 \\ v_3 \\ v_4 \\ v_5 \\ v_6 \end{bmatrix}$$

정규방정식

$$(\mathbf{A}'^{T}\mathbf{G}^{-1}\mathbf{A}')\boldsymbol{\Delta}' = \mathbf{A}'^{T}\mathbf{G}^{-1}\mathbf{L}$$

$$10^4 \begin{bmatrix} 3.2759 & -2.2657 \\ -2.2657 & 5.7143 \end{bmatrix} \begin{bmatrix} dx_C \\ dy_C \end{bmatrix} = \begin{bmatrix} -83.20 \\ -354.9 \end{bmatrix}$$

좌표의 공분산

$$\mathbf{G}_{XX} = 10^4 \begin{bmatrix} 0.4206 & 0.1668 \\ 0.1668 & 0.2411 \end{bmatrix}$$

해는,

$$\begin{bmatrix} dx_C \\ dy_C \end{bmatrix} = \begin{bmatrix} 0.0094 \\ -0.0099 \end{bmatrix}$$

또한

$$\begin{bmatrix} x_C \\ y_C \end{bmatrix} = \begin{bmatrix} 892.8186 \\ 1739.0751 \end{bmatrix} \text{m}$$

조정값,

$$\begin{bmatrix} l_2 \\ l_3 \\ l_4 \\ l_5 \\ l_6 \end{bmatrix} = \begin{bmatrix} 623.8015 \text{ m} \\ 746.8315 \text{ m} \\ 54°44'53.7'' \\ 77°52'22.2'' \\ 47°22'44.3'' \end{bmatrix}$$

또한

$$\begin{bmatrix} v_2 \\ v_3 \\ v_4 \\ v_5 \\ v_6 \end{bmatrix} = \begin{bmatrix} +1.5 \text{ mm} \\ -6.5 \text{ mm} \\ +3.7'' \\ +12.0'' \\ -10.7'' \end{bmatrix}$$

■

7.3 트래버스 조정 예

7.3.1 트래버스 문제

2개의 변과 2개의 각으로 구성된 그림 7.3의 트래버스의 예를 수치계산해 보자. 기지점의 좌표와 관측의 결과인 거리와 측정각, 그리고 관측의 사전 표준오차가 주어져 있다.

기준점 A (700.000, 300.000)　B (300.000, 700.000)
　　　C (500.000, 1500.000)　D (1000.000, 2000.000)

측정량 $\beta_1 = 90°00'10'' \pm 10''$

$\beta_2 = 89°59'55'' \pm 10''$

$s_1 = 707.00 \pm 0.053$ m

$s_2 = 424.15 \pm 0.041$ m

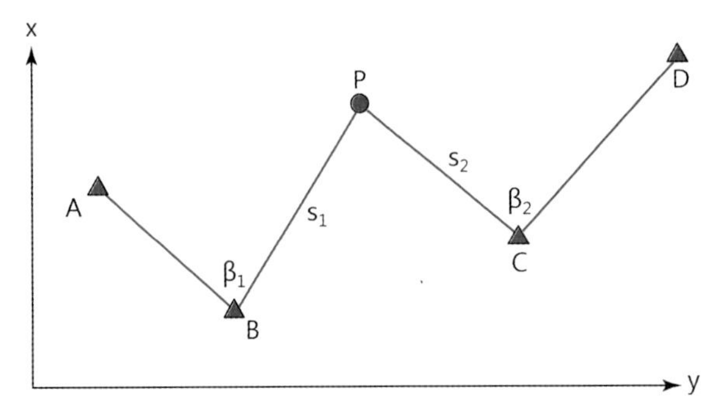

그림 7.3 트래버스 문제

7.3.2 관측방정식 구성

예제 7-8 그림 7.3에서 측정량과 표준오차를 사용하여 관측방정식을 구성하라.

[풀이] 초기좌표 P

$$\beta_1 = 90°,\quad \beta_2 = 90°,\quad x_P = 800.00\ \mathrm{m},\quad y_P = 1200.00\ \mathrm{m}$$

초기값으로부터 계산한 계산값

$$\beta_1 = 90°,\quad \beta_2 = 90°,\quad s_1' = 707.11\ \mathrm{m},\quad s_2' = 424.27\ \mathrm{m}$$

교각 213의 각 관측방정식,

$$\left\{\frac{y_3 - y_1}{s_{13}^2} - \frac{y_2 - y_1}{s_{12}^2}\right\} dx_1 - \left\{\frac{x_3 - x_1}{s_{13}^2} - \frac{x_2 - x_1}{s_{12}^2}\right\} dy_1$$
$$+ \frac{y_2 - y_1}{s_{12}^2} dx_2 - \frac{x_2 - x_1}{s_{12}^2} dy_2 - \frac{y_3 - y_1}{s_{13}^2} dx_3 + \frac{x_3 - x_1}{s_{13}^2} dy_3 = (O - C) + v$$

으로부터 ∠APB, ∠PCD는 각각 다음과 같이 된다.

$$\left\{\frac{y_P - y_B}{s_{BP}^2} - \frac{y_A - y_B}{s_{BA}^2}\right\} dx_B - \left\{\frac{x_P - x_B}{s_{BP}^2} - \frac{x_A - x_B}{s_{BA}^2}\right\} dy_B$$
$$+ \frac{y_A - y_B}{s_{BA}^2} dx_A - \frac{x_A - x_B}{s_{BA}^2} dy_A - \frac{y_P - y_B}{s_{BP}^2} dx_P + \frac{x_P - x_B}{s_{BP}^2} dy_P$$
$$= (O - C)_{ABP} + v$$

$$\left\{\frac{y_D - y_C}{s_{CD}^2} - \frac{y_P - y_C}{s_{CP}^2}\right\}dx_C - \left\{\frac{x_D - x_C}{s_{CD}^2} - \frac{x_P - x_C}{s_{CP}^2}\right\}dy_C$$

$$+\frac{y_P - y_C}{s_{CP}^2}dx_P - \frac{x_P - x_C}{s_{CP}^2}dy_P - \frac{y_D - y_C}{s_{CD}^2}dx_3 + \frac{x_D - x_C}{s_{CD}^2}dy_D = (O-C)_{PCD} + v$$

12측선의 거리 관측방정식으로부터 BP측선, CP측선은 각각,

$$-\frac{x_P - x_B}{s_{BP}}dx_B - \frac{y_P - y_B}{s_{BP}}dy_B + \frac{x_P - x_B}{s_{BP}}dx_P + \frac{y_P - y_B}{s_{BP}}dy_P = (O-C)_{BP} + v$$

$$-\frac{x_P - x_C}{s_{CP}}dx_C - \frac{y_P - y_C}{s_{CP}}dy_C + \frac{x_P - x_C}{s_{CP}}dx_P + \frac{y_P - y_C}{s_{CP}}dy_P = (O-C)_{CP} + v$$

기지점 B, C에 대응되는 계수를 삭제하고 각 관측방정식의 좌변에 $\rho'' = 206265''$를 곱한다.

행렬로 나타내면,

$$\mathbf{A}'\boldsymbol{\Delta}' = \mathbf{L} + \mathbf{V}$$

$$\begin{bmatrix} -206 & 206 \\ -344 & -344 \\ 0.707 & 0.707 \\ 0.707 & -0.707 \end{bmatrix} \begin{bmatrix} dx_P \\ dy_P \end{bmatrix} = \begin{bmatrix} 10'' \\ -5'' \\ -0.11 \\ -0.12 \end{bmatrix} + \begin{bmatrix} v_1 \\ v_2 \\ v_3 \\ v_4 \end{bmatrix}$$

중량은 $\sigma_o^2 = 1$로부터

$$\mathbf{G}^{-1} = \begin{bmatrix} \frac{1}{\sigma_{\beta 1}^2} & 0 & 0 & 0 \\ 0 & \frac{1}{\sigma_{\beta 2}^2} & 0 & 0 \\ 0 & 0 & \frac{1}{\sigma_{s1}^2} & 0 \\ 0 & 0 & 0 & \frac{1}{\sigma_{s2}^2} \end{bmatrix} = \begin{bmatrix} 0.01 & 0 & 0 & 0 \\ 0 & 0.01 & 0 & 0 \\ 0 & 0 & 356 & 0 \\ 0 & 0 & 0 & 595 \end{bmatrix}$$

관측방정식은 β_1과 β_2 계산에서는 계수에 ρ''를 곱한다. ■

7.3.3 트래버스 조정계산 예

예제 7-9 A, B, C, D점의 좌표에 오차가 없다고 할 때(고정점) 조정계산하고 오차 분석하라.

[풀이] 정규방정식은

$$(\mathbf{A}'^{T}\mathbf{G}^{-1}\mathbf{A}')\boldsymbol{\Delta}' = \mathbf{A}'^{T}\mathbf{G}^{-1}\mathbf{L}$$

$$\begin{bmatrix} 2083 & 639 \\ 639 & 2083 \end{bmatrix}\begin{bmatrix} dx_P \\ dy_P \end{bmatrix} = \begin{bmatrix} -81.57 \\ 60.59 \end{bmatrix}$$

$$\boldsymbol{\Delta}' = \begin{bmatrix} dx_P \\ dy_P \end{bmatrix} = \begin{bmatrix} 0.000530 & -0.000163 \\ -0.000163 & 0.000530 \end{bmatrix}\begin{bmatrix} -81.57 \\ 60.59 \end{bmatrix} = \begin{bmatrix} -0.053 \\ 0.045 \end{bmatrix}$$

$$x_P = 800.000 - 0.053 = 799.947 \text{ m}$$

$$y_P = 1200.000 + 0.045 = 1200.045 \text{ m}$$

$$\mathbf{V} = \mathbf{A}'\boldsymbol{\Delta}' - \mathbf{L} = \begin{bmatrix} 10'' \\ 8'' \\ 0.10 \text{ m} \\ 0.05 \text{ m} \end{bmatrix}$$

$$\hat{\sigma}^2 = \frac{\mathbf{V}^T\mathbf{G}^{-1}\mathbf{V}}{m-u} = \frac{6.69}{2} = 3.35$$

오차분석; χ^2 검정

$$\frac{(m-u)\,\hat{\sigma}_o^2}{\chi^2} \le \sigma_o^2 \le \frac{(m-u)\,\hat{\sigma}_o^2}{\chi^2}$$

95%의 신뢰수준에서는 $\chi^2{}_{P2} = 7.38$, $\chi^2{}_{P1} = 0.0506$이므로

$$\frac{2\times 3.53}{7.38} \le 1 \le \frac{2\times 3.53}{0.0506}$$

$$0.91 \le 1 \le 132$$

∴ 그러므로 신뢰할 수 있다.

좌표에 대한 오차는 공분산으로부터 구할 수 있다.

$$\mathbf{G}_{\Delta\Delta} = \mathbf{G}_{PP} = \hat{\sigma}_0^2 (\mathbf{A}^T \mathbf{G}^{-1} \mathbf{A})^{-1} = \hat{\sigma}_0^2 \mathbf{N}^{-1}$$

$$= 3.35 \times \begin{bmatrix} 0.000530 & -0.000163 \\ -0.000163 & 0.000530 \end{bmatrix} = \begin{bmatrix} 0.00178 & -0.00055 \\ -0.00055 & 0.00178 \end{bmatrix}$$

$$x_P = 799.947 \pm 0.042 \text{ m}$$

$$y_P = 1200.045 \pm 0.042 \text{ m}$$

또한, 좌표 P에 대한 공분산으로부터 오차타원을 구할 수 있으며, 다음 공분산의 전파식에 의해 잔차와 측정량에 대한 오차를 계산할 수 있다.

$$\mathbf{G}_{vv} = \mathbf{G} - \mathbf{A}\mathbf{N}^{-1}\mathbf{A}^T$$

$$\mathbf{G}_{\hat{L}\hat{L}} = \mathbf{G} - \mathbf{G}_{vv}$$ ■

7.4 망조정 SW

정밀측량 또는 변위측량에서 관측망의 조정실무에서는 상용소프트웨어를 사용하는 것이 일반적이다. 국가기준점 또는 공공기준점, 지적기준점의 규모와 내용에 따라 적합한 SW를 채택해야 하고 고급의 지식을 보유한 전문가의 경험과 역할이 중요하다.

대표적인 망조정 소프트웨어는 다음과 같다.

(1) GEOLAB (Microsearch)

(2) STAR★NET (Microsurvey, Leica)

(3) Move3 (SWECO, Delft)

(4) 기타 Adjust 등 국가전문기관 개발 소프트웨어 등

참고 문헌

1. Cooper, M. A. R. (1987). "Control Surveys in Civil Engineering", Collins.
2. Blachut, T. J., A. Chrazanowski, J. H. Saastamoinen (1979). "Urban Surveying and Mapping", Springer-Verlag.
3. Mueller, I. I. and K. H. Ramsayer (1979). "Introduction to Surveying", Ungar.
4. 中根勝見 (1994). "測量データの 3次元処理", 東洋書店
5. 이영진 (1991). "희박행렬의 기법을 이용한 대규모 측지망의 조정", 대한토목학회논문집.

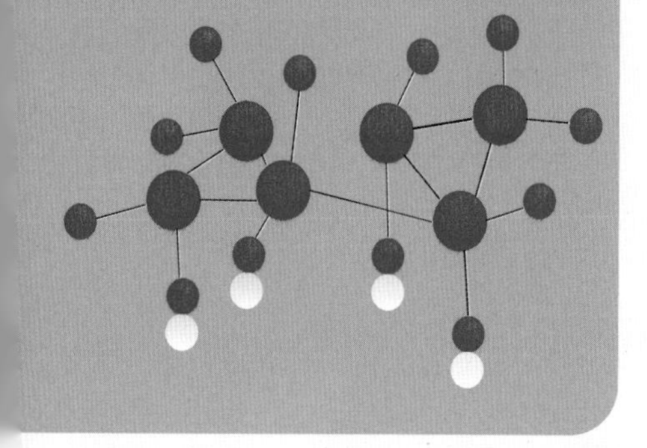

제 8 장

좌표기준계와 투영

8.1 좌표기준계

8.1.1 좌표기준계

위치기준으로서 **좌표기준계**(coordinate reference system)와 공간좌표계(spatial reference system)는 같은 의미로 사용된다.

좌표기준계에는 **기준원점**(datum)과 **좌표계**(coordinate system)라는 두가지 다른 요소가 있다(그림 8.1 참조). 이 기준원점은 좌표기준계(CRS)가 지구와 어떻게 연계되는지(원점의 위치, 좌표축의 축척과 회전)를 정의하고(예: ETRS89), 좌표계는 기준원점에서 좌표를 표시하는 방법(예: 타원체 좌표 또는 지도투영 좌표)을 정한다.

기준원점은 측지원점, 수직원점 또는 공학(국부)원점이 될 수 있다. 좌표계는 좌표기준계의 수학적 부분(예: 투영식)에 해당되고 점의 위치에 좌표를 부여하기 위한 규칙이다.

공간에서 위치를 나타내기 위한 수평요소 및 수직요소는 서로 다른 좌표기준계로 나타날 수 있으며, 복합좌표기준계(compound CRS)로 취급한다. 수평위치의 기준은 측지기준계와 타원체고를 사용하고, 수직위치의 기준은 수직원점과 정표고를 사용하는 것이 그 예이다.

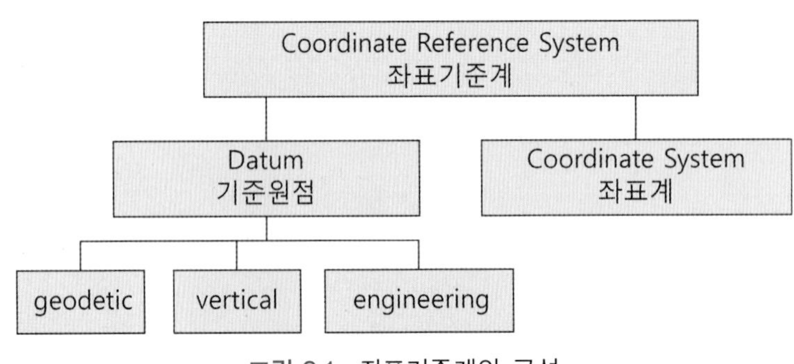

그림 8.1 좌표기준계의 구성

8.1.2 좌표계의 종류

1. 타원체 좌표계

타원체가 지구에 고정되어 있다면 지표면상의 모든 측점을 수직선을 따라 타원체면에 투영할 수 있다. 따라서 그림 8.2와 같이 지표면상의 점 p는 P로 투영된다. 이때의 점의 위치는 타원체면상의 **측지위도**(ellipsoidal or geodetic latitude) φ와 **측지경도**(ellipsoidal or

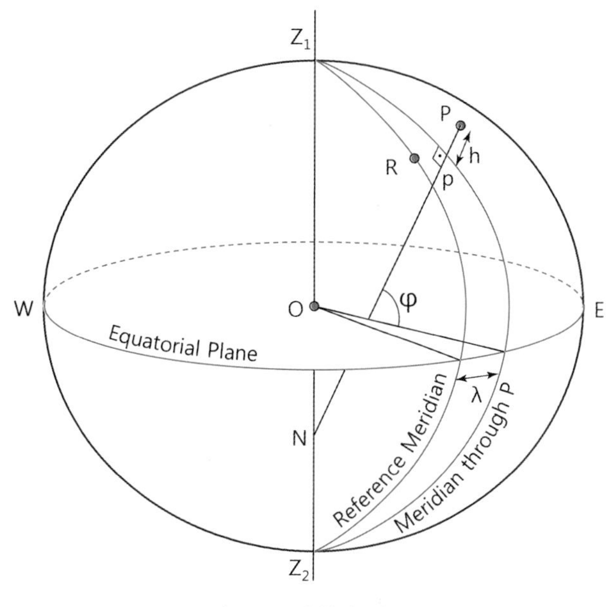

그림 8.2 타원체 좌표계

geodetic longitude) λ 및 pP의 수직거리인 **타원체고** h로 나타낼 수 있다. 이 좌표계는 오늘날 가장 널리 사용되고 있는 **타원체좌표** 또는 경위도좌표(ellipsoidal coordinates)이며 지표면상의 모든 점을 3차원 공간에서 정의할 수 있다.

측지위도는 타원체의 중심을 지나고 북극과 남극을 지나는 회전축에 직교하는 면, 다시 말해서 적도면과 측점에서 타원체면에 연직인 선 pP와 이루는 각으로 정의된다. 이때 φ는 적도를 기준으로 북극을 +90°, 남극을 −90°로 한다.

측지경도는 지구의 회전축과 pP선을 지나는 면, 다시 말해서 자오면과 그리니치를 지나는 자오면과 이루는 각으로 정의된다. λ는 그리니치를 기준으로 동쪽으로 +180°, 서쪽으로 −180°로 나타낸다.

타원체고는 지표면상의 측점 p와 P 간의 수직거리로 정의되며 타원체면을 기준으로 타원체의 상향을 (+)로 하여 미터 단위로 나타낸다. 실용적인 면에서는 지오이드고가 불확실하므로 타원체고 h 대신에 (φ, λ)와 H를 사용하고 있다.

2. 지심3차원좌표계

지심3차원좌표계(geocentric cartesian coordinates)는 오른손법칙에 따르는 좌표계(right handed cartesian system)이며 Z축은 지구자전축(CIO, the Conventional International Orign)

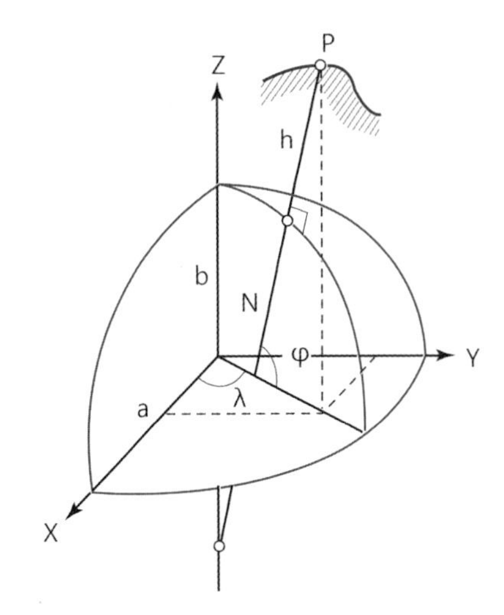

그림 8.3 지심3차원좌표계

과 나란하고 X축은 기준경도선을 향하며 Y축은 X축과 동쪽으로 90°의 방향을 향한다.

그림 8.3에서와 같이 측점의 좌표는 단순하게 X, Y, Z로 나타낼 수 있으며 좌표계원점은 지구의 질량중심 부근에 있고 선택하는 타원체에 따라서는 축이 평행이지만 원점은 다르게 된다. 이 좌표계들은 간단한 변환식에 의하여 상호 변환이 가능하다.

지심3차원좌표와 타원체좌표 간의 관계는 N이 **묘유선곡률반경**일 때 다음과 같다.

$$\begin{aligned} X &= (N+h)\cos\varphi\cos\lambda \\ Y &= (N+h)\cos\varphi\sin\lambda \\ Z &= \left\{N(1-e^2)+h\right\}\sin\varphi \end{aligned} \tag{8.1}$$

지심3차원좌표계는 위성측지 또는 타원체변환에서 매우 유용하게 사용될 수 있으며 세계측지계 문제에서 효과적이다. 그러나 축의 방향이 지표면상의 측점과 관련이 적기 때문에 타원체좌표계를 사용하는 것이 훨씬 쉽다. 따라서 **위성측지**에 의하여 구한 3차원 데이터를 타원체좌표계로 변환해야 하는 문제가 종종 발생된다.

3. 관측좌표계(국부3차원좌표계)

관측좌표계(topocentric, vertical coordinates)는 한 측점(원점)에서 정의되며 u축을 북쪽, v축을 동쪽, w축을 연직선(중력방향)으로 한다(그림 8.4). 이 좌표계는 국부삼각망에서 관측좌표계로 빈번하게 사용될 수 있으며 타원체좌표계보다 계산면에서 장점을 갖는다.

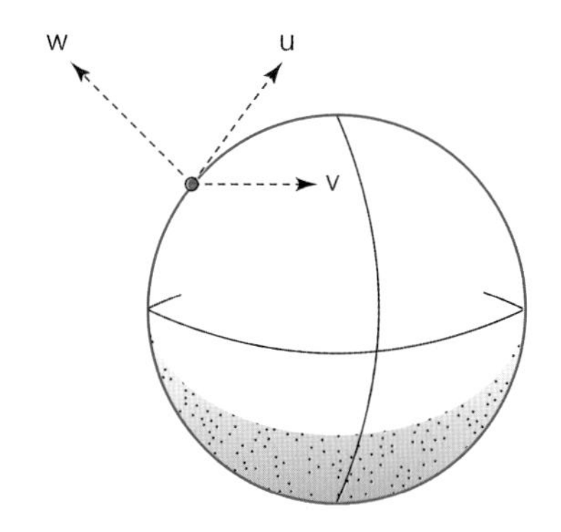

그림 8.4 관측좌표계

그러나 이 좌표계는 측지좌표와 관련시키는 것이 상당히 복잡하므로 보편적으로 계산에 사용하기는 어렵다. 따라서 측정량을 타원체면에 보정한 후에 타원체 좌표계에 의한 계산을 실시하는 것이 일반적이다.

A점을 원점으로 하는 지표면상에 **국부좌표계**를 도입하고 A점에서 타원체면에 수직인 방향을 w축, w축에 직교하고 자오선의 북쪽을 u축, u−w평면에 직교하는 동쪽방향을 v축으로 하여 각각 +축으로 한다(그림 8.4 참조). 이 좌표계를 **관측좌표계** 또는 국부좌표계(local geodetic/topocentric coordinate)라고 한다.

여기서, 두 점 간의 측정량인 현장(chord distance) c, 고도각 θ, 방위각 α(엄밀하게는 연직재선의 방위각)을 고려한다면 국부3차원좌표계에서는 u, v, w는 다음의 관계가 성립한다.

$$\begin{aligned} u &= c\cos\theta\cos\alpha \\ v &= c\cos\theta\sin\alpha \\ w &= c\sin\theta \end{aligned} \tag{8.2}$$

실제의 경우 지오이드에 기준인 수직선은 타원체면에 기준인 연직선으로 바뀌어야 하므로 수직선편차가 보정되어야 하고 고도각 측정에도 대기굴절오차가 보정되어야 한다.

식 (8.2)의 역변환은 다음과 같이 된다.

$$\begin{aligned} \alpha &= \tan^{-1}\left(\frac{v}{u}\right) \\ \theta &= \sin^{-1}\left(\frac{w}{c}\right) \\ c &= \left(u^2+v^2+w^2\right)^{\frac{1}{2}} \end{aligned} \tag{8.3}$$

4. 천문좌표계

별의 위치를 관측하여 자신의 위도와 경도를 구할 수 있다는 사실은 잘 알려져 있다. 이때의 위도와 경도를 각각 **천문위도**(astronomical latitude) Φ, **천문경도**(astronomical longitude) Λ 라고 말한다(그림 8.5 참조). 천문위도는 측점 P의 중력방향선(연직선)과 적도면이 이루는 각이다. 천문경도는 P점을 지나는 천문자오면과 그리니치에 관계되는 기준자오면과 이루는 각이다. 따라서 천문경위도좌표는 지오이드가 기준이며 표고 H를 함께 사용하기도 한다.

종래에는 이 방법이 위치결정에 사용되었으며 현재에도 **항법**(navigation)과 조사에 이용되고 있으나 측지학에서 말하는 기하학적인 관점에서의 위치결정에는 부적합하다. 그러나 천문좌표는 데오돌라이트 관측에서의 국부연직선방향(local vertical direction)을 정의할 수 있고 기준좌표계로 변환할 수 있기 때문에 3차원 위치결정에서는 새롭게 중요성을 인정받고 있다.

수직선편차는 자오선방향과 묘유선방향으로 분리하여 나타낼 수 있다.

$$\xi = (\Phi - \varphi) \tag{8.4a}$$

$$\eta = (\Lambda - \lambda)\cos\varphi = (A - \alpha)\cot\varphi \tag{8.4b}$$

또한 방위각 α측선에서

$$\psi = \xi\cos\alpha + \eta\sin\alpha \tag{8.5}$$

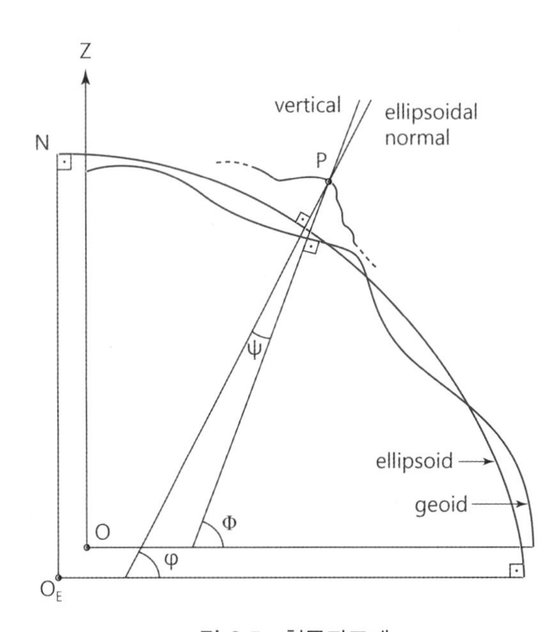

그림 8.5 천문좌표계

방위각에서는 다음의 Laplace 방정식이 성립된다.

$$(A - \alpha) = (\Lambda - \lambda)\cot\varphi \tag{8.6}$$

따라서 이들의 관계를 활용하게 되면 측정량과 망의 보정에 적용될 수 있다.

8.1.3 기준원점

측지계는 지구상의 위치를 경위도로 표현하기 위한 기준을 말하며, 측지계에 기초하여 구축한 기준점망 및 기준점 성과를 합쳐서 기준점 체계라 한다. 세계측지계란 세계에서 공통으로 이용할 수 있는 위치의 기준이다. 즉, 세계 공통의 측지기준계(측지계)를 말하는 것이다.

우리나라 위치기준은 **세계측지계**인 ITRF2000좌표계(International Terrestrial Reference Frame: 국제지구기준 좌표계)와 GRS80(Geodetic Reference System 1980: 측지기준계 1980)의 타원체를 사용해 나타낸다. 개념적으로 볼 때 세계측지계는 세계 유일의 것이지만, 국가마다 채용하는 시기(epoch)와 구축기법 및 구현정확도에 따라 다르다.

우리나라에서는 모든 측량(기본측량과 공공측량, 지적측량, 수로조사 등)의 위치기준으로 세계측지계 도입을 명시하였고, **한국측지계2002**(KGD2002, Korean Geodetic Datum 2002)를 공표하였다.

2008년도에 전면적으로 재고시한 전국의 삼각점 성과는 바로 한국측지계2002 성과이며 대한민국 경위도 원점을 기준으로 하고 있다. 이후 통합기준점 설치를 추진 중에 있다.

2003년 1월 1일부터 공식적인 경위도원점은 세계측지계 기반의 대한민국 경위도 원점이다. 또한 GRS80타원체를 기준타원체로 갖고 있다. 현재 법률적으로 세계측지계란 지구를 편평한 회전타원체라고 상정해 실시하는 위치측정의 기준으로서 다음의 요건을 갖춘 것을 말한다.

① 회전타원체의 장반경 및 편평률은 다음과 같을 것
  - 장반경: 6,378,137 m
  - 편평률: 1/298.257222101

② 회전타원체의 중심이 지구의 질량중심과 일치할 것

③ 단축이 지구의 자전축과 일치할 것

우리나라의 표고의 기준이 되는 **수준원점**은 1963년 12월 2일 인천직할시 남구 용현동 253

번지에 위치한 인하공업전문대학 구내에 인천의 수준기점으로부터 설치된 수준원점의 수정판(영눈금)을 원점수치로 하고 있으며, 그 표고는 인천항 중등조위면(평균해면)상 26.6871 m 이다.

1990년도 및 2007년도에 전면적으로 재고시한 전국의 수준점 성과는 바로 수준원점의 근거인 1910년대 관측된 인천만의 평균해면을 기준으로 통일된 것이다. 다만, 제주도의 경우에는 독립된 제주수준기점을 기준으로 하고 있다.

8.2 투영법

8.2.1 평면좌표계와 투영

평면좌표계는 투영방법과 원리에 따라 다르게 설정될 수 있으며 타원체면상의 점의 위치를 정의하거나 타원체면의 형상을 유지하면서 1:1로 도면화하는 근거로 사용된다. 타원체나 구체를 평면에 투영하는 경우에는 거리, 방향, 면적에서 왜곡이 발생하며 방향과 면적을 동시에 유지할 수 있는 투영 방법은 없으므로 어느 한 요소의 변화를 최소화하는 방법을 선택해야 한다. 이때 각을 유지하는 투영법을 **등각투영법**(conformal or equal-angle projection), 거리 또는 면적을 유지하는 투영법을 등적투영법(equal-area projection)이라고 한다.

좌표축은 북쪽을 x, 동쪽을 y로 하고 방위각은 x축(북)을 기준으로 우회로 나타내는 방법이 국내에서 이용되며 미국, 캐나다에서는 북쪽을 y, 동쪽을 x로 나타내고 있다. 이때의 좌표계는 **종횡선좌표**(projection grid or grid coordinates)로 구성되며 표고 H를 채용하는 것이 실용적인 방법이다.

국가기준점망과 같이 대규모 지역의 측지망의 계산은 타원체좌표계상에서 이루어지며 지도제작 등의 목적을 위하여 최종적으로 평면좌표를 계산하고 있다. 그러나 소규모 지역의 측량에 있어서는 평면상에서 계산하고 필요에 따라 타원체좌표를 역계산하는 방법이 이용되고 있다.

8.2.2 Soldner(Cassini)투영과 Gauss투영

기본적으로 구체를 평면에 투영하는 방법으로는 Soldner방법과 C. F. Gauss방법이 있다.

이 두 가지의 투영법에서 어떤 거리는 구면거리에 비례하여 투영된다. 측량분야에서는 등적투영보다 등각투영법이 보편적으로 사용되고 있다.

1. Soldner투영

Soldner좌표계는 구면상의 거리를 곧바로 평면상의 거리로 사용하는 좌표계이며 다음으로 나타내어진다.

$$\begin{aligned} x &= X \\ y &= Y \end{aligned} \tag{8.7}$$

이때 X, Y는 반경 R인 구에 대하여 각각 Rθ의 크기이다. 또한 단거리, 소지역에 대한 왜곡은 t를 평면방위각, l을 평면거리, f를 평면의 면적이라고 할 때 다음과 같다.

$$s - l \fallingdotseq -\frac{y_m^2}{2R^2} \cdot l \cdot \cos^2 t \tag{8.8a}$$

$$\alpha - t \fallingdotseq \frac{\rho}{2R^2}(x_2 - x_1)y_m + \frac{\rho}{4R^2} y_m^2 \sin 2t \tag{8.8b}$$

$$F - f \fallingdotseq -\frac{y_m^2}{2R^2} \cdot f \tag{8.8c}$$

이 좌표계에서 x축은 원점의 경도선과 일치하며 y축은 원점에서 구면에 접하고 x축과 직교하는 선으로서 y좌표선(횡선)은 어느 한점 Q점에 수렴하고 x좌표선(종선)은 x축과 나란하게 된다(그림 8.6 참조).

이 좌표계는 원점으로부터 64 km 떨어진 1 km 측선에 대하여 5 cm 정도의 왜곡을 보여주므로 x, y가 64 km 범위 내의 지역에 적용된다. 따라서 지역이 넓은 경우에는 여러 좌표계가 필요할 것이다.

19세기에 유럽에서 실시된 대부분의 지적측량은 계산의 간편함 때문에 Soldner좌표계를 채용한 바 있다. 그러나 외곽부에서 변장 1 km의 방향선이 5″까지 오차가 발생하므로 1등~3등 삼각측량에서는 이에 대한 영향이 고려되어야 하며, 4등 삼각측량 이하의 측량에서는 방향오차를 무시할 수 있다.

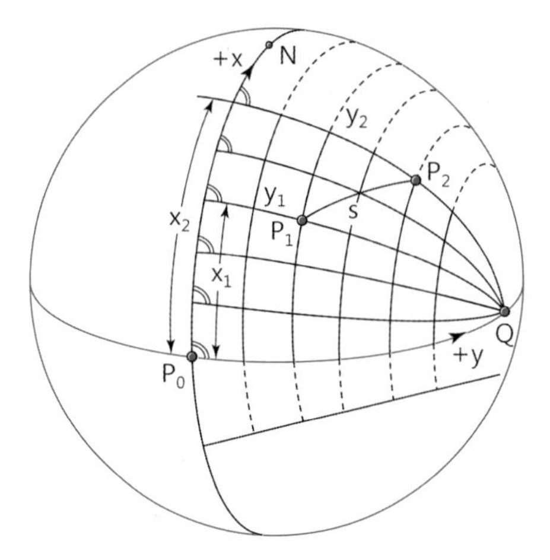

그림 8.6 Soldner좌표계

2. Gauss투영

각의 왜곡을 피할 수 있는 방법으로서 Gauss좌표계가 있으며 이 투영법은 독일 Hannover의 측지사업에 적용된 바 있다.

이 방법은 Soldner좌표계와 유사하지만 y좌표에서 축척계수가 적용된다는 점에서 차이가 있다. 그림 8.7에서 보면 좌측의 Soldner계에서는 방위각이 변화하는데 비하여 우측의 Gauss계에서는 방위각이 유지되는 반면(물체의 형상이 유지됨), 거리가 축척계수 만큼 변화한다는 점이다.

Gauss투영의 식은 다음으로 표현된다.

$$x = X \tag{8.9}$$

$$y = Y + \frac{Y^3}{6R^2}$$

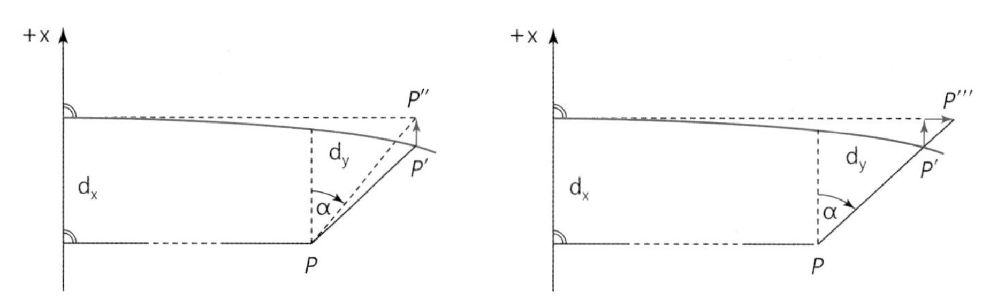

그림 8.7 Soldner좌표계와 Gauss좌표계

단거리에 대한 왜곡은 다음 식으로 주어지고 있다.

$$s - l \fallingdotseq -\frac{y_m^2}{2R^2} \cdot l \tag{8.10a}$$

$$\alpha - t \fallingdotseq \frac{\rho}{2R^2}(x_2 - x_1)y_m \tag{8.10b}$$

$$F - f \fallingdotseq -\frac{y_m^2}{R^2} \cdot f \tag{8.10c}$$

1등삼각망을 평면에 투영한다면 2, 3등 삼각망의 측점좌표는 모두 평면기하학을 적용하여 구할 수 있으며 이 경우에는 구면방위각을 평면방위각으로 보정하여야 한다. 4등 이하의 경우에는 수 km 이내의 단거리이므로 방향오차를 무시할 수 있는데 Soldner계에서는 64 km 이내 지역으로 국한된다는 점과는 큰 차이가 있음을 알 수 있다.

8.3 평면좌표계

8.3.1 우리나라 투영법

우리나라에서는 평면직각좌표의 축은 북쪽을 N(X), 동쪽을 E(Y)로 하고 방위각은 방위각 α는 N(X)축으로부터 시계 방향을 양(+)으로 한다(측량에서는 일반적인 수학좌표와 다름에 주의)는 정의를 사용하고 있다. 미국, 캐나다에서는 북쪽을 Y, 동쪽을 X로 나타내고 있음에 주의가 필요하다.

과도한 왜곡을 피할 수 있는 방법으로서 우리나라에서는 타원체를 구체에 투영하고 다시 구체를 평면에 투영하는 Gauss등각이중투영법(Gauss Double Projection)이 1등 삼각측량에 적용된 바 있다. 그 후 Krüger에 의하여 타원체를 평면에 직접 투영하는 횡원통투영법이 고안되었는데, 이를 Gauss-Krüger투영 또는 횡원통투영(TM, Transverse Mercator Projection)이라고 하며, 이 투영법은 독일에서 경도간격 3°마다 중앙자오선을 설정하고 적도와 교차하는 점을 평면직각좌표원점으로 채택하였으며 Y좌표(횡선)에 (−)부호가 발생되지 않도록 하고 있다. 이 좌표계에서 계산거리는 타원체면상의 거리보다 항상 길다는 사실에 주의가 필요하다.

TM에서는 원자오선에서 거리가 유지되지만 Y축을 따라 멀어질수록 왜곡이 커지므로 소정의 정확도를 유지하기 위하여 사용지역의 범위가 제한된다. 따라서 이 범위를 넓힐 수 있도록 원점축척계수(보통 0.9997～0.9999)가 사용되는데 일본과 캐나다, 미국에서 채택하고 있으며 이를 MTM(Modified TM)이라고도 한다. 또한 영국과 이태리에서는 0.9996을 사용하고 있는데 local UTM의 개념이다.

UTM투영은 원점축척계수를 0.9996으로 하고 있으며 경도 6° 간격으로 적도에 원점을 잡아 세계지형도(군사지도)의 좌표계를 통일하고자 한 것이다.

우리나라에서는 평면직각좌표계를 지도제작에서는 TM투영을 사용하고 있으며(실제로는 이중투영법에 의한 좌표에 근거하고 있었으나 중축척도 작성을 목적으로 하고 있으므로 그 차이가 무시되고 있음) 군사지도와 해도에서는 UTM좌표계에 의하고 있다. 다만, 구 지적도의 경우에는 1910년대 측지계산을 위하여 도입한 등각이중투영법(현재의 횡원통투영법과 거의 동등함)에 의하고 있다.

8.3.2 평면좌표계 원점

우리나라 평면직각좌표원점은 타원체를 평면으로 투영하기 위한 투영정점의 위치에 따라 2도 존(zone)인 다음의 **평면좌표계**가 사용되고 있다.

원점	투영정점의 위치	원점 가산값
서부원점 (서)	38°N, 125°E	X_0＝600,000 m, Y_0＝200,000 m
중부원점 (중)	38°N, 127°E	X_0＝600,000 m, Y_0＝200,000 m
동부원점 (동)	38°N, 129°E	X_0＝600,000 m, Y_0＝200,000 m
동해원점 (해)	38°N, 131°E	X_0＝600,000 m, Y_0＝200,000 m

좌표계 원점의 축척계수로는 $m_o = 1.0000$을 사용하며 각 좌표계별로 북쪽을 N(X)축, 동쪽을 E(Y)으로 하고 N(X)축을 기준으로 우회로 방위각을 나타내며, 지형도 등 지도로 나타낼 때에는 음(－)의 부호가 나타나는 것을 방지하기 위하여 가상의 수치를 더하여 원점의 좌표를 (X＝600,000 m, Y＝200,000 m)로 하고 있다. 이때의 가산된 좌표계는 **종횡선좌표**(projection grid or grid coordinates)로 구성되며 표고를 채용하는 것이 실용적인 방법이다.

그러나 정사영상지도와 수치표고모델(DEM)에서는 좌표변환 등의 어려움을 고려하여 4도 존(zone)의 중부원점을 사용하거나 또는 필요시 단일좌표계 원점(38°N, 127.5°E)을 사용하는 경우도 있다.

한편 지적측량에서는 종전의 1910년대 투영좌표계를 유지하고 있다. 즉, 3개의 원점(새로운 동해원점을 제외한다)을 사용하고 지적도와 임야도로 나타낼 때에는 원점의 좌표를 (X=500,000 m, Y=200,000 m)로 하고 있으며, 제주도 지역에 대하여는 중부원점의 좌표를 (X=550,000 m, Y=200,000 m)로 하고 있다.

8.4 투영보정

측정된 거리와 각은 타원체면으로의 보정계산이 필요하며 이에 대하여는 앞 장에서 상세히 설명되고 있다. 그러나 Gauss투영이나 TM투영에 따라 평면상에서 계산을 실시하기 위해서는 타원체면(구면)상의 거리와 방향은 **선축척계수**(line scale factor)와 $(t-T)$보정(δ)에 의하여 평면상의 수치로 보정되어야 한다.

보정에 필요한 지구곡률반경 R은 투영원점에서의 평균곡률반경이므로 우리나라에서는 위도 38°에 대한 R=6,372,200 m를 사용하면 무방하다.

8.4.1 거리의 보정

TM투영에서 한 점에 대한 점축척계수(point scale factor)와는 달리 실제의 거리는 점들의 연속이므로 선축척계수를 사용해야 하며, **선축척계수**는 다음 세 방법으로 구할 수 있다.

① 선적분에 의하는 방법

$$m=\frac{l}{s}=m_0\left(1+\frac{y_1^2+y_1y_2+y_2^2}{6m_0^2R^2}\right) \tag{8.11}$$

② 심프슨 법칙에 의한 방법(m_m은 중간점에서의 점축척계수임)

$$m=\frac{1}{6}(m_1+4m_m+m_2) \tag{8.12}$$

③ 중앙점의 축척계수(거리 3 km 이내에 적용)

$$m = \left(1 + \frac{y_m^2}{2R^2}\right) = m_0\left\{1 + \frac{(y_1 + y_2)^2}{8R^2}\right\} \tag{8.13}$$

그러므로 **평면거리** l은 타원체면상의 거리 s로부터 다음과 같이 구할 수 있다.

$$l = m\,s = m_0\left(1 + \frac{y_1^2 + y_1 y_2 + y_2^2}{6m_0^2 R^2}\right) \cdot s \tag{8.14}$$

만일, 원점에서 점축척계수가 1인 우리나라의 경우에는 $m_0 = 1$을 사용하면 된다. 식 (8.14)에 의한 거리보정량의 크기는 $y_m = 90$ km에서 측선 10 km를 1 cm 정확도로 보정할 수 있다. 이와 같은 거리에 대한 **투영보정**은 다음의 경우에 필요로 한다.

① 거리측정에 의한 좌표계산에서 필요하며 좌표계산에 앞서 실시되어야 한다.

② 두 평면좌표로부터 구면거리를 계산할 때 필요하며 측설이나 건설공사에서는 역보정에 의하여 경사거리(실제거리)가 구해진다.

③ 트래버스에서 관측오차와 투영오차를 폐합오차에 따라 분배하더라도 제한규정에 대한 판정이 어려우므로 트래버스 측선에 대하여 보정을 실시해야 한다.

④ 면적계산에서는 별도의 보정이 필요하다. 이 크기는 중앙자오선에서 100 km 떨어진 지역에서 거리 1 km에 대응되는 면적에 대하여 0.01%이다.

8.4.2 방향의 보정

그림 8.11에서와 같이 타원체상의 측지선을 평면에 투영할 경우에 측지선의 방향각 T는 현의 방향각 t로 보정되어야 한다. 이를 **(t − T)보정**이라고 한다.

$$(t - T) = \delta = -\frac{(y_1 + y_2)(x_2 - x_1)}{4m_0^2 R^2} \tag{8.15}$$

여기서 거리 s가 10 km 이상이면 y에 따른 변화를 고려해야 한다. 즉, 정과 반의 방향보정을 고려하면

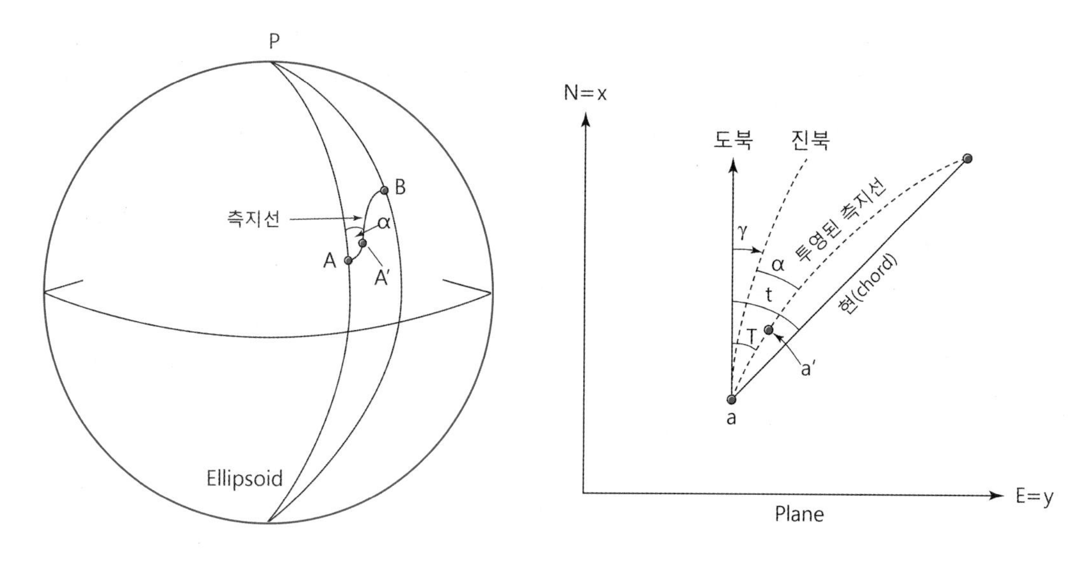

−γ ; 진북방향각
T ; 구면방향각(arc bearing)
α ; 방위각(azimuth)
t ; 평면방향각(plane or grid bearing)

그림 8.8 방향보정

$$\delta_1 = -\frac{(x_2 - x_1)}{6R^2}(2y_1 + y_2)$$

$$\delta_2 = -\frac{(x_2 - x_1)}{6R^2}(y_1 + 2y_2) \tag{8.16}$$

$y_1 = 150\ \text{km},\ t = 30°,\ s = 20\ \text{km}$이면 $\delta_1 = 6.76''$, $\delta_2 = 6.89''$로서 차이가 $0.15''$이므로 무시되며 4등 이하에서는 방향보정 자체를 무시할 수 있다. 결국 방향보정된 **평면방향각**(plane azimuth)은 그림 8.11로부터 다음과 같이 구해진다.

$$t = T + (t - T) = T + \delta \tag{8.17}$$

$$t = (\alpha + \gamma) + \delta \tag{8.18}$$

여기서 진북방향각 $-\gamma$는 도북방향을 기준으로 하여 우회각을 +로 한 것이며, α는 측지방위각이므로 식 (8.18)은 측지방위각을 평면방위각으로 보정계산하는 식이 된다. 이때 진북방향각은 $-\gamma$는 자오선수차 γ와 부호가 반대이다.

예제 8-1 구면거리가 $s_4=22389.3129$ m이다. A($y_A=50579.53$), B($y_B=72099.22$)일 때 평면상의 거리를 구하라.

[풀이] 원점축척계수=1.0000, R=6370 km로 가정한다(엄밀하게는 R_α를 사용함). 식 (8.11)로부터 지적도 또는 지도좌표일 경우에는 투영원점의 좌표를 (0, 0)으로 하는 수치를 적용하여 계산한다.

$$l = m \cdot s = \left(1 + \frac{y_1^2 + y_1 y_2 + y_2^2}{6R^2}\right) \cdot s$$

$$= 1.00004684 \times 22389.3129 = 22840.383 \text{ m}$$

■

예제 8-2 구면거리가 $s_4=585.3687$ m이다. 두 측점 중의 한 점의 좌표가 P($x_P=271028.524$, $y_P=36637.897$)일 때 평면거리를 구하라.

[풀이] 단거리인 경우이므로 식 (4.59)에 의하여 위도 38°에서의 평균곡률반경은 R=6372.199658 km를 사용한다.

$$l = m \cdot s = \left(1 + \frac{y_m^2}{2R^2}\right) s = 1.00001653 \times 585.3687 = 585.378 \text{ m}$$

■

참고 문헌

1. 국립지리원 (1980). "우리나라 기설측지망에 관한 조사연구", 국립지리원.
2. 이영진 (2016). "측량정보학(개정판)", 청문각.
3. Leick, A. (1995). "GPS Satellite Surveying (2nd ed.)", Wiley & Sons.
4. Maling, D. H. (1992). "Coordinate System and Map Projections (2nd ed.)", Pergamon.
5. Torge, W. (1980). "Geodesy: an introduction (2nd ed.)", Walter de Gruyter.
6. Uren, J. and W. F. Price(1994). "Surveying for Engineers (3rd ed.)", Macmillan.
7. 국토지리정보원 (2005). "국가기준점 망조정에 관한 연구".
8. 국토지리정보원 (2012). "좌표변환 프로그램(NGI PRO Ver. 2.53)", 국토지리정보원 홈페이지 공개자료실 523번.

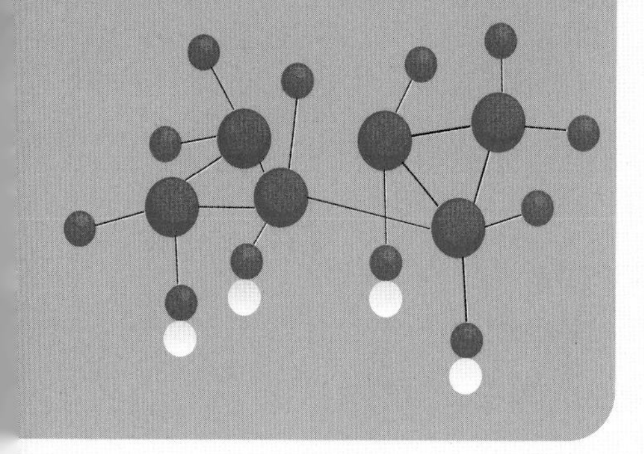

제 9 장

측정량의 보정

9.1 보정계산

9.1.1 정오차의 보정

측량에서의 관측작업은 지표면에서 이루어지므로 기상, 중력장, 관측기재 등의 물리적 원인에 영향을 받게 되어 측점에서 연직선을 기준으로 실시되는 것이 일반적이다. 그러나 위치계산은 타원체면 또는 평균해면을 기준으로 하여 실시하므로 관측된 측정량은 위치계산에 앞서 **기준면으로의 보정**(correction and reduction)을 필요로 한다. 보정에 사용되는 식은 물리적 특성을 잘 반영할 수 있도록 구성되어 있으나 물리적 특성 자체가 정확하게 파악되기 어려우므로 보정량에는 얼마간의 정오차를 포함하게 된다. 따라서 실용상으로 적합한 보정식을 채용해야 한다.

일반적으로 보정량을 다음과 같이 나타낼 수 있다.

$$c = f(p,\ q,\ \cdots,\ t) \tag{9.1}$$

여기서 c는 보정량이며 p, q 등의 변량으로 구성된다. 만일 변량에 미소한 오차 dp, dq 등이 포함되어 있다면 1차식으로서 다음과 같이 **정오차 전파식**을 나타낼 수 있다.

$$dc = \left(\frac{df}{dp}\right)dp + \left(\frac{df}{dq}\right)dq + \cdots + \left(\frac{df}{dp}\right)dt \tag{9.2}$$

이 식이 측정량 p, q 등에 의해 보정량 c를 구할 때 보정항의 정확도를 나타내며 거리의 10^{-6}단위(ppm) 또는 각도의 초(″) 단위로 표기하는 것이 보통이다. 이 **정오차 전파식**은 최확값과 직접 관계되는 보정량의 문제로 취급할 수 있으며 측정단위(자릿수)를 정하거나 **보정식**에서 측정요소의 영향과 계산항의 채용 여부를 판단할 때 사용된다.

대기에서의 굴절률(refractive index) n은 c_o를 진공에서의 전자파 속도, c를 대기에서의 속도라고 할 때 다음과 같이 정의된다.

$$n = \frac{c_o}{c} \tag{9.3}$$

표준대기에서의 n은 파장 λ를 μm 단위로 할 때 다음과 같이 주어진다. 단, 표준대기는 온도 0℃, 기압 1013.25 mb, 건조공기에서 0.03% CO_2를 혼합한 상태이다.

$$(n-1)\times 10^6 = \left(287.604 + \frac{1.6288}{\lambda^2} + \frac{0.0136}{\lambda^4}\right) \tag{9.4}$$

그러나 실제로는 전자파측거기에서는 변조파가 사용되므로 군속도 c_g에 대응되는 **군굴절률**(group refractive index) n_g가 사용되며 개개의 운반파보다 군속도가 작기 때문에 다음의 관계식으로 표현된다.

$$(n_g-1)\times 10^6 = \left(287.604 + \frac{4.8864}{\lambda^2} + \frac{0.0680}{\lambda^4}\right) \tag{9.5}$$

예로서, $\lambda = 0.910\ \mu m$인 HP3800B Ga-As 광원의 경우에는 $n_g = 1.0002936$, $\lambda = 0.6328$ K+E RangerV He-Ne광원의 경우에는 $n_g = 1.0003002$가 된다.

9.1.2 대기의 굴절오차 영향

표준대기상태가 아닌 일반대기중에서 **광파**(light wave; visible and near infrared wave)의 경우에는 다음 식이 제시되고 있다.

$$n_L - 1 = (n_g - 1)\frac{273.15p}{(273.15+t)1013.25} - \frac{11.27\times 10^{-6}}{(273.15+t)}\cdot e \tag{9.6}$$

이 식은 $0.5\ \mu m \sim 0.93\ \mu m$의 운반파(광원)에 유용하며 0.2 ppm의 신뢰도를 갖고 있다. t는 온도(℃), p는 기압(mb), e는 수증기압(mb)이다. 대기상태에 따른 식 (9.6)의 오차는 $n_g = 1.003$, $t = 10$℃, $p = 1000$ mb, $e = 15$ mb일 때 다음과 같이 주어진다.

$$dn_L = (-1.01dt + 0.29dp + 0.04de)\times 10^{-6} \tag{9.7}$$

식 (9.7)은 n_L의 변화를 보여주므로 거리에 따르는 영향을 검토할 수 있다.

① 온 도 1℃의 변화는 굴절률 n_L과 거리에서 1 ppm만큼 영향을 준다.

② 기압 1 mb의 변화는 굴절률 n_L과 거리에서 0.3 ppm만큼 영향을 준다.

③ 수증기압 1 mb의 변화는 굴절률 n_L과 거리에서 0.04 ppm만큼 영향을 준다.

따라서 광파에서는 수증기압의 영향이 상대적으로 작기 때문에 1 ppm 이상의 정밀측정이나 장거리를 제외하고 무시하게 된다.

전파에 의한 거리측정(MDM, microwave distance measuring equipment)은 현재 거의 사용하고 있지 않으며 중장거리의 경우에는 대부분 GPS방식으로 대체되고 있다.

9.1.3 속도보정(기상보정)

대부분의 EDM에서 기계의 표시창에 표시되는 거리(D')는 기계거리(displayed distance 또는 instrument distance)로 취급하며 식 (9.3)에서 $c = c_o/n$을 고려하고 기계고유의 운반파에 좌우되는 n_{REF}를 이용하면 다음의 기본식이 된다.

$$2D' = c \cdot \Delta T'$$
$$D' = \frac{c_o}{n_{REF}} \cdot \frac{\Delta T'}{2} \tag{9.8}$$

여기서, $\Delta T'(= T_R - T_E)$는 기계와 프리즘 간 왕복거리에 대응되는 전파시간이며, n_{REF}은 기계자체의 기준굴절률이다.

$$n_{REF} = \frac{C_0}{\lambda_{MOD} f_{MOD}} \tag{9.9}$$

λ_{MOD}와 f_{MOD}는 각각 기계에서 정밀측정을 위한 변조파의 파장 및 진동수를 나타낸다. 또한 실제 대기의 굴절계수 n에서의 측정거리(D)는

$$D = \frac{c_o}{n} \cdot \frac{\Delta T'}{2} \tag{9.10}$$

이므로 두 식 간에는 다음의 관계가 성립한다.

$$D = \left(\frac{n_{REF}}{n}\right) D' \tag{9.11}$$

기계거리를 측정거리로 환산하고자 할 때의 보정을 제1속도보정(first velocity correction)이라고 하며 보정량을 K'이라고 하면

$$D = D' + K' \tag{9.12}$$

$$K' = \left(\frac{n_{REF}}{n} - 1\right) D' = \left(\frac{n_{REF} - n}{n}\right) D'$$

식 (9.11)을 식 (9.12)에 대입하면, 다시 분모의 n = 1로 두면 다음의 **기상보정량**이 구해진다.

$$K' = (n_{REF} - n)\, D' \tag{9.13}$$

최근에 보급되고 있는 단거리용 EDM의 경우에는 노모그램이나 표가 주어져 있으므로 측정작업의 시작 전에 온도와 기압을 측정하고 보정수(ppm량)를 찾아 입력한 후에 측정을 실시하면 K′가 보정된 결과가 출력된다.

식 (9.13)에서 n값은 식 (9.4)과 또는 식 (9.6)에 의하여 계산되는 값이므로 기계에 표시되는 거리 D′를 측정거리 D로 보다 정밀하게 보정계산을 할 수 있다. 이때에는 0 ppm 또는 기준온도와 기준기압이 사용되어야 한다.

단거리용 광파측거기에서의 **기상보정식**은 대부분 다음의 형식으로 나타내고 있다.

$$K' = \left[\frac{C - Dp}{(273.15 + t)} + \frac{11.27e}{(273.15 + t)}\right] 10^{-6} \cdot D \tag{9.14}$$

여기서

$$C = (n_{REF-1}) 10^{6} = N_{REF}$$

$$D = (n_{g} - 1) 10^{6} \frac{273.15}{1013.25} N_{g} \tag{9.15}$$

예제 9-1 Kern DM501 기종의 경우에 주어진 조건이다. 보정식을 구하라.

$$C_{0} = 299792458 \text{ m/s}$$

$$f_{MOD} = 14985400 H_{z} (= y_{s})$$

$$\lambda_{MOD} = 20 \text{ m}, \quad \lambda = 0.900\ \mu\text{m}$$

[풀이] 식 (9.9)로부터

$$n_{REF} = \frac{C_0}{\lambda_{MOD} f_{MOD}} = \{(1.0002818 - 1) - (N - 1)\} D'$$

식 (9.13)으로부터

$$K' = (1.0002818 - n) D' = \{(1.0002818 - 1) - (n - 1)\} D'$$

식 (9.5)로부터 $\lambda = 0.900\ \mu m$를 대입하면 $n_g = 1.00029374$이므로 식 (9.6)의 $(n_L - 1)$을 위 식의 $(n - 1)$에 대입하여 다음과 같이 된다.

$$K' = \left[281.8 \times 10^{-6} - \left\{293.74 \times 10^{-6} \frac{273.15p}{(273.15 + t)1013.25} - \frac{11.27 \cdot e \cdot 10^{-6}}{(273.15 + t)}\right\}\right] D'$$

$$\therefore K' = \left(281.8 - \frac{79.186p}{(273.15 + t)} + \frac{11.27e}{(273.15 + t)}\right) 10^{-6} D'$$ ■

9.2 표고차에 의한 측정거리의 보정(장거리)

관측점이 타원체면상에 있지 않으므로 측정거리(굴절률이 보정됨)는 다시 **타원체면상의** 거리로 보정되어야 하며 여기서 사용되는 타원체고는 보통 수준측량 또는 삼각수준측량에 따라 실시된 **정표고**를 이용하는 것이 일반적이다. 그러나 GPS측량 또는 고정밀도 측지측량에서는 **타원체고**가 이용된다.

그림 9.1은 두 측점 A, B를 지나는 측선의 단면을 보여주고 있으며 A'와 B'는 대응되는 타원체면상의 점이다. 또한 개개의 거리와 기호는 다음과 같다.

s_1: 굴절률을 보정한 측정거리

s_2: AB 간의 현의 길이

s_3: 타원체상의 A'B' 간의 현(직선)의 길이

s_4: 타원체상의 구면거리

h_A, h_B: A, B점의 타원체고

r: 광로의 곡률반경

R: 타원체의 곡률반경

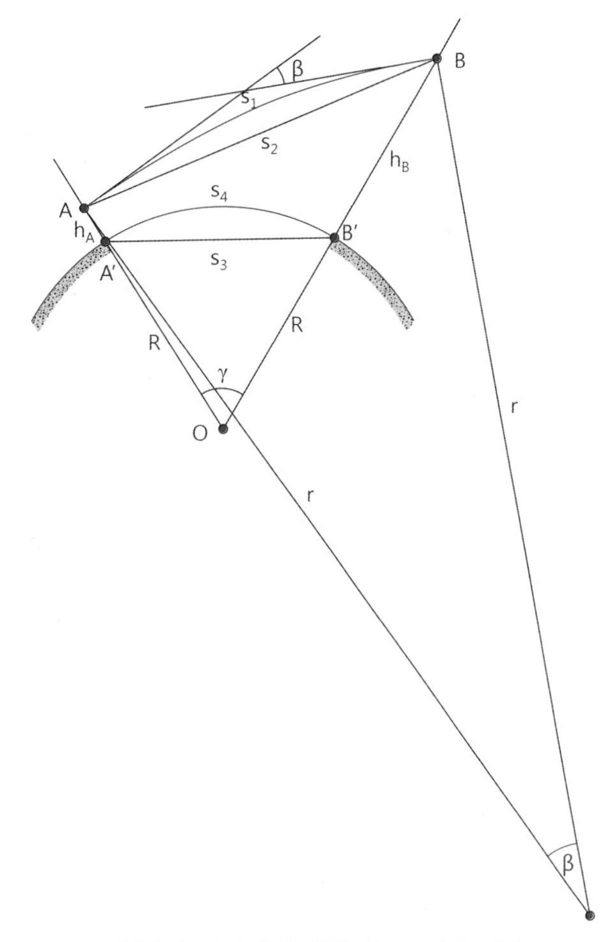

그림 9.1 표고차에 의한 측정거리의 보정

9.2.1 s_2에서 s_3 계산

1. 직접계산법

먼저 s_2로부터 s_3를 계산하기 위하여 그림 9.1의 삼각형 ABO에 대하여 코사인 정리를 적용하면,

$$s_2^2 = (R+h_A)^2 + (R+h_B)^2 - 2(R+h_A)(R+h_B)\cos\gamma \tag{9.16}$$

또한 다음의 관계식,

$$s_3 = 2R\sin\frac{\gamma}{2}, \quad \cos\gamma = 1 - 2\sin^2\frac{\gamma}{2} \tag{9.17}$$

을 식 (9.18)에 대입하고 정리하면 다음과 같게 된다.

$$\begin{aligned}
s_2^2 &= (R^2 + 2Rh_A + h_A^2) + (R^2 + 2Rh_B + h_B^2) \\
&\quad - 2(R^2 + h_A h_B + Rh_A + Rh_B) + 4(R + h_A)(R + h_B)\sin^2\frac{\gamma}{2} \\
&= h_A^2 - 2h_A h_B + h_B^2 + 4(R + h_A)(R + h_B)\sin^2\frac{\gamma}{2} \\
&= (h_B - h_A)^2 + 4R^2(1 + \frac{h_A}{R})(1 + \frac{h_B}{R})\sin^2\frac{\gamma}{2}) \\
&= (h_B - h_A)^2 + s_3^2(1 + \frac{h_A}{R})(1 + \frac{h_B}{R})
\end{aligned} \tag{9.18}$$

그러므로

$$s_3 = +\left(\frac{s_2^2 - (h_B - h_A)^2}{(1 + \frac{h_A}{R})(1 + \frac{h_B}{R})}\right)^{\frac{1}{2}} \tag{9.19}$$

또는,

$$s_3 = +\left(\frac{R^2(s_2^2 - \Delta h^2)}{(R + h_A)(R + h_B)}\right)^{\frac{1}{2}} \tag{9.20}$$

이 식 (9.19)가 곡률반경 R, 타원체고(기계중심까지) h_A, h_B일 때의 엄밀식이다.

2. 2단계 보정계산법($s_2 \rightarrow s_6 \rightarrow s_3$)

$s_2 \rightarrow s_3$보정을 실시하는 경우에 $s_2 \rightarrow s_6$의 경사보정(K_2)과 $s_6 \rightarrow s_3$의 평균해면보정(K_3)의 2단계로 나누어 할 필요가 있다. 즉,

$$s_3 = s_2 + K_2 + K_3 = s_6 + K_3 \tag{9.21}$$

식 (9.19)로부터 다시 쓰면,

$$s_3 = s_2\left\{1-\left(\frac{h_B - h_A}{s_2}\right)^2\right\}^{\frac{1}{2}}\left\{1+\left(\frac{h_A + h_B}{R}+\frac{h_A h_B}{R^2}\right)\right\}^{-\frac{1}{2}} \tag{9.22}$$

또한, $\Delta h = h_B - h_A$, $h_m = \frac{1}{2}(h_A + h_B)$로 하고 마지막 괄호를 급수전개하고 단순하게 표기할 수 있으므로

$$s_3 = s_2\left\{1-(\frac{\Delta h}{s_2})^2\right\}^{\frac{1}{2}}(1-\frac{h_m}{R}) \tag{9.23}$$

다시 쓰면,

$$s_3 = \left\{s_2 - \frac{\Delta h^2}{2s_2}\right\}\left\{1-\frac{h_m}{R}\right\}$$

$$s_3 \fallingdotseq s_2 - \frac{\Delta h^2}{2s_2} - \frac{h_m}{R}s_2 + \frac{\Delta h^2 \cdot hm}{2s_2 R} \tag{9.23)'$$

이 식 (9.23)'가 지적측량과 공공측량에서 사용되는 근사식이다.

식 (9.23)에서 경사보정량에 관한 항은 다음과 같다.

$$K_2 = s_2\left\{1-(\frac{\Delta h}{s_2})^2\right\}^{\frac{1}{2}} - s_2 = s_6 - s_2$$

$$K_2 = (s_2^2 - \Delta h^2)^{\frac{1}{2}} - s_2 \tag{9.24}$$

또한, 식 (9.23)에서 평균해면 보정량에 해당되는 항은 다음과 같다.

$$K_3 = (s_2^2 - \Delta h^2)^{\frac{1}{2}}(1-\frac{h_m}{R}) - s_6 = -\frac{h_m}{R}(s_2^2 - \Delta h^2)^{\frac{1}{2}}$$

$$K_3 = -\frac{h_m}{R} \cdot s_6 = -\frac{h_m}{R}(s_2 + K_2) \quad (9.25)$$

9.2.2 곡률보정의 조합

K''(제2속도보정), $K_1(s_1 \rightarrow s_2$보정), $K_4(s_3 \rightarrow s_4$보정)의 곡률에 대한 조합하면 다음과 같이 된다.

$$K'' + K_1 + K_4 = -(k - k^2)\frac{D'^3}{12R^2} - k^2\frac{s_1^3}{24R^2} + \frac{s_3^3}{24R^2} \quad (9.26)$$

여기서 k는 굴절계수이다. 여기서 $(K'' + K_1)$보정이 광로의 굴절에 의한 보정이며 정밀1차기준점측량의 작업규정에 적용한 값이다.

장거리에 대하여는 식 (9.26)에서 $D' = s_1 = s_3$로 가정하여 단순화할 수 있다.

$$K'' + K_1 + K_4 = (1-k)^2\frac{s_1^3}{24R^2} \quad (9.27)$$

또한 개개의 변량에 대한 오차크기는 다음과 같이 나타낼 수 있다.

$$ds_4 = -\frac{s}{R}d(R) - \frac{s}{R+h_m}d(h) - \frac{\Delta h}{s}d(\Delta h) + \frac{s_2}{s_3}d(s_1) - \frac{ks^3}{12R^2}dk \quad (9.28)$$

예제 9-2 PQ점 간의 거리를 He-Ne광원의 광파측거기로 6세트 측정하여 읽음값의 평균이 $D' = 22395.010$ m이며 이 값에는 기계상수가 보정되어 있으며 기상보정은 이루어지지 않은 값이다. 측정값과 측점의 표고가 다음과 같을 때 타원체면상의 거리를 구하라(단, $n_{REF} = 1.0003200$이다).

P점	Q점
$p = 921.3$ mb	$p = 882.6$ mb
$t = 6.1$℃	$t = 5.3$℃
$h_p = 879.71$ m	$h_Q = 1273.90$ m

[풀이] 1단계 (제1속도보정) 식 (9.13)으로부터 $p_m = 901.95mb$ $t_m = 5.7℃$를 사용하고 식 (9.4)로부터 e를 무시하고 $(n-1)$을 적용하면,

$$K' = (n_{REF} - n)D' = ((n_{REF} - 1) - (n-1))D'$$

$$(n-1) = 0.0002508$$

$$(n_{REF} - 1) = 0.0003200$$

$$\therefore\ K' = 1.5497\ m$$

$$s = D' + K' = 22396.5597\ m$$

2단계 (경사보정) 식 (9.24)로부터 $\Delta h = 394.19$ m이므로

$$K_2 = -3.4690 - 0.0003 = -3.4692\ m$$

3단계 (평균해면보정) 식 (9.25)로부터 $R = 6370$ km를 적용하면,

$$K_3 = -3.7859 + 0.0006 = -3.7854\ m$$

4단계 (곡률보정의 조합) 식 (9.27)로부터 $k = 0.25$, $R_M = 6370$ km를 적용한다.

$$K'' + K_1 + K_4 = +0.0065\ m$$

5단계 (결과) 따라서 위의 결과를 종합하면

$$\begin{aligned} s_4 &= s + K_2 + K_3 + (K'' + K_1 + K_4) \\ &= 22396.5597 - 3.4693 - 3.7853 + 0.0065 \\ &= 22389.3116\ m \end{aligned}$$

■

9.3 측정각의 보정

완벽하게 조정된 데오돌라이트를 사용하여 각측정을 실시하더라도 지구중력방향이 기준이 되므로 타원체면에 수직인 방향선과의 차이인 수평각에서 **수직선 편차**의 영향을 받는다. 또

한 대기굴절은 시준선을 굴절시키기 때문에 이에 대한 보정도 필요하며 고저각 측정에서 큰 영향을 미친다.

수평각 측정에서 수직선편차의 영향은 다음 식에 의해 보정량을 나타낼 수 있으며 실용적인 목적에서는 항상 무시한다.

$$e = (\xi \sin\alpha - \eta \cos\alpha) \cot z = \psi \cot z \tag{9.29}$$

또한 목표점의 표고가 높다면 타원체면상에서 측정한 각과는 차이가 존재하며 목표고(target height)에 대한 보정량은 다음 식으로 나타낼 수 있으며, 1등삼각측량 외에는 무시하는 것이 보통이다.

$$\Delta\alpha'' = 0.00011\, h_B \sin 2\alpha_{AB} \cos^2 \psi_m \tag{9.30}$$

천정각의 측정은 주로 고저차의 산정과 측정거리의 보정을 위하여 실시된다.

두 목적 모두 대기굴절에 의한 시준선의 곡률을 보정해야 하는데 **쌍방관측**에 의한 평균값을 사용한다면 대기굴절에 의한 영향이 소거될 수 있으나 단거리에서는 편도관측이 이루어지므로 보정이 필수적이다.

편도관측에 있어서 대기굴절에 의한 각의 영향은

$$\delta = \frac{s_1}{2r} = \frac{ks}{2R} \text{rad} \tag{9.31}$$

이므로 타원체면 기준의 천정각은 수직선편차 ψ를 고려하여 다음과 같이 구해진다.

$$z = z_{obs} + \delta + \psi \tag{9.32}$$

$$z = z_{obs} + \frac{ks}{2R} + (\xi \cos\alpha + \eta \sin\alpha) \tag{9.33}$$

실용적인 목적에서는 ψ를 무시하고 $z = z_{obs} + \delta$로서 δ만을 보정하는 것이 일반적이다.

9.4 수직각에 의한 측정거리의 보정

9.4.1 직접계산법

그림 9.2에서는 천정각 측정에 의한 거리보정을 보여주고 있다.

s_1: 굴절률을 보정한 측정거리

s_2: AB 간의 현(직선)의 길이(≒s1)

s_4: 타원체상의 구면거리

h_A, h_B: A, B점의 타원체고

r: 광로의 곡률반경

R: 타원체의 곡률반경

천정각 z는 고도각(연직각) α와 $z = 90° - \alpha$의 관계를 유지하며 AB 간의 직선거리 s_2로

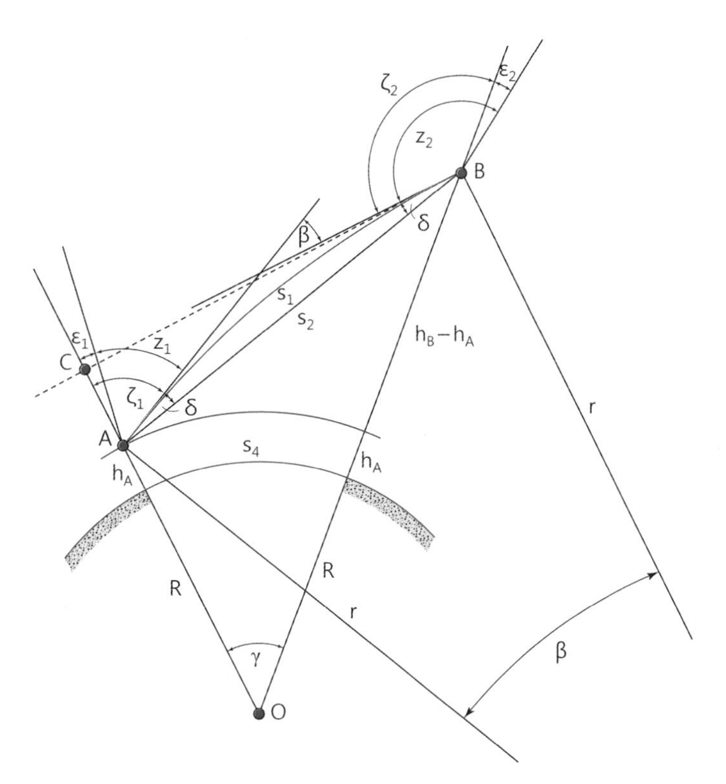

그림 9.2 천정각에 의한 거리보정

부터 s_4로의 보정계산이 필요하다. 먼저 삼각형 ABC로부터,

$$AC = s_2 \cos z_A$$

$$BC = s_2 \sin z_A$$

또한 직각삼각형 OBC로부터 다음 조건이 만족된다.

$$\tan\gamma = \frac{BC}{OC} = \frac{s_2 \sin z_A}{R + h_A + s_2 \cos z_A} \tag{9.34}$$

타원체면상의 거리는 $s_4 = R\gamma$이므로

$$s_4 = R \tan^{-1}\left\{\frac{s_2 \sin z_A}{R + h_A + s_2 \cos z_A}\right\} \tag{9.35}$$

이 식 (9.35)이 타원체면상의 거리 s_4를 구하는 엄밀식이다. 여기서 $s_1 \rightarrow s_2$의 보정이 더 필요하지만 실용상으로 이를 무시할 수 있으므로 $s_2 = s_1$으로 취급된다.

그러나 **천정각** z_A에는 대기굴절에 의한 시준선의 곡률에 대한 오차(대기굴절에 의한 오차) δ가 보정되어 있어야 하며 수직선편차 역시 필요에 따라 보정되어야 한다. 즉, 측정량 z_{obs}에 대기굴절의 영향 δ와 수직선편차 ψ를 보정해야 함을 말한다. 따라서 실용적으로는 식 (9.33)에서 ψ를 무시하여 $z_A = z_{obs} + (ks/2R)$를 사용한다.

식 (9.35)의 경우에 arctan의 계산에는 유효숫자에 주의가 필요하며 급수전개에 의해 계산할 수도 있다.

$$\tan^{-1}(x) = x - \frac{x^3}{3} + \frac{x^5}{5} - \frac{x^7}{7} \cdots\cdots$$

이므로 5 km 이내의 거리에서는 1 mm 오차 이내로서 다음의 식을 사용할 수가 있다.

$$\tan^{-1}(x) = x \tag{9.36}$$

즉,

$$s_4 = R\left\{\frac{s_2 \sin z_A}{R + h_A + s_2 \cos z_A}\right\}$$

또한, 식 (9.35)의 변량에 대한 영향은 $R=6370$ km일 때 다음 식으로 주어지고 있다.

$$ds_4 = \sin z\, ds - 1.6\times 10^{-7} s_4\, dh_A + \Delta h\, dz + 7.8\times 10^{-8} s_1\, \Delta h\, dk \qquad (6.37)$$

여기서 첫 항은 보통 ds보다 약간 작은 크기이며 2항은 거리오차 1 ppm에 상당하는 높이 오차가 6.4 m임을 보여준다. 3항은 각측정시의 오차와 연직선 편차의 영향을 무시한 것으로서 $\Delta h=500$ m일 때 z에서 5″ 오차는 s_4에서 12 mm 오차가 발생한다.

4항은 굴절계수 k의 영향으로서 $k=-2$와 $k=3$의 범위에 있기 때문에, $\Delta h=100$ m, $dk=1$일 때 $s=100$ m에서 $ds=0.8$ mm 또는 $s=500$ m에서 $ds=3.9$ mm($\Delta h=500$ m, $dK=1$일 때 $s=500$ m에서 $ds=19.5$ mm 또는 3 km에서 $ds=0.12$ m임)이다.

일반적으로 고저차가 크거나 장거리(10 km 이상)의 경우에는 **쌍방관측**이 실시된 경우이거나 또는 k값이 정확하다고 하더라도 천정각에 의한 거리보정법 대신에 앞서 설명된 표고차에 의한 보정을 사용해야 한다. 천정각 관측에 의한 보정은 실용적으로 5 km 이내에 적용해야 한다.

9.4.2 단계별 보정계산법

일괄보정의 방법 대신에 단계별보정과 유사한 방법으로 보정계산을 실시할 수 있다. 먼저 $s_1 \rightarrow s_2$ 보정은 5 km 이내일 경우에는 $s_1 \fallingdotseq s_2$로 취급한다. 또한 $s_2 \rightarrow s_3$의 보정은 경사보정과 평균해면 보정의 2단계로 나누어 실시한다.

그림 9.3으로부터 삼각형 ABD의 세 내각은

$$\alpha = \pi - \left(\frac{\pi}{2} - \frac{\gamma}{2}\right) - (z_{obs} + \delta) = \frac{\pi}{2} - z_1 + \frac{\gamma}{2}$$

$$\angle ADB = \pi - \left(\frac{\pi}{2} - \frac{\gamma}{2}\right) = \frac{\pi}{2} + \frac{\gamma}{2} \qquad (9.38)$$

$$\begin{aligned}\psi &= \pi - \alpha - \angle ADB \\ &= \pi - \left(\frac{\pi}{2} - z_1 + \frac{\gamma}{2}\right) - \left(\frac{\pi}{2} + \frac{\gamma}{2}\right) = z_1 - \gamma \end{aligned} \qquad (9.39)$$

따라서 삼각형 ABD에 사인 공식을 적용하면,

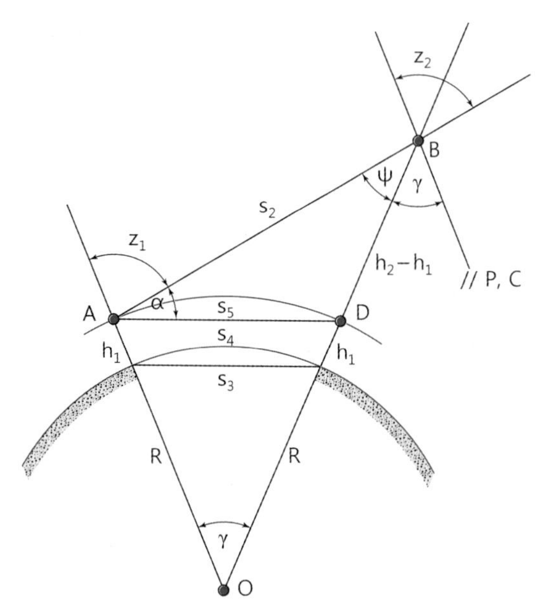

그림 9.3 단계별 보정

$$\frac{s_5}{\sin\psi} = \frac{s_2}{\sin\left(\frac{\pi}{2}+\frac{\gamma}{2}\right)} = \frac{s_2}{\cos\frac{\gamma}{2}} \tag{9.40}$$

이때 $\frac{\gamma}{2}$는 근사적으로 다음으로 주어진다.

$$\frac{\gamma}{2} \fallingdotseq \frac{s_5}{2(R+h_1)} = \frac{s_2 \sin z}{2(R+h_1)} \tag{9.41}$$

보통 $\frac{\gamma}{2}$는 매우 작은 값이므로 $\frac{1}{\cos\frac{\gamma}{2}}=1$로 한다. 10 km 거리에서 3×10^{-7} 정확도 이내므로 식 (9.41)은 식 (9.39)를 이용하여 다음과 같이 쓸 수 있다. 이때 z_1은 대기에 의한 천정각보정이 실시된 $z_1 = z_{TH} + \delta$이며 $\cos\gamma \fallingdotseq 1$, $\sin\gamma \fallingdotseq \gamma$이다.

$$\begin{aligned} s_5 &= s_2 \sin\psi \\ &= s_2 \sin(z_1 - \gamma) \end{aligned}$$

$$=s_2 \sin z_1 \cos\gamma - s_2 \cos z_1 \sin\gamma$$

$$=s_2(\sin z_1 - s_2\gamma \cos z_1)$$

$$=s_2\{\sin z_1 - \frac{s_2}{(R+h_1)} \sin z_1 \cos z_1\}$$

$$\therefore\ s_5 = s_2\{\sin z_1 - \frac{s_2}{2(R+h_1)} \sin 2z_1\} \tag{9.42}$$

평균해면 보정은 h_m 대신에 h_1을 사용한 것과 동일하여 그림 9.3에서 삼각형 ADO로부터 구할 수 있다.

$$s_3 = s_5 - \frac{h_m}{R} \cdot s_5 \tag{9.43}$$

$$\fallingdotseq s_5(1-\frac{h_1}{R}) = s_5 + K_6 \tag{9.44}$$

마지막으로 $s_3 \rightarrow s_4$ 보정은 5 km에서 0.1 mm이므로 무시하는 것이 보통이다.

한편, 단거리(지적측량, 공공측량)에서는 단순하게 식 (9.43)로부터 1차항만을 사용한

$$s_5 = s_2 \sin z_1$$

과 식 (9.44)을 조합한 다음 식을 사용하고 있다.

$$s_3 = s_2 \sin z_1 (1-\frac{h_1}{R})$$

$$s_3 \fallingdotseq s_2 \sin z_1 - \frac{h_1 s_2}{R} \tag{9.45}$$

9.5 기계고의 차이에 의한 보정

9.5.1 각과 거리의 동시관측

그림 9.4에서와 같이 경우에 따라서는 기계고, 프리즘고, 목표고 등이 서로 다른 경우가 발생하므로 이에 대한 **보정**이 필요하다. 그러나 토털스테이션과 같이 EDM과 망원경의 중심이 일치하고 프리즘과 목표판의 중심이 일치하는 경우에는 보정이 불필요하다. 이 보정은 경사보정 또는 $s_2 \rightarrow s_3$ 보정 바로 앞 단계에 실시해야 한다.

$$\Delta h = (h_{EDM} - h_{TH}) - (h_R - h_T) \tag{9.46}$$

이 관계는 그림 9.4에서 빗금 친 삼각형으로부터 다음의 관계가 성립한다.

$$s_{EDM}^2 = s_{TH}^2 + \Delta h^2 - 2s_{TH}\Delta h \cos z_{TH} \tag{9.47}$$

$$s_{TH}^2 = s_{EDM}^2 + 2s_{TH}\Delta h \cos z_{TH} - \Delta h^2$$

식 (9.47)의 2항은 크기가 미소하므로 s_{TH}는 s_{EDM}으로 대체되어도 무방하다. 따라서

$$s_{TH} = s_{EDM}\left(1 + \frac{2\Delta h \cos z_{TH}}{s_{EDM}} - \frac{\Delta h^2}{s_{EDM}^2}\right)^{\frac{1}{2}} \tag{9.48}$$

급수 전개하여 1차 항만 사용한다면 다음의 식이 된다. 이때 식 (9.46)의 우변 4개의 변량이 정확도에 중요한 영향을 미치게 된다.

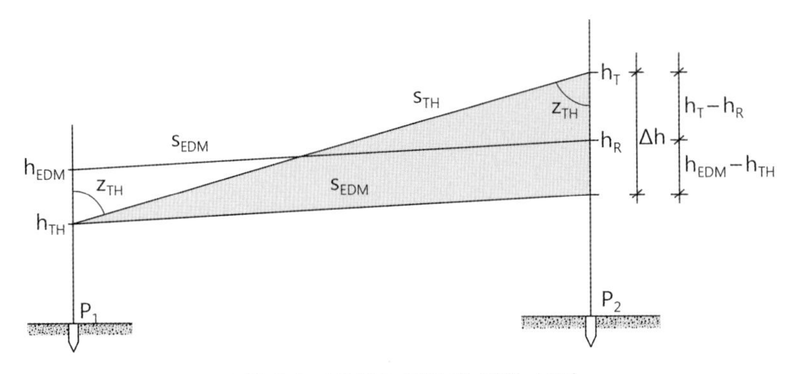

그림 9.4 기계고 차이에 의한 보정

$$s_{TH} = s_{EDM} + \Delta h \cos z_{TH} - \frac{\Delta h^2}{2 s_{EDM}} \tag{9.49}$$

식 (9.48) 또는 식 (9.49)에서 실제로 z_{TH}와 s_{EDM}은 동일한 조건하에서 측정되므로 기계고측정에 주의할 필요가 있으며, 거리와 각을 별도로 독립하여 측정하더라도 기계고를 거의 동등하게(거의 10 cm 이내) 잡는 것이 중요하다.

한편 단거리에서 P_1, P_2 간의 수평거리와 고저차는 다음 식으로 나타낼 수 있다.

$$L = s_{TH} \sin z_{TH} \tag{9.50}$$

$$dh = s_{TH} \cos z_{TH} + (h_{TH} - h_T) \tag{9.51}$$

예제 9-3 단거리에서 A, B점 간 측정한 결과이다. D′에는 기계상수만 보정되어 있고 대기 보정이 이루어지지 않은 상태이다. A점의 표고를 $H_A = 1058.21$ m라고 할 때 구면거리를 구하라.

$D' = 587.134$ m, $t = 23.8℃$, $p = 1008.36$ mb,
$h_{EDM} = 1.652$ m, $h_R = 1.742$ m, $h_{TH} = 1.673$ m,
$h_T = 1.543$ m, $z_{TH} = 85°41'53''$

제작사에서 제공한 속도 보정식은 다음과 같다.

$$K' = \left(278.7 - \frac{79.148p}{(273.15 + t)}\right) D' \times 10^{-6}$$

[풀이] 1단계 (제1속도보정) 보정식으로부터 $K' = 0.0058$ m

$s = D' + K' = 587.1398$ m

2단계 (기계고 보정) 식 (9.46)으로부터 $\Delta h = -0.220$ m

s와 Δh를 식 (9.49)에 대입하면,

$s_{TH} = 587.1398 - 0.0158 - 0.00004 = 587.1233$ m

3단계 (구면거리 계산) 연직선편차 $\psi = 0$으로 하여 $z = z_{obs} + \frac{ks}{2R}$를 사용한다.

$k = 0.13$, $R_M = 6370$ km, $s_1 = s_{TH}$, $h_A = H_A + h_{TH}$로 하여 식 (9.35)에 대입

$$\therefore\ s_4 = 6370000\tan^{-1}\left(\frac{585.47009}{6371203.9}\right) = 585.3687 \text{ m}$$

이밖에 $(K'' + K_1 + K_4)$에 대한 보정은 1.5×10^{-7}m이므로 무시한다. ■

9.5.2 각과 거리의 별도관측(표석간 측정량)

실제의 관측작업에서는 광파측거기와 데오돌라이트를 별도로 사용하여 측정하는 경우가 많다. 이때에는 기계고와 목표고(프리즘고)를 같게 잡아 작업을 실시한다면 대부분의 단순한 보정이 생략되지만 필요에 따라 **기계고의 불일치**에 대한 보정이 추가되어야 한다.

천정각에 대한 보정량은 그림 9.5를 참조하면,

$$\Omega \fallingdotseq \frac{h_T - h_{TH}}{s_G} \sin z_{TH} \tag{9.52}$$

따라서 **표석간 천정각**은 다음과 같다.

$$z_G = z_{TH} + \Omega \tag{9.53}$$

또한 EDM에 의하여 별도로 거리를 측정하였다면 그림 9.5로부터 코사인 공식을 적용하

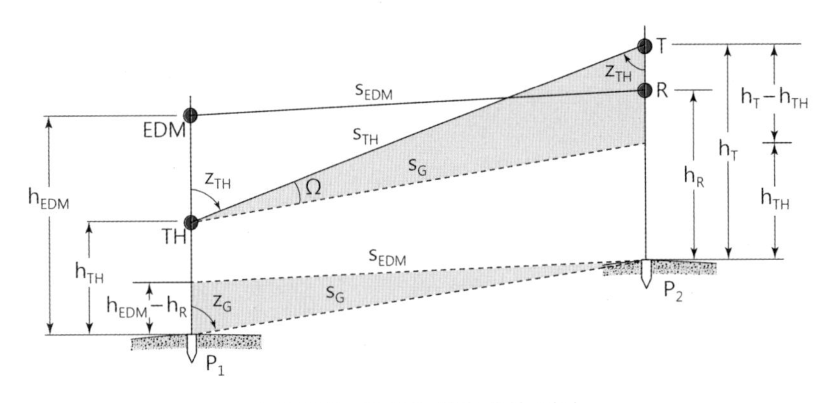

그림 9.5 표석간 측정량의 계산

면 다음의 관계가 성립한다.

$$s_{EDM}{}^2 = (h_{EDM} - h_R)^2 + s_G^2 - 2(h_{EDM} - h_R)s_G \cos z_G$$

$$s_G^2 = \left\{1 + \frac{(h_{EDM} - h_R)^2}{s_G^2} - \frac{2(h_{EDM} - h_R)}{s_G} \cos z_G\right\} \quad (9.54)$$

따라서 **표석간거리**(mark-to-mark distance)는 다음과 같이 된다.

$$s_G = s_{EDM}\left\{1 + \frac{(h_{EDM} - h_R)^2}{s_G^2} - \frac{2(h_{EDM} - h_R)}{s_G} \cos Z_G\right\}^{-0.5} \quad (9.55)$$

이때 $\Delta h = h_{EDM} - h_R$이라고 한다면, 급수전개에 의하여 다음과 같이 쓸 수 있다.

$$s_G = s_{EDM} - \frac{\Delta h^2 s_{EDM}}{2s_G^2} + \frac{\Delta h \ s_{EDM}}{s_G} \cos z_G \quad (9.56)$$

식 (9.56)은 s_G 대신에 초기값으로서 s_{EDM}을 사용하여 s_G를 반복계산할 수 있으며 최초의 단계에서 계산한 s_G에 의하여 식 (9.53)의 천정각 보정량을 구할 수 있다.

실용적으로는 $(h_{EDM} - h_R)$와 $(h_T - h_{TH})$가 0.5 m 이내에서 z가 80°~100°, s_{EDM}이 60 m 이상일 때에는 반복계산할 필요가 없으므로 **기계고의 불일치**에 대한 보정으로 대체할 수 있다. 다시 말하면 식 (9.56)에서 s_G 대신에 s_{EDM}을 대입하면 식 (9.49)와 같아지므로 급경사지 또는 고측표를 사용한 경우가 아니라면 보정계산 자체가 필요없게 된다.

예제 9-4 그림 9.5에서 측정량이 다음과 같을 때 표석간거리와 표석간천정각을 구하라.

$s_{EDM} = 400.000$ m, $h_{EDM} = 2.000$ m, $z_{TH} = 81°00'00''$

$h_{TH} = 1.000$ m, $h_R = 0.700$ m, $h_T = 1.500$ m

[풀이] 식 (9.56)에서 $S_G = 400.000$ m, $Z_G = 81°$를 초기값으로 사용하면,

$$S_G{}^{\circ} = 400.000 - 0.0021 + 0.2034 = 400.2013 \text{ m}$$

이를 식 (9.53)에 대입하면

$$Z_G = 81°00'00'' + 0.0012340 \text{ rad} = 81°04'14.5''$$

다시 $S_G = 400.2013$ m, $Z_G = 81°04'14.5''$를 식 (9.56)에 대입하면 최종결과가 구해진다.

$$S_G = 400.000 - 0.0021 + 0.2017 = 400.1996 \text{ m}$$ ■

9.6 편심보정

정확히 치심하기가 부적합하거나 시준선 방향에 장애물이 있는 경우에는 **편심점**(eccentric station or satellite station)에서의 측정각이나 측정거리를 원래 측점에서의 수치로 보정하는 것이 필요하다. 최상의 방법은 편심점이 없는 경우이며 이때에는 귀심계산이 필요 없게 된다.

9.6.1 측정거리와 천정각의 편심보정

1. 편심점에서 거리와 각측정

먼저 편심점에서 거리측정과 각측정이 이루어진 경우를 고려해 보자. 그림 9.6에서 E점이 편심점, C점이 **측점**(permanent station)일 때 편심거리 e, 편심거리에 대응되는 천정각 z_C, 편심점으로부터 목표점 P_1까지 측정거리 s^* 및 이에 대한 천정각 z_1일 때 CP_1의 경사거리 s를 구하는 문제이다.

그림에서와 같이 관측점인 편심점을 기준으로 XZ평면이 C점을 지나도록 관측좌표계를 구성해 보면 구면삼각형인 사선부에 대하여 **구면삼각형**의 코사인공식을 적용할 수 있다.

$$\cos\phi = \cos z_c \cos z_1 + \sin z_c \sin z_1 \cos\alpha \tag{9.57}$$

또한 평면삼각형 ECP_1에 대하여는 평면삼각형의 코사인공식

$$s^2 = s^{*2} + e^2 - 2s^* e \cos\phi \tag{9.58}$$

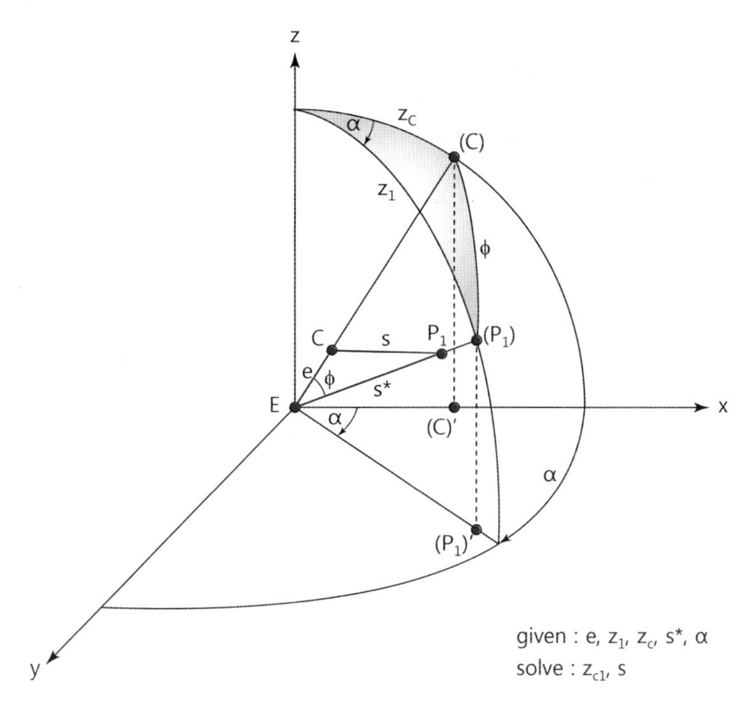

그림 9.6 각과 거리의 편심보정

이 식을 이용하면 다음 식을 구할 수 있다.

$$s = s^* \left\{ 1 + \frac{e^2}{s^{*2}} - \frac{2e}{s^*} (\cos z_c \cos z_1 + \sin z_c \sin z_1 \cos \alpha) \right\}^{1/2} \tag{9.59}$$

이 식이 측점간의 경사거리를 구하는 엄밀식이다. 또한 C점에서의 천정각을 구해야 하는데 이는 고저차의 합으로부터 유도될 수 있다.

$$dh_{CP_1} = dh_{EP_1} - dh_{EC} \tag{9.60}$$

$$s \cos z\, c_1 = s^* \cos z_1 - e \cos z_C \tag{9.61}$$

따라서 편심보정된 C점의 천정각은 다음과 같다.

$$\cos z_{c1} = \frac{s^*}{s} \cos z_1 - \frac{e}{s} \cos z_c \tag{9.62}$$

예제 9-5 그림 9.6에서 측정량과 주어진 값이 다음과 같을 때 편심보정을 실시하고 측점에서의 천정각 zc_1과 s를 계산하라.

$$e = 176.26\ \text{m},\ \ s^* = 1204.465\ \text{m},\ \ \alpha = 11°43'12''$$
$$z_1 = 82°34'20'',\ \ z_c = 83°08'20''$$

[풀이] 식 (9.59)에서 $s = 1032.444\ \text{m}$

식 (9.62)에서 $z_{c1} = 82°30'21.9''$ ■

2. 편심점에서 거리측정

측점에서 각을 측정하고 **편심점**에서 거리를 측정한 경우를 고려해 보자. 이 경우는 EDM을 편심점에 세우고 데오돌라이트를 측점에 세워 각과 거리를 동시에 측정할 때 나타난다.

그림 9.7에서 측점간 경사거리 s는 유사한 방법에 의해 구할 수 있다.

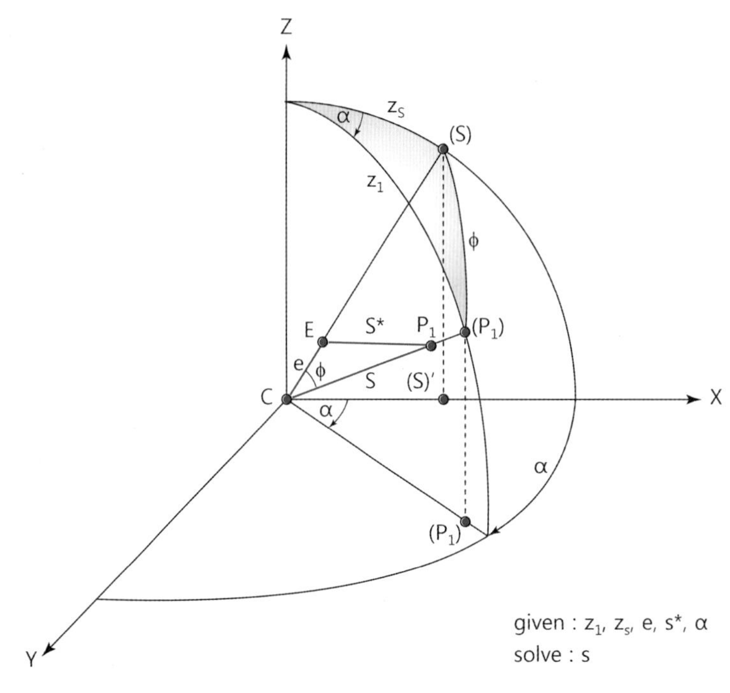

그림 9.7 거리의 편심보정

$$s = s^*\left\{1 - \frac{e^2}{s^{*2}} + \frac{2es}{s^{*2}}(\cos z_s \cos z_1 + \sin z_s \sin z_1 \cos\alpha)\right\}^{1/2} \quad (9.63)$$

이 식은 엄밀식이지만 s가 양변에서 존재하므로 s 대신에 초기값으로서 s^*를 사용한 다음 반복계산하면 보다 나은 결과를 구할 수 있다. 유도된 식 (9.59)와 (9.63)은 경사거리이므로 앞서 설명된 방법에 따라 보정될 수 있다.

9.6.2 수평각의 편심보정

수평각의 경우에는 차이가 미소하므로 구면삼각형 대신에 평면삼각형을 사용할 수 있다. 따라서 그림 9.8에서 편심점 E에서 두 방향각 α_1, α_2를 측정하고 측점 C와의 편심거리 e, $CP_1 = s^*$를 측정하였을 때 측점 C로의 **귀심계산**은 다음과 같이 실시될 수 있다.

식 (9.59)에서 $z_1 = z_c = 90°$, 즉 수평면이라고 한다면 다음과 같이 간단하게 된다.

$$s = s^*\left\{1 + \frac{e^2}{s^{*2}} - \frac{2e}{s^*}\cos\alpha\right\}^{1/2} \quad (9.64)$$

또는,

$$s^2 = s^{*2} + e^2 - 2\,s^* e\cos\alpha \quad (9.64)'$$

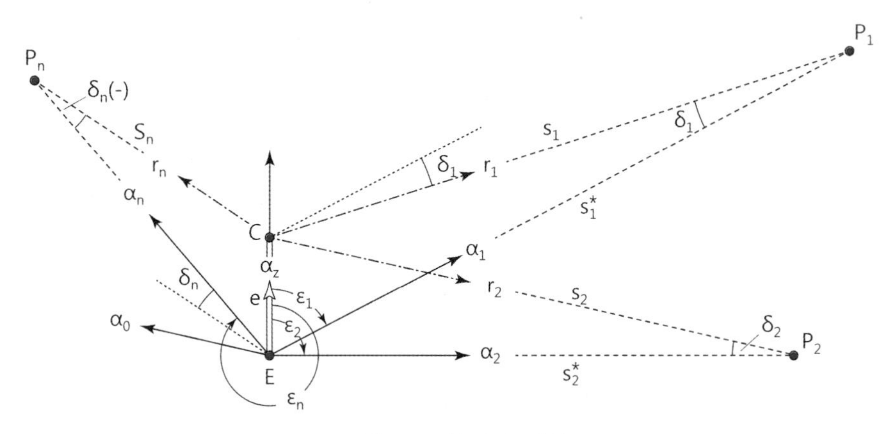

그림 9.8 측점의 편심

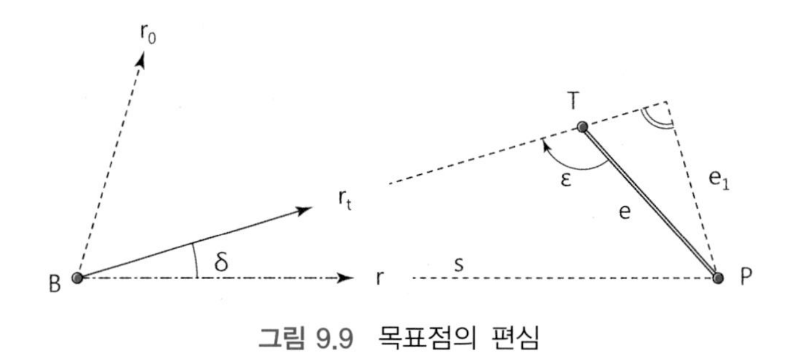

그림 9.9 목표점의 편심

먼저, 거리 s는 α 대신에 ε의 기호를 사용하여 다음 식에 의하여 계산된다.

$$s^2 = s^{*2} + e^2 - 2 s^* e \cos \varepsilon_i \tag{9.65}$$

이 식의 s^*는 평면거리이다. 그러나 실용적인 측면에서 s^*는 구면거리를 직접 사용하여 계산하는 것이 일반적이다.

또한 각의 경우에는 $\varepsilon_1 = \alpha_1 - \alpha_z$미소한 δ에 대하여 다음이 성립된다.

$$\sin\delta = \frac{e}{s}\sin\varepsilon_1 \tag{9.66}$$

$$\therefore\ \alpha_{1c} = \alpha_1 + \delta \tag{9.67}$$

e와 s에 대한 정확도는 다음으로 주어진다.

$$\frac{d\delta}{\delta} = \frac{de}{e} + \frac{ds}{s} \tag{9.68}$$

따라서 e와 s의 상대정확도를 동등하게 측정해야 하며 단거리에서는 s를 dm, e를 mm까지 측정하면 되고 거리측정이 안된 경우에는 근사좌표로부터 거리를 계산해서 사용한다.

다른 경우의 문제로서 목표점이 편심된 경우에는 그림 9.9로부터 다음을 사용할 수 있다.

$$\sin\delta = \frac{e}{s}\sin\varepsilon$$

$$r = r_t + \delta \tag{9.69}$$

특별한 경우로서 측점과 목표점이 동시에 편심된 경우가 있으나 목표점에 대한 보정을 실시한 후에 순차적으로 측점에 대한 보정을 계산하는 것이 실용상 간편하다.

예제 9-6 그림 9.9에서 EC방향의 읽음이 $\alpha_z = 31°43'36''$이고, p_1, p_2, p_3점에 대한 읽음이 각각 84°41′53″, 139°39′30″, 253°18′27″이다. 또한 대응되는 평면거리가 각각 2353.2 m, 1346.8 m, 1592.9 m라고 할 때 편심거리가 e=13.512 m라면 측점 c에서의 측정각을 구하라.

[풀이] 먼저 p_1방향에 대하여,

$$\varepsilon_{p1} = \alpha_p - \alpha_z = 84°41'53'' - 31°43'36'' = 52°58'17''$$

$$\alpha_{cp1} = \alpha_p + \delta = 84°41'53'' + \sin^{-1}\{(13.512/2383.2)\sin 52°58'17''\}$$

$$= 84°57'39''$$

같은 방법으로

$$\alpha_{cp2} = 140°12'19'',\ \alpha_{cp3} = 252°59'06''$$

■

참고 문헌

1. 백은기, 이영진 외 (1993). “측량학 (제2판)”, 청문각.
2. 飯村, 中根, 箱岩 (1998). “TS · GPSによる基準点測量”, 東洋書店.
3. Blachut, T. J., A. chrzanowski, and J. H. Saastamoinen (1979). “Urban Surveying and Mapping”, Springer-Verlag.
4. Cooper, M. A. R. (1987). “Control Surveys in Civil Engineering”, Collins.
5. Laurila, S. H. (1983). “Electronic Surveying in Practice”, John Wiley & Sons.
6. Methley, B. D. F. (1986). “Computational Models in Surveying and Photogrammetry”, Blackie.
7. Rüeger, J. M. (1990). “Electronic Distance Measurement: an introduction”, Springer-Verlag.

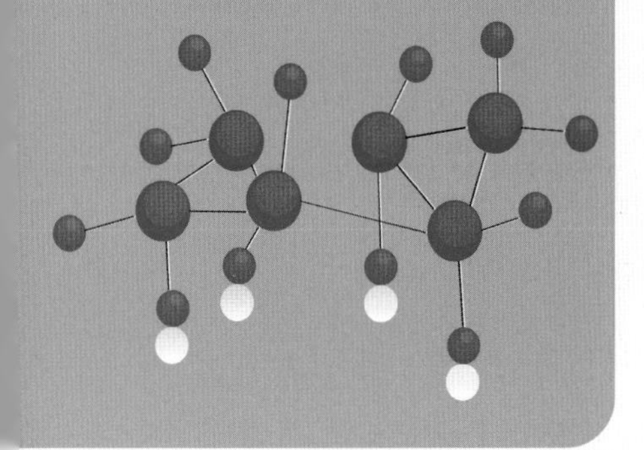

제10장

측점의 위치계산

10.1 측점의 위치결정

10.1.1 평면위치의 결정원리

국가기준점이 국가 전역에 걸쳐 동일한 측정방법과 계산방법에 따라 전 국토에 균일하게 분포되도록 배치되어 있고 그 성과가 평면좌표계로 표현되어 있다면 이들을 **기지점**(known point)으로 하여 새로운 측점인 **신점**(new point)을 추가시킬 수가 있다.

측점을 신설하는 방식으로는 망(network)방식과 점 또는 노선방식(단순방식)이 있는데, 망

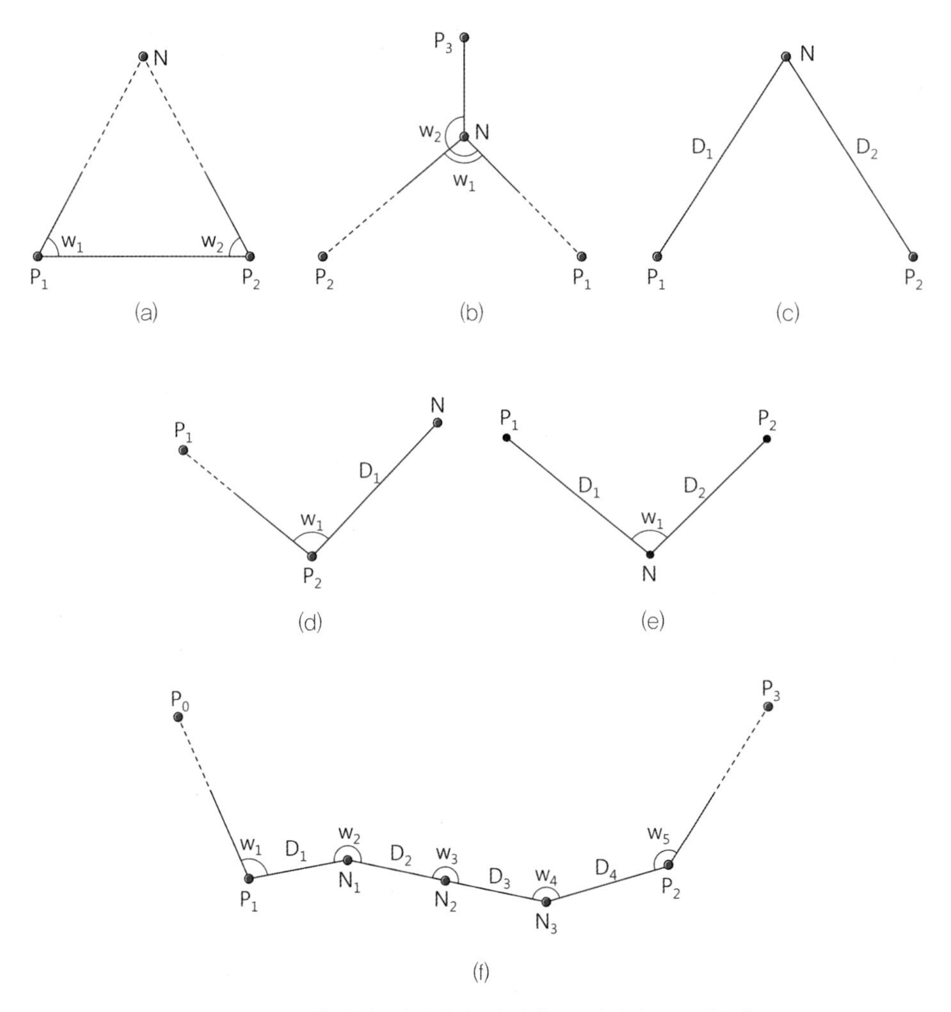

그림 10.1 측점의 위치결정 방법 (P_i: 기지점, N_i: 측점)

방식은 삼각망, 삼변망, 트래버스망, 혼합망의 4가지로 구분되고 있으며 삼각망 방식은 현재 거의 사용되고 있지 않으나 지적측량에서 적용되고 있다.

점방식은 기지점으로부터 새로운 측점들을 구성하게 되는데 측점의 좌표를 결정하는 방식은 아래와 같다(그림 10.1 참조). 거리측정을 기반으로 하는 교선법, 방사법, 트래버스 등의 위치결정 원리에 대해서 설명한다.

① 전방교회법(intersection); 그림 10.1(a)에서 w_1과 w_2를 측정

② 후방교회법(resection); 그림 10.1(b)에서 w_1과 w_2를 측정

③ 교선법(arcsection); 그림 10.1(c)에서 D_1과 D_2를 측정

④ 방사법(radial method); 그림 10.1(d)에서 w_1과 D_1을 측정

⑤ 각과 거리의 혼합법(combined method); 그림 10.1(e)에서 w_1과 D_1, D_2를 측정

⑥ 트래버스(traversing); 그림 10.1(f)에서 w_i와 D_i를 측정

⑦ 트래버스망(traverse net); 트래버스에 의한 망을 구성

10.1.2 평면좌표와 계산

국가의 평면좌표계는 북쪽을 x축, 동쪽을 y축으로 하고 있으며 평면방위각(방향각)은 x축을 기준으로 우회로 나타내고 있다. 그림 10.2는 평면좌표를 직각좌표 x, y로 나타내거나 극좌표 α, s로 나타낼 수 있음을 보여주며 방위각 α_{op}는 0점을 기준으로 할 때 p의 방향을 표시한다. 여기서 α_{op}와 그 역방위각 α_{po}는 다음의 관계가 있다.

$$\alpha_{op} = \alpha_{po} \pm 180° \tag{10.1}$$

평면좌표로서 국가좌표계가 아닌 국부좌표계를 사용하는 경우가 있는데 이는 독립적인 측량작업이나 관측좌표계에서 채용하고 있으며, 이때의 좌표는 x', y' 또는 α', s'로 나타내고 있다(그림 10.2(b) 참고).

지금 기지점 $p_1(x_1, y_1)$과 미지점 $p_2(x_2, y_2)$까지의 투영보정된 평면거리 s와 방위각 α_{12}를 알고 있을 때 p_2의 좌표를 구하는 식은 다음과 같다.

$$x_2 = x_1 + s\cos\alpha_{12} \tag{10.2a}$$

$$y_2 = y_1 + s\sin\alpha_{12} \tag{10.2b}$$

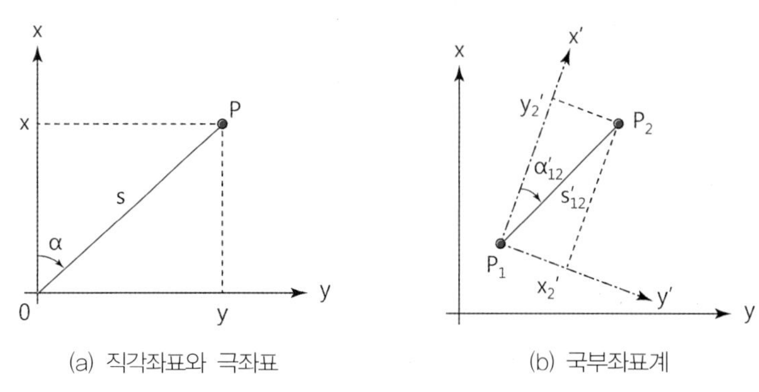

(a) 직각좌표와 극좌표　　　　(b) 국부좌표계

그림 10.2　평면좌표계

식 (10.2)에 의한 계산을 **제1문제**라고 한다.

이와는 반대로 두 기지점 $p_1(x_1,\ y_1)$, $p_2(x_2,\ y_2)$가 있을 때 투영보정된 평면거리 s와 방위각 α_{12}를 구하는 식은 다음과 같다.

$$s=\left\{(x_2-x_1)^2+(y_2-y_1)^2\right\}^{\frac{1}{2}} \tag{10.3}$$

$$\tan\alpha_{12}=\frac{y_2-y_1}{x_2-x_1} \tag{10.4}$$

$$\sin\alpha_{12}=\frac{y_2-y_1}{s}\quad \text{또는}\quad \cos\alpha_{12}=\frac{x_2-x_1}{s} \tag{10.5}$$

식 (10.3)~(10.5)에 의한 계산을 **제2문제**라고 한다. 이상의 계산은 모두 공학용계산기로 처리될 수 있으나 식 (10.4)의 $\tan^{-1}$ 계산은 분모(x_2-x_1)가 (−)값일 때는 결과에 +180° 해야 하는 점에 주의가 필요하다. 즉, 2, 3상한에 있는 경우가 해당된다.

예제 10-1　(a) p_1(496.72 m, 713.64 m), s=135.25 m, α_{12}=29°40′05″일 때 p_2점의 좌표를 구하라.

(b) p_1(407.65 m, 528.15 m), p_2(525.10 m, 795.17 m)일 때 거리와 방위각을 계산하라.

[풀이]　(a) $x_2=614.24$ m, $y_2=780.59$ m

(b) $s=291.71$ m, $\tan\alpha_{12}=2.27348$, $\alpha_{12}=66°15'27''$ ■

10.1.3 표정량 계산

보통 각 측정에 있어서 측정방향을 임의로 선택된 **기준방향**(zero direction)을 기준으로 하여 관측하게 된다. 이때 기준 방향은 임의의 분도반 눈금값으로 선택하거나 또는 0° 눈금을 맞추어 선정하는 것이 원칙이다.

이러한 경우에는 다수의 방향에 대응되는 **표정량**(orientation unknown 또는 orientation correction) ϕ가 구해져야만 좌표 계산에 적용할 수가 있다. 그림 10.3에서 기계설치 P_0점으로부터 P_1, N, P_i점까지의 측정방향각을 r_1, r_N, r_i라고 할 때 기지점 P_0와 P_1으로부터 P_0P_1방향각 α_1은 좌표로부터 역계산하여 구할 수 있다.

그러므로 N점에 대한 표정된 **방향각**(oriented direction) α_N는 다음의 관계에 있다.

$$\alpha_N = \alpha_1 + \beta = \alpha_1 + (r_N - r_1) = r_N + (\alpha_1 - r_1) \tag{10.6}$$

여기서 N이 임의의 미지점이고 분도반 눈금을 P_1점에 0°로 일치시키지 않는 경우에 대해서는 기지점 P_1에 대한 표정량 ϕ는 다음과 같이 구할 수 있다.

$$\phi = \alpha_1 - r_1 \tag{10.7a}$$

$$\alpha_N = r_N + \phi \tag{10.7b}$$

만일 기지점이 다수라면 평균에 의하여 구할 수 있다. 즉, 기지점 i에 대하여,

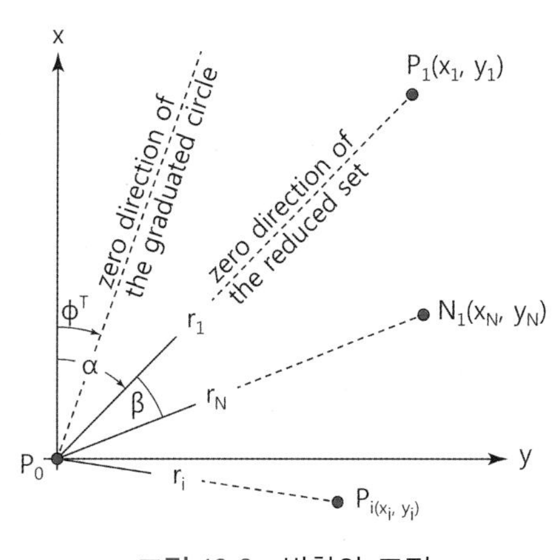

그림 10.3 방향의 표정

$$\phi_i = \alpha_i - r_i \tag{10.8a}$$

$$\bar{\phi} = \frac{\Sigma \phi_i}{n} \tag{10.8b}$$

$$\alpha_N = r_N + \bar{\phi} \tag{10.8c}$$

예제 10-2 그림 10.3에서 측정량이 다음과 같을 때 신점 N의 방향각을 구하라.

[풀이]

측점	방향각 α_i	측정방향 r_i	ϕ_i	α_N	v_i
1	41°50′33″	10°55′16″	30°55′17″	41°50′34″	1.0″
2	172°56′20″	142°01′05″	30°55′15″	172°56′23″	2.6″
N	–	199°42′27″	–	–	–
3	292°10′19″	261°14′58″	30°55′21″	292°10′16″	3.2″

$\bar{\phi} = 30°55'18''$ $\therefore$ $\alpha_N = r_N + \bar{\phi} = 199°42'27'' + 30°55'18'' = 230°37'45''$ ■

10.2 평면거리에 의한 위치

그림 10.4에서와 같이 두 기지점이 있을 때 미지점 N과의 투영보정된 평면거리를 측정한

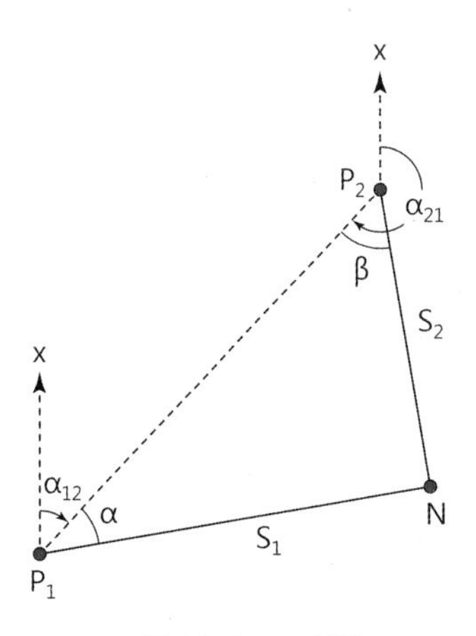

그림 10.4 교선법

경우인 **교선법**(arcsection)을 고려해 보자. 이 문제는 기지점 간의 축척과 실측에서의 축척과를 비교할 수 없기 때문에 실용적으로는 사용하기 어려운 경우가 발생되며 미지점이 기지점 간의 연장선상에 있을 경우에는 해가 구해질 수 없는 특징이 있다.

미지점 N의 좌표는 다음과 같이 구해진다.

$$\begin{aligned} x &= x_1 + s_1 \cos\alpha_{1N} = x_2 + s_2 \cos\alpha_{2N} \\ y &= y_1 + s_1 \sin\alpha_{1N} = y_2 + s_2 \sin\alpha_{2N} \end{aligned} \tag{10.9}$$

여기서,

$$\alpha_{1N} = \alpha_{12} + \alpha,\ \alpha_{2N} = \alpha_{21} - \beta = (\alpha_{12} \pm 180°) - \beta \tag{10.10}$$

또한 α_{12}와 α, β는 다음 식으로부터 구한다.

$$\begin{aligned} s^*_{12} &= \left\{(x_2 - x_1)^2 + (y_2 - y_1)^2\right\}^{\frac{1}{2}} \\ \alpha_{12} &= \arccos\frac{x_2 - x_1}{s^*_{12}} = \arcsin\frac{y_2 - y_1}{s^*_{12}} \\ \alpha &= \arccos\left\{\frac{s_1^2 + s^{*2}_{12} - s_2^2}{2s_1 s^*_{12}}\right\} \\ \beta &= \arccos\left\{\frac{s_2^2 + s^{*2}_{12} - s_1^2}{2s_2 s^*_{12}}\right\} \end{aligned}$$

만일 N점이 p_1, p_2측선의 반대쪽에 있다면 α, β의 부호가 반대로 된다.

한편, 축척의 보정을 위하여 s^*_{12}를 직접 측정하여 s_{12}를 얻었다면 식 (10.9)를 다음의 식으로 대체할 수 있다.

$$\begin{aligned} x &= x_1 + qs_1 \cos\alpha_{1N} = x_2 + qs_2 \cos\alpha_{2N} \\ y &= y_1 + qs_1 \sin\alpha_{1N} = y_2 + qs_2 \sin\alpha_{2N} \end{aligned} \tag{10.11}$$

여기서 축척계수 q는 다음과 같다.

$$q = \frac{s_{12}^*}{s_{12}} \tag{10.12}$$

예제 10-3 그림 10-4에서 기지점과 측정량이 다음과 같을 때 N점의 좌표를 구하라.

기지점 $P_1(x=1207.85,\ y=328.76)$, $P_2(x=954.33,\ y=925.04)$

측정량 $s_1 = 294.33$ m, $s_2 = 506.42$ m, $s_{12} = 648.08$ m

[풀이] $s_{12}^* = 647.937$ m, $\alpha_{12} = 113°02'01''$

$q = 0.999779$

$\alpha = 49°01'18''$, $\beta = 26°01'34''$

$\therefore \alpha_{1N} = 162°03'19''$, $\alpha_{2N} = 266°59'48''$

$x = 1207.85 + q s_1 \cos\alpha_{1N} = 927.8585$ m

$y = 328.76 + q s_1 \sin\alpha_{1N} = 419.2955$ m

(검산) $x_2 = x + q s_2 \cos\alpha_{N2} = 927.90 + 26.53 = 954.43$ m

$y_2 = y + q s_2 \sin\alpha_{N2} = 419.42 + 505.61 = 926.03$ m ■

10.3 혼합측정에 의한 위치

10.3.1 각과 거리의 혼합법

토털스테이션 등에 의한 관측에 있어서는 각측정과 거리측정을 혼합하여 위치를 결정하는 것이 일반적이며 이 혼합법은 다른 방법에 비하여 기하학적인 측점의 구성에서 제약이 덜하므로 항상 해를 제공할 수 있다.

그림 10.5에서와 같이 두 기지점 A, E에 대해 신점 N에서 방향과 거리 r_A, r_E, s_A, s_E를 측정했을 때 점 N의 좌표를 구하는 문제이다.

이때 표정량 ϕ와 축척계수 q를 사용하면 신점 N의 위치를 다음에 의하여 결정할 수 있

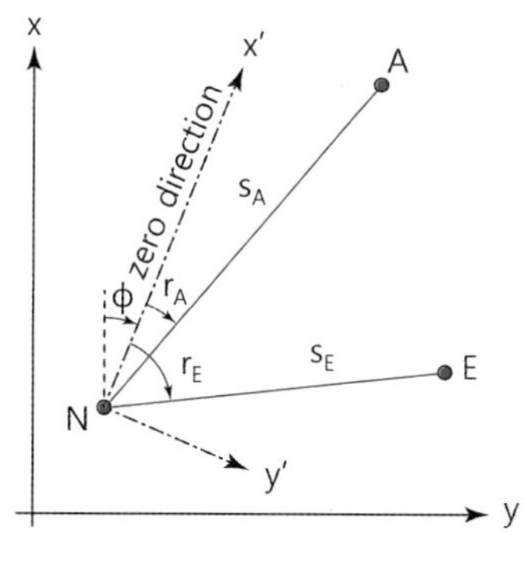

그림 10.5 각과 거리의 혼합

다. 이 문제는 N점에서 방사법에 의해서 A, E점의 위치를 결정하는 경우와는 반대의 경우이다.

$$\begin{aligned} x &= x_A - qs_A \cos(r_A + \phi) = x_E - qs_E \cos(r_E + \phi) \\ y &= y_A - qs_A \sin(r_A + \phi) = y_E - qs_E \sin(r_E + \phi) \end{aligned} \tag{10.13}$$

국부좌표계로서 원점을 N으로 하고 기준방향(zero direction)을 x', 이와 직교하는 방향을 y'로 하면,

$$\begin{aligned} x_A{}' &= s_A \cos r_A, \quad y_A{}' = s_A \sin r_A \\ x_E{}' &= s_E \cos r_E, \quad y_E{}' = s_E \sin r_E \end{aligned} \tag{10.14}$$

따라서,

$$s'_{AE} = \left\{(x_E{}' - x_A{}')^2 + (y_E{}' - y_A{}')^2\right\}^{1/2} \tag{10.15}$$

$$\begin{aligned} \alpha'_{AE} &= \cos^{-1}\left(\frac{y_{E'} - y_{A'}}{s'_{AE}}\right) = \cos^{-1}\left(\frac{x_{E'} - x_{A'}}{s'_{AE}}\right) \\ &= \tan^{-1}\left(\frac{y_E{}' - y_A{}'}{x_E{}' - x_A{}'}\right) \end{aligned} \tag{10.16}$$

그러므로 식 (10.13)에서 필요로 하는 표정량 ϕ와 축척계수 q는 다음과 같이 유도된다.

$$\phi = \alpha^*_{AE} - \alpha'_{AE} \tag{10.17}$$

$$q = \frac{s^*_{AE}}{s'_{AE}} \tag{10.18}$$

이때 α^*_{AE}와 s^*_{AE}는 기지점으로부터 유도된 값이다.

예제 10-4 그림 10.5에서 기지점과 측정량이 다음과 같을 때 N점의 좌표를 구하라.

기지점 A(x=6410.71, y=17520.66) E(x=6435.37, y=17258.15)

측정량 (N점에서) $r_A = 0°25'07''$, $s_A = 116.42$ m, $r_E = 171°23'20''$, $s_E = 148.12$ m

[풀이] ① 기지점에 의한 계산

$$s^*_{AE} = 263.666 \text{ m}$$

$$\alpha^*_{AE} = \tan^{-1}\left(\frac{-262.51}{24.66}\right) + 360° = 275°22'00''$$

② 측정량에 의한 계산

식 (10.15)과 식 (10.14)로부터

$$x_A' = s_A \cos r_A = 116.417, \quad y_A' = s_A \sin r_A = 0.851$$

$$x_E' = s_E \cos r_E = -146.450, \quad y_E' = s_E \sin r_E = 22.178$$

$$s'_{AE} = 263.731 \text{ m}$$

식 (10.16)으로부터

$$\alpha'_{AE} = \tan^{-1}\left(\frac{21.327}{-262.867}\right) + 180° = 175°21'42''$$

③ 표정량과 축척계수

$$\phi = \alpha^*_{AE} - \alpha'_{AE} = 100°00'19''$$

$$q = \frac{s^*_{AE}}{s'_{AE}} = \frac{263.666}{263.731} = 0.999753536$$

④ 좌표계산은 식 (10.13)을 이용한다.

$$x = 6431.77 \text{ m}, \quad y = 17406.19 \text{ m}$$ ■

10.3.2 방사법

세부측량에서는 **방사법**을 보편적으로 사용하고 있다. 그림 10.6에서와 같이 신점 N_i는 대응되는 거리 s_i와 각 α_i을 측정하여 구할 수 있으며 현황도 작성에서는 극좌표계(관측좌표계)를 직접 이용하게 되나 좌표계산에서는 평면좌표계로의 변환이 필요하다.

이 방법은 토털스테이션 등을 사용할 때 전자야장(field recorder)에 의한 자동처리에서 대단히 효과적이며 측점(기계점)의 간격도 300 m(종전 100 m)이면 충분하다. 이러한 경우에는 작업의 편의와 신속성을 확보하기 위하여 방향별로 0.5세트(one face)의 측정을 실시하고 기차를 무시하는 것이 보통이므로 이에 수반되는 오차를 최소화할 수 있도록 작업 전에 기계조정을 실시해야 한다.

또한 주요점에 대해서는 독립적인 측정(다른 측점에서의 관측 등)을 통하여 검사가 이루어질 수 있도록 하여야 한다.

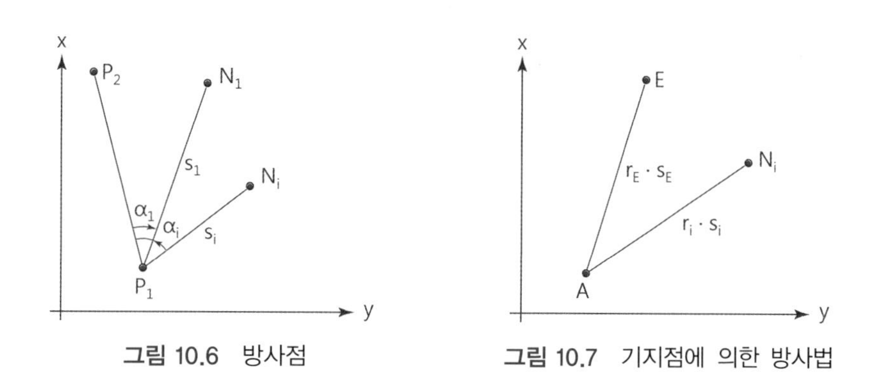

그림 10.6 방사점 **그림 10.7** 기지점에 의한 방사법

1. 기지점에 의한 방사법

그림 10.7에서와 같이 기지점 A, E에 대하여 점 A로부터 점 E와 신점 N_i까지의 거리와 방향 r_E, s_E, r_i, s_i를 측정한 경우에 점의 좌표를 구하는 문제이다.

신점 N_i의 좌표는 A점을 원점 (0, 0)으로 할 때 다음과 같다.

$$\begin{aligned} x_i &= s_i \cos(r_i + \phi) \\ y_i &= s_i \sin(r_i + \phi) \end{aligned} \tag{10.19}$$

표정량 ϕ는 기지점 간의 방향각 α_{AE}를 사용하여 구할 수 있다.

$$\phi = \alpha_{AE} - r_E \tag{10.20}$$

만일, 정밀한 측정작업이 필요한 경우에는 기지점 간의 거리 s_E를 측정하고 이를 기지점의 좌표로부터 구한 거리 s^*_{AE}와 비교하여야 한다.

따라서 축척계수를,

$$q = \frac{s^*_{AE}}{s_E} \tag{10.21}$$

라 할 때 q의 값이 1과 차이가 크다면 식 (10.19)를 사용하는 대신에 다음 식에 의해 계산해야 한다.

$$\begin{aligned} x_i &= q s_i \cos(r_i + \phi) \\ y_i &= q s_i \sin(r_i + \phi) \end{aligned} \tag{10.22}$$

2. 보조점에 의한 방사법

지형의 기복이 심하거나 수목이 많을 때 또는 도시지역에서는 기지점이 시준될 수 있는 적당한 위치에 **보조점**을 설치하여 보다 효과적으로 신점들을 구할 수 있다. 그림 10.8에서와 같이 임의의 보조점(free station)을 설치하고 기지점 A, E와 신점 N_i까지의 거리와 방향 r_A, s_A, r_E, s_E, r_i, s_ii를 측정하였을 때 점 S와 점 N의 좌표를 구하는 문제이다.

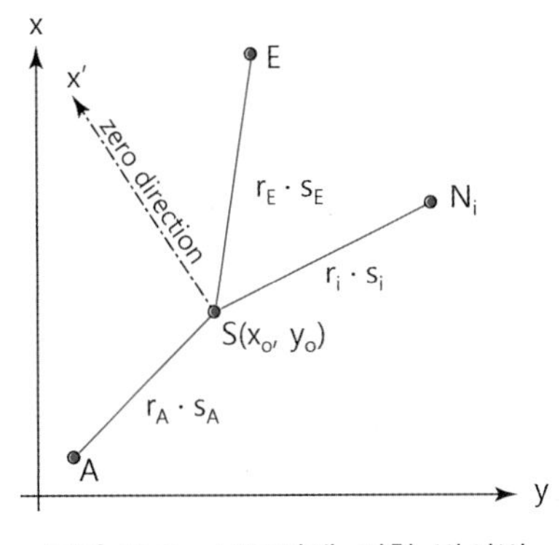

그림 10.8 보조점에 의한 방사법

이 문제는 기지점 A, E로부터 신점 S를 구하는 문제(각과 거리의 혼합법 참조)와 다시 기지점 E, S로부터 신점 N_i를 구하는 문제(기지점에 의한 방사법 참조)의 2가지 경우가 조합된 것이므로 순차적으로 풀 수 있다.

먼저 S점의 좌표는 식 (10.13), (10.17), (10.18)으로부터 계산된다.

$$\begin{aligned} x_o &= x_A - q s_A \cos(r_A + \phi) \\ y_o &= y_A - q s_A \sin(r_A + \phi) \end{aligned} \tag{10.23}$$

또한 신점 N_i는 식 (10.23), (10.17), (10.18)로부터 다음과 같이 된다.

$$\begin{aligned} x_i &= x_o + q s_i \cos(r_i + \phi) \\ y_i &= y_o + q s_i \sin(r_i + \phi) \end{aligned} \tag{10.24}$$

예제 10-5 앞 예제 10-4에서 결정된 N점에 기계를 설치하고 A, E점의 시준과 동시에 방사법에 따라 방향과 거리를 측정하였다. 방사점의 좌표를 계산하라.

$$\begin{aligned} r_{i1} &= 325°46'00'', \quad s_{i1} = 209.65\ \text{m} \\ r_{i2} &= 64°23'16'', \quad s_{i2} = 83.15\ \text{m} \\ r_{i3} &= 280°59'50'', \quad s_{i3} = 114.61\ \text{m} \end{aligned}$$

[풀이] 앞 예제에서 계산된 N점 좌표와 축척계수를 이용한다. 식 (10.24)로부터

$$\begin{aligned} x_{i1} &= 6517.78\ \text{m}, \quad y_{i1} = 17597.33\ \text{m} \\ x_{i2} &= 6351.71\ \text{m}, \quad y_{i2} = 17428.56\ \text{m} \\ x_{i3} &= 6538.74\ \text{m}, \quad y_{i3} = 17447.26\ \text{m} \end{aligned}$$

■

10.4 고저각과 EDM에 의한 고저차

10.4.1 편도관측에 의한 고저차

EDM의 보편적인 이용은 삼각수준측량과 EDM거리측정의 조합에 의하여 새로운 EDM-height traversing방법이 보편화되고 있으며 측설에서도 준용되고 있다.

그림 10.9에서 s_2를 s라 하고 삼각형 BAD를 고려하면,

$$\alpha = \pi - \left(\frac{\pi}{2} - \frac{\gamma}{2}\right) - (z_{obs} + \delta) \tag{10.25}$$

$$= \frac{\pi}{2} - z_1 + \frac{\gamma}{2}$$

또한,

$$\frac{\Delta h}{\sin\left(\frac{\pi}{2} - z_1 + \frac{\gamma}{2}\right)} = \frac{s}{\sin\left(\frac{\pi}{2} + \frac{\gamma}{2}\right)} \tag{10.26}$$

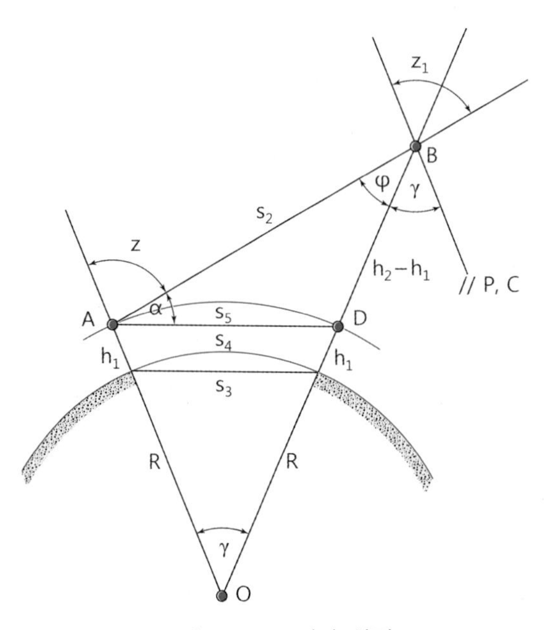

그림 10.9 고저차 산정

그러므로

$$\Delta h = \frac{s \cos(z_1 - \frac{\gamma}{2})}{\cos\frac{\gamma}{2}} \tag{10.27}$$

보통 삼각수준측량에서 $\gamma/2$는 매우 작은 값이고 $s = 10$ km, $R = 6370$ km에서 $1 - \cos(\gamma/2) \fallingdotseq 3 \times 10^{-7}$이므로 $\cos\gamma/2 = 1$로 두면, **고저차**는

$$\Delta h = s \cos(z_1 - \frac{\gamma}{2}) \tag{10.28}$$

만일 z_1대신에 측정량 z_{TH}에 대기굴절에 의한 천정각보정을 실시하여 적용하고 $s \fallingdotseq R\gamma$를 고려하면

$$z_1 = z_{TH} + \delta = z_{TH} + \frac{ks}{2R} = z_{TH} + \frac{k\gamma}{2} \tag{10.29}$$

따라서 식 (10.28)은

$$\begin{aligned} \Delta h &= s \cdot \cos(z_{TH} - \frac{(1-k)\gamma}{2}) \\ &= s\left\{\cos z_{TH} \cos\frac{(1-k)\gamma}{2} + \sin z_{TH} \sin\frac{(1-k)\gamma}{2}\right\} \\ &\fallingdotseq s \cdot \cos z_{TH} + \frac{(1-k)\gamma}{2} s \cdot \sin z_{TH} \end{aligned} \tag{10.30}$$

근사적으로 $\gamma = \frac{s}{R}$이므로 다시 쓰면 천정각 측정량 z_{TH}로부터 **고저차** 기본식이 된다.

$$\Delta h = s \cos z_{TH} + \frac{(1-k)}{2R}(s \cdot \sin z_{TH})^2 \tag{10.31}$$

이식은 고저차 1000 m 이내인 거리 2.5 km에서는 Δh는 0.1 mm 이내의 정확도를 갖는다. 또한 여기서 R 대신에 $(R + h_A + s \cos z)$를 사용한다면 $s = 10$ km, $h_A = 1000$ m에서 $\Delta h = 1$ mm의 오차만을 유발한다. 또한 s, z, k, R의 영향은,

$$d(\Delta h) = \cos z\, ds - s \cdot dz - \frac{s^2}{2R} dk - \frac{(1-k)s^2}{2R^2} dR \qquad (10.32)$$

이므로 z에서 5″ 오차는 3 km에서 고저차오차 −73 mm, 10 km에서 −0.24 m이므로 z의 측정이 가장 중요하다. 또한 dk=1에 대하여 s=1 km에서 고저차오차 78.5 mm이므로 토털스테이션의 자동계산(고저차)에서의 영향이 대단히 크며, **표준굴절계수** k=0.13을 적용하는 경우에도 허용오차의 범위 내에 부합되는 단거리로 국한되어야 한다.

10.4.2 쌍방관측에 의한 고저차

A, B점에서 **쌍방관측**(reciprocal observation)에 의해 천정각을 측정하여 각각 z_{TH1}, z_{TH2}를 얻었다면 한다면 k값에 대한 영향을 해결할 수 있다. 식 (10.31)을 별도로 구성하면,

$$\Delta h_{AB} = s \cos z_{TH1} + \frac{1-k_1}{2R}(s \sin z_{TH1})^2 \qquad (10.33)$$

$$\Delta h_{BA} = s \cos z_{TH2} + \frac{1-k_2}{2R}(s \sin z_{TH2})^2$$

여기서 $\Delta h_{AB} + \Delta h_{BA} = 0$이며, $k_1 = k_2 = k$로 두면 식 (10.33)으로부터 다음의 관계가 유도된다.

$$k = 1 + \frac{2R(\cos z_{TH1} + \cos z_{TH2})}{s(\sin^2 z_{TH1} + \sin^2 z_{TH2})} \qquad (10.34)$$

$$\fallingdotseq 1 + \frac{R}{s}(\cos z_{TH1} + \cos z_{TH2})$$

여기서 dz=5″라면 s=1 km에서 dk=0.3이다. 이 k값을 결정한다면 타원체면상의 거리 s_4로 보정하는 데 사용할 수 있다. 일반적으로 $(k_1 - k_2)$의 결정정확도는 쌍방동시관측에서 ±0.3, 쌍방별도관측에서 ±0.5인 것으로 알려지고 있는데 이에 대한 $d(\Delta h)$는 300 m에서 각각 ±1 mm, ±1.8 mm이고 500 m에서 각각 ±2.9 mm, ±4.9 mm이다.

또한 식 (10.33)에서 $\sin^2 z_{TH1} = \sin^2 z_{TH2}$로 하여 평균한 값을 채용한다면, $k_1 = k_2$로 가정할 때 다음과 같이 된다.

$$\Delta h_m = \frac{\Delta h_1 - \Delta h_2}{2} = \frac{s}{2}(\cos z_{TH1} - \cos z_{TH2}) - \frac{k_1 - k_2}{4R}(s\ \sin z_{TH1})^2 \quad (10.35)$$

$$\Delta h_m = \frac{s}{2}(\cos z_{TH1} - \cos z_{TH2}) \quad (10.36)$$

이 식이 쌍방관측에 의한 고저차를 계산하는 기본식이다.

실용적인 측면에서 볼 때 식 (10.36)은 기계고와 목표고가 같은 경우에만 성립되므로 일반의 경우에는 표석간의 천정각 z_G를 구하여 식 (10.36)의 z_{TH} 대신에 사용해야 한다.

예제 10-6 (1) 편도관측인 경우의 고저차

측정량; $z_{TH1} = 88°48'27''$, $h_{TH} = 1.42$ m, $h_T = 6.10$ m, $s = 1578.1$ m

(2) 쌍방관측인 경우의 고저차

측정량; $z_{TH1} = 88°58'39''$, $z_{TH2} = 91°02'09''$, $s = 1578.1$ m

[풀이] (1) $\Delta h = 1578.1 \times 0.020816 + 0.17 + 1.42 - 6.10 = 28.34$ m

(2) $\Delta h = 1578.1 \times 0.017965 = 28.35$ m

$k = 0.063$ ■

예제 10-7 A, B 간의 쌍방관측에 의하여 삼각수준측량을 실시한 결과이다.

(측점 A) $h_{TH} = 1.49$ m, $h_T = 1.50$ m, $\alpha_A (= 90° - z) = -1°17'26''$, $S = 1863.12$ m

(측점 B) $h_{TH} = 1.53$ m, $h_T = 1.75$ m, $\alpha_B = +1°17'03''$

(1) A점의 표고가 117.43 m일 때 B점의 표고를 구하라.

(2) 굴절계수 k를 계산하라.

(3) A점에서 또 다른 C점을 관측한 결과(동시관측)가 $h_T = 1.96$ m, $\alpha_C = -2°24'53''$일 때 C점의 표고를 구하라.

[풀이] (1) 식 (10.31)에서 각각의 관측에 대하여 적용한다.

$$H_B = H_A + h_{TH} - h_T + \Delta h_{AB}$$

$$H_B = 117.43 + 1.49 - 1.75 + \Delta h_{AB} \quad \therefore\ H_B = 75.21\ \text{m}$$

또한,

$$H_A = H_B + h_{TH} - h_T + \Delta h_{BA}$$

$$117.43 = H_B + 1.53 - 1.50 + \Delta h_{BA} \quad \therefore\ H_B = 75.65\ \text{m}$$

그러므로 $H_B = 75.43$ m(평균)

(2) 식 (10.34)에서 $k = 0.6189$

(3) k값을 다시 식 (10.31)에 대입하면

$$H_C = H_A + h_{TH} - h_T + \Delta h_{AC} = 38.46\ \text{m}$$

■

10.5 교회법에 의한 평면위치

교회법에 의한 1점위치 결정방법으로는 기지점에서 방향을 측정한 **전방교회법**(intersection)과 미지점에서 방향을 측정한 **후방교회법**(resection)이 있다. 종전에는 망의 고밀도화를 위한 낮은 등급망의 위치결정에 사용되었으나 현재에는 목표점의 접근이 곤란한 경우, 하천 등을 횡단할 때 트래버스 노선의 일부에 포함되는 경우, 도근점이 부족할 때 접근이 곤란한 지점에 측점을 설정하는 경우에 적용된다.

10.5.1 전방교회법

그림 10.10(a)에서와 같이 측점 A, B와 기준점 A', B'의 좌표를 알고 있을 때 각 φ와 각 ψ를 측정하여 신점 N의 좌표를 구하는 문제이다.

1. 기지점 간 시준불능일 경우

삼각형 ABN으로부터 거리 AN과 BN은 사인공식에 의하여 다음과 같이 구할 수 있다.

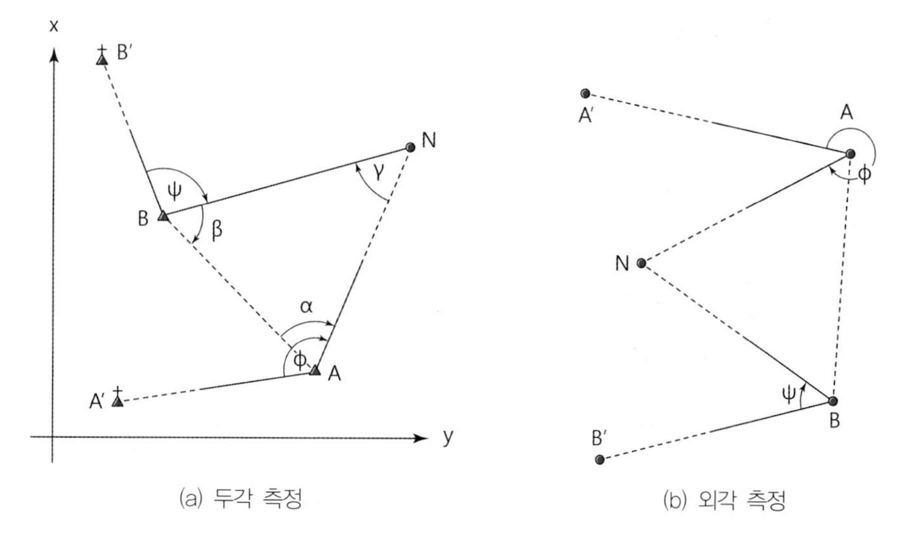

그림 10.10 전방교회법

$$AN = AB\frac{\sin\beta}{\sin\gamma}, \quad BN = AB\frac{\sin\alpha}{\sin\gamma} \tag{10.37}$$

여기서,

$$AB = \left\{(x_B - x_A)^2 + (y_B - y_A)^2\right\}^{1/2} \tag{10.38}$$

$$\alpha = \alpha_{AN} - \alpha_{AB}, \quad \beta = \alpha_{BA} - \alpha_{BN}$$

$$\alpha_{AB} = \cos^{-1}\left(\frac{x_B - x_A}{AB}\right), \quad \alpha_{BA} = \alpha_{AB} \pm 180°$$

$$\gamma = 180° - (\alpha + \beta)$$

또한 방위각 α_{AN}과 α_{BN}은,

$$\alpha_{AN} = \alpha_{AA'} + \phi, \quad \alpha_{BN} = \alpha_{BB'} + \psi \tag{10.39}$$

따라서 N점의 좌표는 다음에 의하여 순차적으로 계산될 수 있다.

$$\begin{aligned} x &= x_A + AN\cos\alpha_{AN} = x_B + BN\cos\alpha_{BN} \\ y &= y_A + AN\sin\alpha_{AN} = y_B + BN\sin\alpha_{BN} \end{aligned} \tag{10.40}$$

2. 기지점 간 시준 가능일 경우

특수한 경우로서 A와 B 간에 서로 시준이 가능한 경우에는 A'와 B'점이 불필요하게 되며 식 (10.40) 대신에 다음을 적용할 수 있다.

$$\alpha_{AN} = \alpha_{AB} + \alpha, \quad \alpha_{BN} = \alpha_{BA} - \beta \qquad (10.41)$$

또한 A, B점에서의 ϕ, ψ 대신에 A, N점에서의 ϕ, γ를 측정한 경우가 **측방교회법**(side section)이며 식 (10.40) 대신에 다음을 적용할 수 있다.

$$\alpha_{AN} = \alpha_{AA'} + \phi, \quad \alpha_{BN} = \alpha_{AN} + \psi \qquad (10.42)$$

예제 10-8 그림 10.10(b)에서와 같이 측정한 경우의 점 N의 좌표를 계산하라.

기지점 A(x=90831.87, y=24681.92) A'(91422.92, 23231.58)
B(x=89251.09, y=24877.72) B'(89150.52, 22526.65)
측정량 $+\phi = 289°27'20''$, $+\psi = 54°40'23''$

[풀이] $\alpha_{AA'} = +292°10'19''$, $\alpha_{BB'} = +267°33'02''$

$\alpha_{AN} = \alpha_{AA'} + \phi = 221°37'40''$

$\alpha_{BN} = \alpha_{BB'} + \psi = 322°13'25''$

식 (10.13)으로부터 x=90315.65 m, y=24134.28 m ■

10.5.2 교회법의 교회점 계산

그림 10.11은 전방교회법에서 두 종류의 삼각형이 조합된 대표적인 경우이다. 이 방법은 원래 기지점에서 방위각 측정에 의하여 적용하였으나 현재에는 지적삼각 보조점의 좌표계산에서 많이 활용하고 있다.

이 방법은 각측정에 의한 전방교회법이 적용될 수 있는데 두 삼각형을 별개의 전방교회법으로 취급하고 P점의 평균좌표를 계산한다. 다시 말해서, AB와 BC의 변장과 방위각을 구하고 각 γ와 γ'의 각을 계산한 다음에 사인정리에 의하여 AP, CP 측선거리를 구하고 P점의 좌표를 각각 구한다. 최종결과는 이를 평균한다.

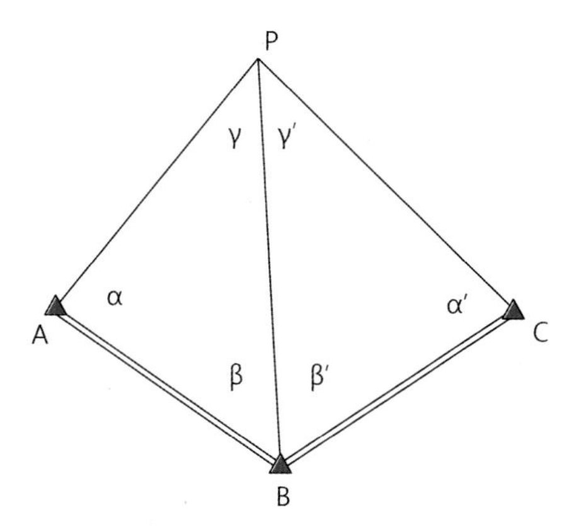

α, β, α', β' 측정(또는 방위각 측정)
A, B, C 기지점

그림 10.11 교회점 계산

$$x_P = \frac{x_{P1} + x_{P2}}{2}, \quad y_P = \frac{y_{P1} + y_{P2}}{2} \tag{10.43}$$

또한 폐합오차는 측선으로부터 계산한 좌표를 이용하여 구한다.

$$\Delta = \{(x_{P_2} - x_{P_1})^2 + (y_{P_2} - y_{P_1})^2\}^{\frac{1}{2}} \tag{10.44}$$

예제 10-9 그림 10.11에서 기지점과 측정값이 다음과 같을 때 점 P의 좌표를 구하라.

기지점 A(429751.84, 196731.45)
B(427511.49, 195429.32)
C(425073.20, 196442.81)
측정값 $\alpha = 61°52'28''$, $\alpha' = 61°08'33''$
$\beta = 63°44'51''$, $\beta' = 63°30'58''$

[풀이] ① 방위각 및 거리 계산

AB 방위각=210°09′57″, BC 방위각=157°25′46″

AB 거리=2591.28 m, BC 거리=2640.53 m

② 삼각형 계산

$\gamma = 54°22'41''$, $\gamma' = 55°20'29''$

$$AP = \frac{AB\sin\beta}{\sin\gamma} = 2858.98 \text{ m} \quad CP = \frac{BC\sin\beta'}{\sin\gamma'} = 2873.28 \text{ m}$$

③ 방위각 계산

AP 방위각 $= 148°17'29''$

CP 방위각 $= 38°34'19''$

④ 좌표 계산

$$x_{P1} = 429751.84 - 2432.22 = 427319.62 \text{ m}$$

$$y_{P1} = 196731.45 + 1502.68 = 198234.13 \text{ m}$$

$$x_{P2} = 427319.61 \text{ m}, \quad y_{P2} = 198234.21 \text{ m}$$

$$\overline{x_P} = 427319.62 \text{ m}, \quad \overline{y_P} = 198234.21 \text{ m}$$

⑤ 폐합오차 $\Delta = 0.16$ m ■

참고 문헌

1. 이영진 (1996). "기준점측량학", 경일대학교 측지공학과.
2. Cooper, M. A. R. (1987). "Control Surveys in Civil Engineering", Collins.
3. Kahmen, H. and W. Faig(1988). "Surveying". Walter de Gruyter.
4. Methley, B. D. F.(1986). "Computational Models in Surveying and Photogrammetry", Blackie.
5. Uren, J. and W. F. Price(1994). "Surveying for Engineers(3rd ed.)", Macmillan.

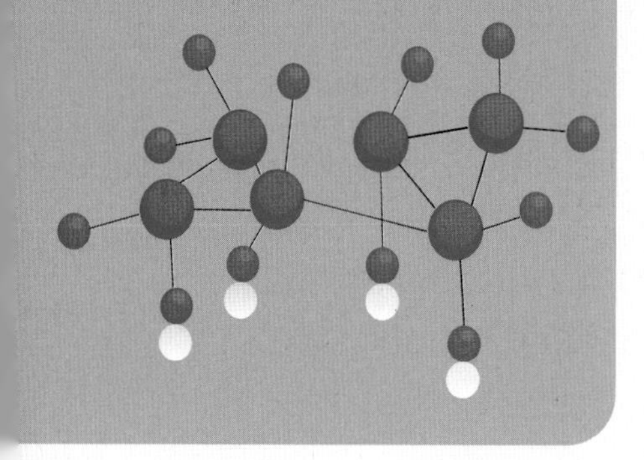

제11장

도형조정법(삼각망)

11.1 사각형 삼각망조정

도형조정법의 기본 개념은 기하학적인 조건식이 만족될 수 있도록 측정값의 보정량을 구하는 것이다. 예로서 삼각형의 세 내각을 측정하였을 경우에 조건을 그 합이 180°가 되어야 한다는 **각조건**(angle equation)을 만족해야 하며 삼각망의 형태에서는 변장의 계산을 어떤 경로를 거치더라도 결과가 같아야 한다는 **변조건**(side equation)을 추가로 만족시켜야 한다.

이러한 도형조정법은 엄밀한 최소제곱법이 적용되는 것은 아니지만 기하학적으로 안정될 수 있도록 조정(보정)하는 방법이다. 여기에서 설명되고 있는 삼각망의 경우에는 각조정이므로 그 결과로부터 다시 좌표계산이 뒤따라야 하며 오차분석이나 평가에도 제한이 있다. 따라서 도형조정법은 소규모 삼각망에 적용될 수 있지만 앞으로는 **좌표조정법**으로 대체되어야 한다.

11.1.1 조건식

사각형 삼각망은 **기선망**(base network)에서 이용되는 도형이므로 보다 정밀한 해법(최소제곱법 적용)이 필요하다. 그러나 현재에는 지적측량에서의 지적삼각측량과 공공측량에서의 구조물 관리와 측설에 이용되므로 이하에서 설명하고 있는 간편한 방법이 효과적이다.

그림 11.1은 4측점으로 구성된 망의 형태이며 내각 8개를 측정하여 구성한 사각형삼각망(braced quadrilateral)을 보여주고 있다. 여기서 각의 정합을 위한 각조건은 다음과 같다.

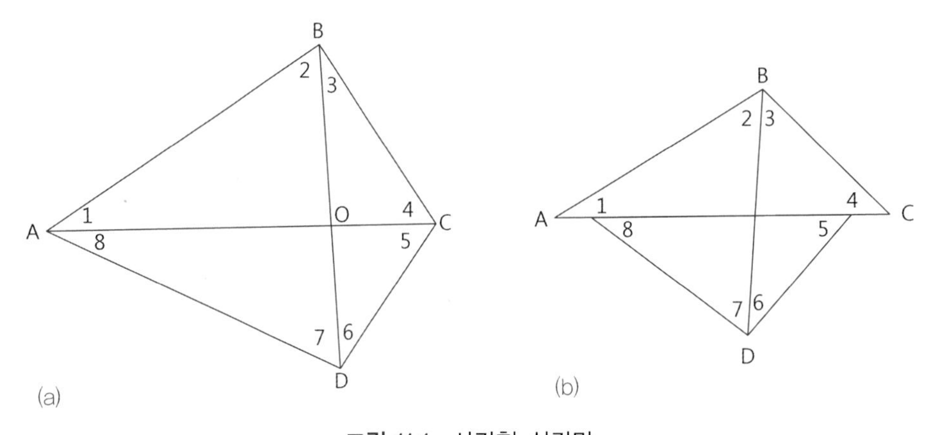

그림 11.1 사각형 삼각망

$$1+2+3+4+5+6+7+8=360° \quad (11.1)$$

$$1+2=5+6 \quad (11.2)$$

$$3+4=7+8 \quad (11.3)$$

이때 세 조건 이외의 다른 각조건(예로서, $1+2+3+4=180°$)은 세 조건에 포함되므로 필요조건이 아니다.

이 세 각조건이 만족되더라도 사각형 삼각망을 기하학적으로 만족하기 위해서는 사인공식을 적용하여 유도할 수 있다. 그림 11.1에서 삼각형 OAB, OBC, OCD, ODA로부터

$$\frac{BO}{AO}=\frac{\sin 1}{\sin 2},\quad \frac{CO}{BO}=\frac{\sin 3}{\sin 4},\quad \frac{DO}{CO}=\frac{\sin 5}{\sin 6},\quad \frac{AO}{DO}=\frac{\sin 7}{\sin 8}$$

따라서 좌, 우변을 각각 곱하면, 다음의 변조건이 된다.

$$\frac{\sin 1 \sin 3 \sin 5 \sin 7}{\sin 2 \sin 4 \sin 6 \sin 8}=1 \quad (11.4)$$

11.1.2 각조정과 변조정

8개의 측정값을 각각 x_1', x_2', $\cdots$, x_8'라고 한다면 문제는 식 (11.1)~(11.4)의 4개 조건을 만족시키는 각각의 보정량을 구하는 것으로 귀결된다. 3개의 각조건을 만족시킨 후에 변조건을 만족시키는 2단계로 실시될 수 있다. 세 조건에 나타나는 불부합의 크기는 다음과 같다.

$$\sum_{1}^{8} x_i' - 360° = \varepsilon \quad (11.5)$$

$$(x_1'+x_2')-(x_5'+x_6')=e_1 \quad (11.6)$$

$$(x_3'+x_4')-(x_7'+x_8')=e_2 \quad (11.7)$$

따라서 식 (11.5)로부터 개개의 x_i'에 $-\varepsilon/8$를 보정하고 나서 식 (11.6)으로부터 x_1'와 x_2'에는 $-(e_1/4)$을, x_5'와 x_6'에는 $+(e_1/4)$을 보정한다. 이때에도 첫 조건이 만족되고 있는 상태에 있음을 알 수 있다. 같은 방법으로 식 (11.7)로부터 x_3'와 x_4'에는 $-(e_1/4)$를, x_7'와 x_8'에는 $+(e_2/4)$를 보정하면 각보정이 완료된다. 이들을 종합하면 다음과 같다.

$$x_1 = x_1' - (\varepsilon/8) - (e_1/4) \tag{11.8}$$

$$x_2 = x_2' - (\varepsilon/8) - (e_1/4) \tag{11.9}$$

$$x_3 = x_3' - (\varepsilon/8) - (e_1/4) \tag{11.10}$$

다음 단계로서 변조건을 만족하는 보정량 δ_x를 구하기 위하여 **홀수각**(odd-numbered angle: 약칭 o)에는 더하는 양, **짝수각**(even-numbered angle: 약칭 e)에는 빼주는 양으로 고려하면 변조건을 다음과 같이 쓸 수 있다.

$$\frac{\sin(x_1+\delta_x)\sin(x_3+\delta_x)\sin(x_5+\delta_x)\sin(x_7+\delta_x)}{\sin(x_2+\delta_x)\sin(x_4+\delta_x)\sin(x_6+\delta_x)\sin(x_8+\delta_x)} = 1$$

이 식에 Taylor급수 전개에 의해 $\sin(x+\delta_x)$의 1차 미분항만을 고려하면

$$\frac{\prod^{o}(\sin x + \delta_x \cos x)}{\prod^{e}(\sin x + \delta_x \cos x)} = 1 \tag{11.11}$$

여기서 $\prod^{o}$와 $\prod^{e}$는 각각 홀수각과 짝수각에 대한 곱을 나타낸다. 식 (11.11)의 괄호에서

$$\sin x + \delta_x \cos x = \sin x(1 + \delta_x \cot x)$$

를 고려하여 다시 쓰면 다음과 같이 된다.

$$\frac{(\prod^{o}\sin x)(1+\delta_x\sum^{o}\cot x)}{(\prod^{e}\sin x)(1-\delta_x\sum^{e}\cot x)} = 1 \tag{11.12}$$

여기서 $\sum^{o}$와 $\sum^{e}$는 각각 홀수각과 짝수각에 대한 합을 나타낸다.
식 (11.12)를 다시 쓰면

$$k(1+\delta_x\sum^{o}\cot x)(1-\delta_x\sum^{e}\cot x)^{-1} = 1$$

이므로 δ_x^2항을 무시하면 보정량은 다음과 같이 된다.

$$\delta_x = \frac{1-k}{k \sum_{1}^{8} \cot x_i} \times \rho'' \tag{11.13}$$

여기서,

$$k = \frac{\prod^{o} \sin x}{\prod^{e} \sin x} \tag{11.14}$$

식 (11.13)은 홀수각을 기준으로 한 것이므로 짝수각에 대해서는 부호를 반대로 하여 보정한다. 식 (11.5)~(11.7)에 의한 각보정과 식 (11.13)에 의한 변보정을 실시하면 도형조정이 완료된다. 그러나 삼각망의 계산에서 최종적으로 좌표 계산이 필요하므로 전방교회법을 사용하면 된다.

식 (11.13)과 (11.14)를 조합하여 다시 쓰면,

$$\delta_x = \frac{\prod^{e} \sin x - \prod^{o} \sin x}{(\prod^{o} \sin x) \sum_{1}^{8} \cot x_i} \tag{11.15}$$

예제 11-1 그림 11-1과 같은 사각형 삼각망에서 측정각이 다음과 같다. 각조건과 변조건이 만족되도록 보정계산하라.

[풀이] 식 (11.5)에서 $\varepsilon = -12''$이므로 각각에 $+1.5''$

식 (11.6)에서 $e_1 = -14''$이므로 1, 2에 $+3.5''$, 5, 6에 $-3.5''$

식 (11.7)에서 $e_2 = +12''$이므로 3, 4에 $-3''$, 7, 8에 $+3''$

식 (11.13)에서 $k = 1.00016173$, $\sum \cot x_i = 9.60988529$이므로

$\delta_x = -3.471''$(홀수각 기준이므로 짝수각에는 $+3.471''$)

각	1 측정각	2 c_1	3 c_2	4 c_3	5 x	6 c_4	7 변조정각	8 조정각
1	21°06′42″	+1.5	+3.5		21°06′47.0″	−3.471	21°06′43.529″	21°06′44″
2	69°25′49″	+1.5	+3.5		69°25′54.0″	+3.471	69°25′57.471″	69°25′57″
3	46°03′43″	+1.5		−3	46°03′41.5″	−3.471	46°03′38.029″	46°03′38″
4	43°23′39″	+1.5		−3	43°23′37.5″	+3.471	43°23′40.971″	43°23′41″
5	65°18′30″	+1.5	−3.5		65°18′28.0″	−3.471	65°18′24.529″	65°18′25″
6	25°14′15″	+1.5	−3.5		25°14′13.0″	+3.471	25°14′16.471″	25°14′16″
7	49°01′00″	+1.5		+3	49°01′04.5″	−3.471	49°01′01.029″	49°01′01″
8	40°26′10″	+1.5		+3	40°26′14.5″	+3.471	40°26′17.971″	40°26′18″
Σ	359°59′48″	12.0			360°00′00.0″		360°00′00.000″	

■

11.1.3 변조정의 별도해법

1. 진수에 의한 변조정

식 (11.1)의 변조건식과 식 (11.14)로부터 조건식을 다시 쓰면 다음과 같다.

$$\frac{\prod^{o} \sin x}{\prod^{e} \sin x} = k = 1 \tag{11.16}$$

여기서 x는 식 (11.1)과 (11.2)의 각보정이 실시된 값이다. 실제로는 이 조건이 만족되지 않고 약간의 오차를 수반하므로

$$\frac{\prod^{o} \sin x}{\prod^{e} \sin x} - 1 = E_1 \tag{11.17}$$

이때 sinx에서 x값에 대한 미소 변화량(예로서 10″)인 표차는 다음의 크기만큼 변화하게 된다.

$$\Delta = \cos x \times \sin 10'' = (48.4814 \times 10^{-6}) \cos x \tag{11.18}$$

이 크기는 $\Delta = \sin(x + 10'') - \sin x$와 같은 결과이다. 또한 다음의 식도 역시 만족된다.

$$\frac{\prod^{o} \sin x^{c}}{\prod^{e} \sin x^{c}} - 1 = E_2 \tag{11.19}$$

따라서 $\sin x^c = \sin x + \Delta$이므로 다시 쓰면,

$$\frac{\prod^{o}(\sin x - \Delta)}{\prod^{e}(\sin x + \Delta)} - 1 = E_2 \tag{11.20}$$

따라서 식 (11.17), (11.18), (11.20)으로부터 비례관계를 고려하면 보정량은 홀수각을 기준으로 δ_{x1}이 되므로 짝수각은 $-\delta_{x1}$을 실시한다.

$$10'' : |E_1 - E_2| = \delta_{x1}'' : E_1$$

$$\delta_{x1}'' = \frac{(10'')E_1}{|E_1 - E_2|} \times (-1) \tag{11.21}$$

한편 다음 식에 의하면 점검계산도 가능하므로 계산의 오류를 파악할 수 있다.

$$\delta_{x2}'' = \frac{(10'')E_2}{|E_1 - E_2|} \times (-1) \tag{11.22}$$

$$|\delta_{x1}'' - \delta_{x2}''| = 10'' \tag{11.23}$$

이상의 방법은 지적측량에서 이용되고 있으며 앞의 방법보다 복잡하지만 점검이 가능하다는 특징을 갖고 있다.

예제 11-2 그림 11.1과 같은 사각형 삼각망에서 각조건에 의해 조정된 각이 x다. 예제 11-1의 결과로부터 변조건에 의한 조정을 하라.

[풀이] $\Delta = 48.4814 \cos x \times 10^{-6}$

$\prod \sin x$ 홀수쪽이 크므로 $\sin x - \Delta$, 짝수쪽은 $\sin x + \Delta$한다.

$\prod^{o} \sin x = 0.177906916$　　$\prod^{o} \sin x^c = 0.177864812$

$\prod^{e} \sin x = 0.177878147$　　$\prod^{e} \sin x^c = 0.177918923$

$E_1 = 1.61734 \times 10^{-4}$ $\qquad E_2 = -3.04133 \times 10^{-4}$

$$\therefore \delta_{x1} = \frac{10'' \times 1.60581 \times 10^{-4}}{|4.65864 \times 10^{-4}|}(-1) = -3.472''$$

$$\delta_{x2} = +6.528''$$

$$\therefore |\delta_{x1} - \delta_{x2}| = 10''(\text{점검})$$

No	x	sin x	$\Delta(\times 10^{-6})$	c4(δx)	sin x^c	조정각
1	21°06′47.0″	0.360209	45	−3.4	0.360164	21°06′43.6″
2	69°25′54.0″	0.936254	17	+3.4	0.936271	69°25′57.4″
3	46°03′41.5″	0.720085	34	−3.4	0.720051	46°03′38.1″
4	43°23′37.5″	0.687008	35	+3.4	0.687043	43°23′40.9″
5	65°18′28.0″	0.908565	20	−3.4	0.908545	65°18′24.6″
6	25°14′13.0″	0.426363	44	+3.4	0.426407	25°14′16.4″
7	49°01′04.5″	0.754915	32	−3.4	0.754883	49°01′01.1″
8	40°26′14.5″	0.648616	37	+3.4	0.648653	40°26′17.9″
Σ	360°00′00.0″					

■

2. 대수에 의한 변조정

식 (11.4)와 (11.14)로부터 변조건식을 다시 쓰면 다음과 같다.

$$\prod^{o} \sin x = \prod^{e} \sin x \tag{11.24}$$

양변에 log를 취하면,

$$\sum^{o} \log \sin x = \sum^{e} \log \sin x \tag{11.25}$$

이 식이 대수에 의한 변조건식이다. 따라서 측정량(정확하게는 각조건에 의해 조정된 값에서 홀수각에 $-\delta_x''$, 짝수각에는 $+\delta_x''$하여 식 (11.25)가 성립되도록 하기 위해서는 다음 식이 만족해야 한다.

$$\sum^{o} \log \sin(x - \delta_x'') - \sum^{e} \log \sin(x + \delta_x'') = 0 \tag{11.26}$$

홀수각과 짝수각에 대응되는 1″의 표차(1″의 변화에 따르는 log sin값의 변화로서 표차의 개념임)를 Δ라고 한다면 식 (11.26)은 $\log\sin(\delta_x-\delta_x'')=\log\sin\delta_x-\delta_{x''}\Delta$의 관계를 이용하여 다음과 같이 된다.

$$\sum^{o}\log\sin x-\sum^{o}(\delta_x''\Delta)=\sum^{e}\log\sin x+\sum^{e}(\delta_x''\Delta) \tag{11.27}$$

그러므로,

$$\sum^{o}\log\sin x-\delta_x''\sum^{o}\Delta-\sum^{e}\log\sin x-\delta_x''\sum^{e}\Delta=0 \tag{11.28}$$

$$\therefore\ \delta_x''=\frac{\sum^{o}\log\sin x-\sum^{e}\log\sin x}{\sum^{o}\Delta+\sum^{e}\Delta}$$

$$\delta_x''=\frac{\sum^{o}\log\sin x-\sum^{e}\log\sin x}{\sum_{1}^{8}\Delta_i} \tag{11.29}$$

조정량 δ_x''는 짝수각 기준이므로 홀수각에서는 $-\delta_x''$로 보정하며, Δ는 1″에 대한 표차이므로 각도의 크기가 90°를 넘는 경우에는 −값이 되어야 한다.

$$\Delta=\log\sin(x+1'')-\log\sin x$$

또는 표차는 $\Delta=(2.10552\times10^{-6})\cot(x)$에 의하여 계산할 수 있다.

예제 11−3 그림 11.1과 같은 사각형 삼각망에서 각조건에 의해 조정된 각이 x이다. 예제 11-1의 결과로부터 대수를 이용하여 변조건에 의한 조정을 하라.

[풀이]

No	x	log sin x+10		$\Delta \times 10^{-6}$	c_4 (δ_x'')	조정각
1	21°06′47.0″	9.556555		5.5	−3.4	21°06′43.6″
2	69°25′54.0″		9.971394	0.8	+3.4	69°25′57.4″
3	46°03′41.5″	9.857384		2.0	−3.4	46°03′38.1″
4	43°23′37.5″		9.836962	2.2	+3.4	43°23′40.9″
5	65°18′28.0″	9.958356		1.0	−3.4	65°18′24.6″
6	25°14′13.0″		9.629779	4.5	+3.4	25°14′16.4″
7	49°01′04.5″	9.877898		1.8	−3.4	49°01′01.1″
8	40°26′14.5″		9.811988	2.5	+3.4	40°26′17.9″
$\sum$	360°00′00″	39.250193	39.250123	20.3	0	360°00′00.0″

log sinx의 값은 −부호를 없애기 위하여 +10을 취한다.

$$\Delta = 2.10552\cot\theta \times 10^{-6}$$

$$\delta_x'' = \frac{39.250193 - 39.250123}{20.3 \times 10^{-6}}(-1) = \frac{7.0 \times 10^{-5}}{20.3 \times 10^{-6}}(-1) = -3.471''$$

(점검)

각	$\delta_x'' \cdot \Delta(\times 10^{-6})$	각	$\delta_x'' \cdot \Delta(\times 10^{-6})$
1	−19	5	−3
2	+3	6	+15
3	−7	7	−6
4	+7	8	+9

$$\sum^{o} \delta_x''\Delta = -35 \times 10^{-6}, \quad \sum^{e} \delta_x''\Delta = +34 \times 10^{-6}$$

$$\therefore (39.250193 - 35 \times 10^{-6}) - (39.250123 + 34 \times 10^{-6}) = 39.250158 - 39.250157$$

$$= 1 \times 10^{-6}\text{(미소함)}$$

■

11.2 유심다각형 삼각망조정

11.2.1 조건식

그림 11.2는 유심다각형 삼각망의 형태를 보여주고 있다. 그림 11.2(c)를 예로 들어 설명한다면 각의 정합을 위한 각조건은 다음과 같다.

$$
\begin{aligned}
&1+2+11=180^\circ\\
&3+4+12=180^\circ\\
&5+6+13=180^\circ\\
&7+8+14=180^\circ\\
&9+10+15=180^\circ
\end{aligned}
\tag{11.30a}
$$

또한 중심각 조건(망조건)은,

$$11+12+13+14+15=360^\circ \tag{11.30b}$$

$$(1+2)+(3+4)+(5+6)+(7+8)+(9+10)=(5-2)180^\circ \tag{11.30c}$$

여기서 식 (11.30c)는 다음의 변조건이 만족되면 성립되므로 각조건식은 식 (11.30a)와 식 (11.30b)의 6개이다.

유심다각형 삼각망으로는 삼각형이 3개인 유심삼각형(center-point triangles), 4개인 유심사각형(center-point quadrilateral), 5개인 유심오각형(center-point pentagon) 등의 형태가 있다. 이들에 대한 변조건은 사각형삼각망(braced-quadrilateral)의 경우를 준용할 수 있다.

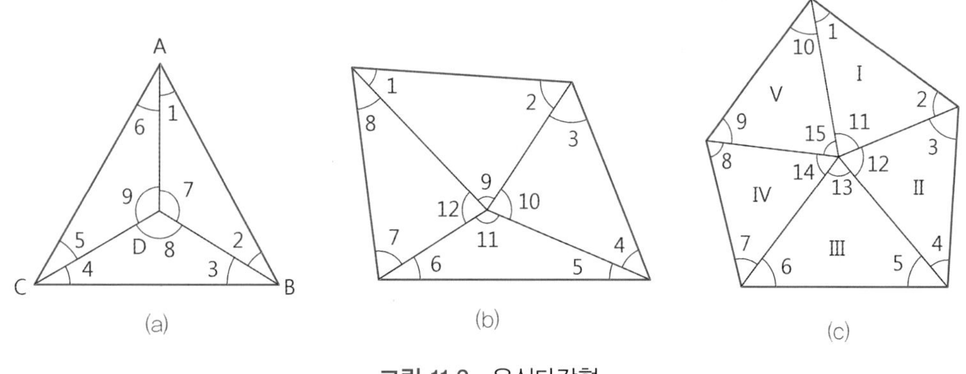

그림 11.2 유심다각형

즉, 식 (11.4)로부터,

$$\frac{\sin 1 \sin 3 \sin 5 \sin 7 \sin 9}{\sin 2 \sin 4 \sin 6 \sin 8 \sin 10} = 1 \tag{11.30d}$$

따라서 식 (11.30a), (11.30b), (11.30d)의 7개 조건을 만족하도록 조정하면 된다.

11.2.2 각조정과 변조정

개개의 측정값을 각각 x_1', x_2', x_3', …라고 하여 조정을 실시해 보자.

먼저 식 (11.30a)와 (11.30b)에 의한 각조건에서 나타나는 불부합의 크기는 다음과 같이 순차적으로 처리할 수 있다.

$$x_1' + x_2' + x_{11}' - 180° = \varepsilon_1 \tag{11.31}$$

$$x_3' + x_4' + x_{12}' - 180° = \varepsilon_2$$

$$\vdots$$

개개의 측정량의 측정오차가 동등하다고 보면 이 식에 균등하게 배분할 수 있다.

$$(x_1' - \frac{\varepsilon_1}{3}) + (x_2' - \frac{\varepsilon_1}{3}) + (x_{11}' - \frac{\varepsilon_1}{3}) - 180° = 0 \tag{11.32}$$

$$(x_3' - \frac{\varepsilon_2}{3}) + (x_4' - \frac{\varepsilon_2}{3}) + (x_{12}' - \frac{\varepsilon_2}{3}) - 180° = 0$$

$$\vdots$$

식 (11.32)와 같이 조정을 실시하면 중심각 조건식에 나타나는 불부합의 크기는,

$$(x_{11}' - \frac{\varepsilon_1}{3}) + (x_{12}' - \frac{\varepsilon_2}{3}) + (x_{13}' - \frac{\varepsilon_3}{3}) + (x_{14}' - \frac{\varepsilon_4}{3}) \tag{11.33}$$

$$+ (x_{15}' - \frac{\varepsilon_5}{3}) - 360° = e_0$$

따라서 e_0를 5개의 중심각에 $-e_0/5$씩 균등하게 분배할 수 있다. 또한 중심각에 보정을 실시하면 다시 삼각형의 내각의 합이 0이라는 조건이 만족되지 않으므로 대응되는 두 각에 $+e_0/10$씩 보정해야 한다. 따라서,

$$(x_1' - \frac{\varepsilon_1}{3} + \frac{e_0}{10}) + (x_2' - \frac{\varepsilon_1}{3} + \frac{e_0}{10}) + (x_{11}' - \frac{\varepsilon_1}{3} + \frac{e_0}{10}) - 180° = 0 \qquad (11.34)$$

$$(x_3' - \frac{\varepsilon_2}{3} + \frac{e_0}{10}) + (x_4' - \frac{\varepsilon_2}{3} + \frac{e_0}{10}) + (x_{12}' - \frac{\varepsilon_2}{3} + \frac{e_0}{10}) - 180° = 0$$

$$\vdots$$

$$(x_{11}' - \frac{\varepsilon_1}{3} - \frac{e_0}{5}) + (x_{12}' - \frac{\varepsilon_2}{3} - \frac{e_0}{5}) + (x_{13}' - \frac{\varepsilon_3}{3} - \frac{e_0}{5}) + (x_{14}' - \frac{\varepsilon_4}{3} - \frac{e_0}{5})$$

$$+ (x_{15}' - \frac{\varepsilon_5}{3} - \frac{e_0}{5}) - 360° = e_0 \qquad (11.35)$$

따라서 각조건에 의한 조정은 식 (11.34)와 (11.35)에 의한 조정으로 귀결된다.

변조건에 의한 조정은 식 (11.30d)에 의하는 것으로서 사변형 삼각망의 경우와 완전히 동일하다. 따라서 식 (11.10)～(11.15)를 바로 적용할 수 있다. 다시 쓰면,

$$\delta_x = \frac{1-k}{k \sum_{1}^{i} \cot x_i} \times \rho'' \qquad (11.35)'$$

$$k = \frac{\prod^{o} \sin x}{\prod^{e} \sin x} \qquad (11.35)''$$

이렇게 하여 도형조정이 완료되면 사각형 삼각망과 마찬가지로 교회법에 의한 좌표 계산이 추가되어야 한다.

예제 11-4 그림 11.2(a)와 같은 유심삼각형에 대하여 각조건과 변조건이 만족되도록 조정계산하라.

[풀이] 각각의 삼각형의 합이 180°가 되도록 c_1에 보정한 후의 보정각 $7+8+9=359°59'57''$이므로 중심각에는 $+1.0''$씩 보정하고 대응되는 각에는 $-0.5''$씩 보정한다. 변조정은 $k=1.00006449$이므로 $\delta_x = c_3 = -1.26'' \fallingdotseq -1.3''$

(홀수각 기준임)를 대응되도록 실시한다. 유심다각형 삼각망의 변조정은 사각형의 경우와 완전히 동일하며 예제 11-2와 같은 진수에 의한 조정법과 예제 11-3과 같은 대수에 의한 조정법이 있다.

각	1 측정각	2 c1	3 c2	4 x	5 c3	6 변조정각	7 조정각
1	26°10′48″	−1.0″	−0.5″	26°10′46.5″	−1.3″	26°10′45.2″	26°10′45″
2	27°37′16″	−1.0″	−0.5″	27°37′14.5″	+1.3″	27°37′15.8″	27°37′16″
7	126°11′59″	−1.0″	+1.0″	126°11′59.0″		126°11′59.0″	126°11′59″
(1)	180°00′03″			180°00′00.0″			
3	35°46′10″	+2.0″	−0.5″	35°46′11.5″	−1.3″	335°46′10.2″	335°46′10″
4	32°57′52″	+2.0″	−0.5″	32°57′53.5″	+1.3″	32°57′54.8″	32°57′55″
8	111°15′52″	+2.0″	+1.0″	111°15′55.0″		111°15′55.0″	111°15′55″
(2)	179°59′54″			180°00′00.0″			
5	28°23′12″	+3.0″	−0.5″	28°23′14.5″	−1.3″	28°23′13.2″	28°23′13″
6	29°04′37″	+3.0″	−0.5″	29°04′39.5″	+1.3″	29°04′40.8″	29°04′41″
9	122°32′02″	+3.0″	+1.0″	122°32′06.0″		122°32′06.0″	122°32′06″
(3)	179°59′51″			180°00′00.0″			

■

11.2.2 각조정의 별도해법

앞 절에서의 각조정에서는 삼각형의 내각의 합이 180°가 되도록 분배된 중심각의 합과 360°와의 차이를 e_o로 하여 계산되었으나 다른 방법으로서 측정된 중심각의 합과 360°와의 차이를 e로 하여 동시에 계산처리할 수 있다. 그 과정은 아래와 같다.

삼각형의 내각합이 180°라는 각조건으로부터 식 (11.31)과 (11.33) 대신에 다시 쓰면,

$$x_1' + x_2' + x_{11}' - 180° = \varepsilon_1 \qquad (11.36)$$

$$x_3' + x_4' + x_{12}' - 180° = \varepsilon_2$$

$$\vdots$$

$$x_{11}' + x_{12}' + x_{13}' + x_{14}' + x_{15} - 360° = e \qquad (11.37)$$

여기서 식 (11.36)에 만족되도록 삼각형별로 보정해야 할 크기를 (1), (2), ……, (n)이라고 하고 식 (11.37)에 만족되도록 중심각에 보정해야 할 크기를 (Ⅱ)라고 하면, 삼각형의 수가 n일 때

$$-\varepsilon_1 = 3(1) + (\text{II})$$

$$-\varepsilon_2 = 3(2) + (\text{II})$$

$$\vdots$$

$$-e = n(\text{II}) + (1) + (2) + \cdots\cdots + (n) \tag{11.38}$$

식 (11.38)의 연립해로부터 다음이 구해진다.

$$(1) = \frac{-\varepsilon_1 - (\text{II})}{3}$$

$$(2) = \frac{-\varepsilon_2 - (\text{II})}{3}$$

$$\vdots$$

$$(n) = \frac{-\varepsilon_n - (\text{II})}{3}$$

$$(\text{II}) = \frac{\sum \varepsilon - 3e}{2n} \tag{11.39}$$

그러므로 식 (11.39)의 마지막 식을 구한 후 개개의 보정량을 구하면 된다.

$$(\text{II}) = \frac{\sum \varepsilon - 3e}{2n} \tag{11.40}$$

$$(i) = \frac{-\varepsilon_i - (\text{II})}{3} \tag{11.41}$$

이 결과는 식 (11.34)와 (11.35)에 의한 각조건의 조정량과 완전히 일치하며 현재 지적측량에서 준용되고 있다.

예제 11-5 예제 11-4의 경우를 별도해법에 따라 각조정을 하라.

[풀이]

각	1 측정각	(i)	(II)	4 x
1	26°10′48″	−1.5		26°10′46.5″
2	27°37′16″	−1.5		27°37′14.5″
7	126°11′59″	−1.5	+1.5	126°11′59.0″
(1)	180°00′03″			180°00′00″
3	35°46′10″	+1.5		35°46′11.5″
4	32°57′52″	+1.5		32°57′53.5″
8	111°15′52″	+1.5	+1.5	111°15′55.0″
(2)	179°59′54″			180°00′00″
5	28°23′12″	+2.5		28°23′14.5″
6	29°04′37″	+2.5		29°04′39.5″
9	122°32′02″	+2.5	+1.5	122°32′06.0″
(3)	179°59′51″			180°00′00″

중심각 조건으로부터 $7+8+9=359°59'53''$, $\therefore\ e=-7''$

$$(\mathrm{II})=\frac{(+3-6-9)-3(-7)}{2\times3}=+1.5''$$

$$(1)=\frac{-(+3)-(+1.5)}{3}=-1.5'',\quad (2)=+1.5'',\quad (3)=+2.5''$$

이 결과에서 조정각은 예제 11-4와 완전히 동일하다. ■

예제 11-6 예제 11-5의 결과인 x를 이용하여 변조정의 별도해법에 따라 변조정하라.

(1) 진수에 의한 방법 (2) 대수에 의한 방법

[풀이]

(1) 진수에 의한 방법

각	x	sin x	$\Delta(\times10^{-6})$	δ_x''	sin x_c	조정각
1	26°10′46.5″	0.441186	44	−1.3″	0.441142	26°10′45.2″
2	27°37′14.5″	0.463616	43	+1.3″	0.463659	27°37′15.8″
3	35°46′11.5″	0.584531	39	−1.3″	0.584492	35°46′10.2″
4	32°57′53.5″	0.544125	41	+1.3″	0.544166	32°57′54.8″
5	28°23′14.5″	0.475430	43	−1.3″	0.475387	28°23′13.2″
6	29°04′39.5″	0.485994	42	+1.3″	0.486036	29°04′40.8″
Σ	180°00′00.0″					

$\Delta = 48.4814\cos x^{c} \times 10^{-6}$

$\therefore \prod^{o} \sin x > \prod^{o} \sin x$이므로 $\sin x^{c}$의 홀수는 $\sin x - \Delta$이다.

$\prod^{o} \sin x = 0.1226072 \qquad \prod^{o} \sin x^{c} = 0.1225757$

$\prod^{e} \sin x = 0.1225993 \qquad \prod^{e} \sin x^{c} = 0.1226305$

$E_1 = 6.4437 \times 10^{-6} \qquad E_2 = -4.4687 \times 10^{-4}$

$\therefore \delta_{x1} = \dfrac{10'' \times 6.4437 \times 10^{-5}}{|5.11307 \times 10^{-4}|}(-1) = -1.26'', \delta_{x2} = +8.74''$

$\therefore |\delta_{x1} - \delta_{x2}| = 10''$(점검) 이 결과는 예제 11-4와 동일하다.

(2) 대수에 의한 방법

각	x	log sin x		Δ(×10⁻⁶)	δ''_x	조정각
1	26°10′46.5″	9.644622		4.3	−1.3″	26°10′45.2″
2	27°37′14.5″		9.666159	4.0	+1.3″	27°37′15.8″
3	35°46′11.5″	9.766808		2.9	−1.3″	35°46′10.2″
4	32°57′53.5″		9.735698	3.2	+1.3″	32°57′54.8″
5	28°23′14.5″	9.677087		3.9	−1.3″	28°23′13.2″
6	29°04′39.5″		9.686631	3.8	+1.3″	29°04′40.8″
Σ	180°00′00.0″	29.088517	29.088488	22.1		

$\Delta = 2.10552\cot\theta \times 10^{-6}$

$\delta''_x = \dfrac{29.088517 - 29.088488}{22.1 \times 10^{-6}}(-1) = -1.31''$

점검계산은 홀수각에 대한 $(\delta''_x \Delta)$의 합과 짝수각에 대한 $(\delta''_x \Delta)$의 합을 점검한다.

■

11.3 단열삼각망(삼각쇄) 조정

11.3.1 조건식

그림 11.3은 단열삼각망의 형태를 보여주고 있다. 그림 11.3(a)에서 각조건은 개개의 삼각형의 내각의 합이 180°여야 한다. 따라서 4개의 식이 구성된다.

$$\alpha_i + \beta_i + \gamma_i = 180° \tag{11.42}$$

또한 변조건은,

$$\frac{BC}{AB} \cdot \frac{CD}{BC} \cdot \frac{DE}{DE} \cdot \frac{EF}{DE} = \frac{\sin\alpha_1}{\sin\beta_1} \cdot \frac{\sin\alpha_2}{\sin\beta_2} \cdot \frac{\sin\alpha_3}{\sin\beta_3} \cdot \frac{\sin\alpha_4}{\sin\beta_4} \tag{11.43}$$

다시 쓰면,

$$\frac{EF}{AB} = \frac{\sin\alpha_1 \sin\alpha_2 \sin\alpha_3 \sin\alpha_4}{\sin\beta_1 \sin\beta_2 \sin\beta_3 \sin\beta_4} = \frac{l_2}{l_1} \tag{11.44}$$

만일, 그림 11.3에서 A, B, E, F점이 기지점이거나 BA방위각, EF의 방위각을 측정하였다면 변조정에 앞서 트래버스 노선 ABCDEF를 결합트래버스로 고려하여 방위각 조정을 실시해야 한다.

이때에는 먼저 γ각에 등분배하고 부호에 주의해야 하며 분배결과를 점검할 필요가 있다. 또한 γ각에 대응되는 α, β는 γ각 보정량의 (1/2)씩 재분배하여 식 (11.42)의 조건이 만족되도록 해야 한다.

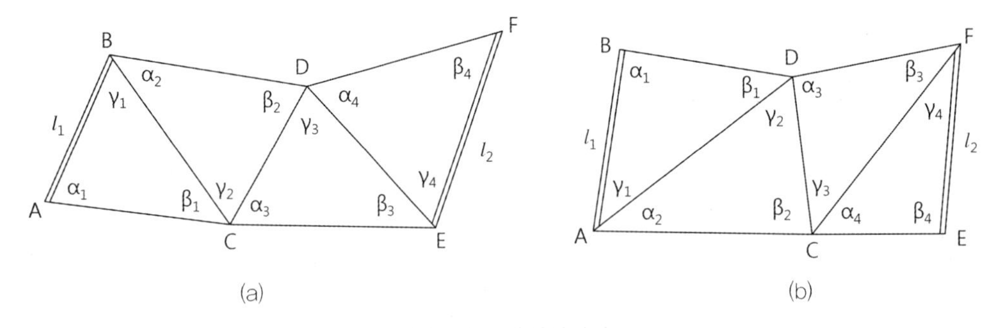

그림 11.3 단열삼각망

11.3.2 각조정과 변조정

먼저 식 (11.42)에 의한 각조건을 만족시키기 위한 α', β', γ'를 측정량이라고 할 때 i 삼각형에 대하여

$$\alpha_i' + \beta_i' + \gamma_i' - 180° = \varepsilon_i \tag{11.46}$$

이므로 $(-\varepsilon_i/3)$을 균등하게 배분할 수 있다. 또한 변조정은 우변에서 1 대신에 식 (11.44)의 l_2/l_1을 사용해야 한다. 따라서 식 (11.13)은 다음과 같이 된다.

$$\delta_x = \frac{l_2/l_1 - k}{k\sum \cot x_i} \times \rho'' \tag{11.47}$$

식 (11.47)에서 분모, 분자에 각각 (l_1/l_2)를 곱하고 (l_1/l_2)k 대신에 K라 하고 α와 β를 x_i라 하면, α각을 기준으로 할 때의 보정량은 다음 식에 의하여 구할 수 있다.

$$\delta_x = \frac{1 - K}{K\sum \cot x_i} \times \rho'' \tag{11.48}$$

단,

$$K = \frac{l_1}{l_2} k = \frac{(\prod \sin\alpha) \cdot l_1}{(\prod \sin\beta) \cdot l_2} \tag{11.49}$$

식 (11.48)이 보정량이다. 이렇게 하여 조정이 완료되면 사각형이나 유심다각형과 마찬가지로 교회법 또는 트래버스 계산에 의하여 좌표계산을 실시하여야 한다.

예제 11-7 그림 11.3(a)와 같은 단열삼각망에서 측정량이 다음 표와 같다. 각조정과 변조정을 하라. 단, $l_1 = 1044.94$ m, $l_2 = 1099.50$ m이다.

[풀이] 개개의 삼각형의 내각의 합이 180°가 되도록 c_1에 보정한다.

$$\sum \cot x_i = 5.4521091$$

$$변조정량은\ K = \frac{432.2197698}{432.2443055} = 0.999943236$$

$\delta_x = +2.147''$(α를 기준으로 한 것이므로 β각은 $-2.147''$가 된다.)

각	1 측정각	2 c_1	3 x	4 c_2	5 조정각
α_1	88°44′15″	−6.0″	88°44′09.0″	+2.1″	88°44′11.1″
β_1	43°50′18″	−6.0″	43°50′12.0″	−2.1″	43°50′09.9″
γ_1	47°25′45″	−6.0″	47°25′39.0″		47°25′39.0″
(1)	180°00′18″		180°		180°
α_2	45°52′00″	−6.3″	45°51′53.7″	+2.1″	45°51′55.8″
β_2	86°08′15″	−6.3″	86°08′08.7″	−2.1″	86°08′06.6″
γ_2	48°00′04″	−6.3″	47°59′57.7″		47°59′57.7″
(2)	180°00′19″		180°		180°00′0.1″
α_3	65°47′34″	+9.3″	65°47′43.3″	+2.1″	65°47′45.4″
β_3	37°06′53″	+9.3″	37°07′12.3″	−2.1″	37°07′00.2″
γ_3	77°05′05″	+9.3″	77°05′14.3″		77°05′14.3″
(3)	175°59′32″		180°		179°59′59.9″
α_4	39°12′15″	−14.0″	39°12′01.0″	+2.1″	39°12′03.1″
β_4	70°31′21″	−14.0″	70°31′07.0″	−2.1″	70°31′04.9″
γ_4	70°17′06″	−14.0″	70°16′52.0″		70°16′52.0″
(4)	180°00′42″		180°		180°

■

11.3.3 변조정의 별도해법

진수에 의한 방법에서는 변조건의 식 (11.38)에서 식 (11.10)의 경우를 고려하여 다시 쓰면,

$$\frac{l_1 \prod \sin\alpha}{l_2 \prod \sin\beta} - 1 = E_1 \tag{11.50}$$

또한,

$$\frac{l_1 \prod (\sin\alpha + \Delta)}{l_2 \prod (\sin\beta + \Delta)} - 1 = E_2 \tag{11.51}$$

그러므로 사각형 삼각망의 경우와 동일한 식에서 E_1, E_2를 적용할 수 있다.

$$\delta''_{x1} = \frac{10''E_1}{|E_1 - E_2|} \times (-1) \tag{11.52}$$

$$\delta''_{x2} = \frac{10''E_2}{|E_1 - E_2|} \times (-1) \tag{11.53}$$

$$|\delta_{x1} - \delta_{x2}| = 10'' \tag{11.54}$$

대수에 의하는 경우에는 변조건의 식 (11.45)과 사각형의 변조정의 식 (11.29)를 고려하면 다음과 같이 된다.

$$\delta''_x = \frac{(\log l_1 + \sum \log \sin\alpha) - (\log l_2 + \sum \log \sin\beta)}{\sum \triangle_i} \tag{11.55}$$

실제의 계산방법과 요령은 사각형이나 유심다각형의 경우와 동일하다.

예제 11-8 예제 11-7의 결과인 x를 이용하여 변조정의 별도해법에 따라 변조정을 하라.

(1) 진수에 의한 방법 (2) 대수에 의한 방법

[풀이]

(1) 진수에 의한 방법

각, 기선	x	sin x	$\Delta\times10^{-6}$	c_2	$\sin x^c$	조정각
α_1	88°44′09.0″	0.999757	1	+2.2″	0.999758	88°44′11.2″
β_1	43°50′12.0″	0.692605	35	−2.2″	0.692570	43°50′09.8″
α_2	45°51′53.7″	0.717700	34	+2.2″	0.717734	45°51′55.9″
β_2	86°08′08.7″	0.997727	3	−2.2″	0.997724	86°08′06.5″
α_3	65°47′43.3″	0.912087	20	+2.2″	0.912107	65°47′45.5″
β_3	37°07′02.3″	0.603449	39	−2.2″	0.603410	37°07′00.1″
α_4	39°12′01.0″	0.632033	38	+2.2″	0.632071	39°12′03.2″
β_4	70°31′07.0″	0.942750	16	−2.2″	0.942734	70°31′04.8″
l_1	(1044.94 m)					
l_2	(1099.50 m)					

$\Delta = 48.4818 \ \cos x \times 10^{-6}$

$l_1 \prod^{o} \sin\alpha < l_2 \prod^{e} \sin\beta$이므로 $\sin x^c$의 α는 $\sin x + \Delta$임

$l_1 (\prod^{o} \sin\alpha) = 432.219916, \quad l_1 (\prod^{o} \sin\alpha^c) = 432.276290$

$l_2 (\prod^{e} \sin\beta) = 432.244717, \quad l_2 (\prod^{e} \sin\beta^c) = 432.186306$

$E_1 = 0.9999426 - 1 = -5.74 \times 10^{-5}, \quad E_2 = 1.0002080 - 1 = 2.082 \times 10^{-4}$

$\therefore \ \delta_{x1} = \dfrac{10'' E_1}{|E_1 - E_2|}(-1) = +2.16'', \quad \delta_{x2} = -7.84''$

$\therefore \ |\delta_{x1} - \delta_{x2}| = 10''$(점검)

(2) 대수에 의한 방법

각, 기선	x	log sin x	$\Delta \times 10^{-6}$	δ_x''	조정각
α_1	88°44′09.0″	9.999894	0.0	+2.2″	88°44′11.2″
β_1	43°50′12.0″	9.840486	2.2	−2.2″	43°50′09.8″
α_2	45°51′53.7″	9.855943	2.0	+2.2″	45°51′55.9″
β_2	86°08′08.7″	9.999012	0.1	−2.2″	86°08′06.5″
α_3	65°47′43.3″	9.960036	0.9	+2.2″	65°47′45.5″
β_3	37°07′02.3″	9.780640	2.8	−2.2″	37°07′00.1″
α_4	39°12′01.0″	9.800740	2.6	+2.2″	39°12′03.2″
β_4	70°31′07.0″	9.974396	0.7	−2.2″	70°31′04.8″
l_1	(1044.94 m)	3.019091			
l_2	(1099.50 m)	3.041195			
Σ		42.635704 42.635729			

$$\Delta = 2.10552 \cot\theta \times 10^{-6}, \quad \delta_x'' = \frac{-2.5 \times 10^{-5}}{11.3 \times 10^{-6}}(-1) = +2.21''$$

점검계산은 홀수각 및 짝수각의 $\delta_x''\Delta$의 합으로 점검한다. ■

11.4 삽입형 삼각망조정

그림 11.4와 같이 기지점 3점으로부터 미지점 1점 또는 2점 이상을 결정하고자 할 때 나타나는 **삽입망**의 형태이며 지적측량에서 사용하고 있다. 각조건의 경우에는 유심다각형과 유사하고 변조건의 경우에는 단열삼각망과 유사하며 그림 11.4에서와 같이 B점에 각이 집결되어 있으므로 삽입망을 집삼각망이라고도 한다.

먼저 각조정은 삼각형의 내각합이 180°여야 한다는 조건이 만족되어야 하며 그림 11.4에서 B점을 유심다각형의 유심점으로 고려하여 또 하나의 각조건을 만족해야 한다. 따라서 조건식은 그림 11.4(b)의 경우에,

$$\alpha_1' + \beta_1' + \gamma_1' - 180° = \varepsilon_1 \quad (11.56)$$

$$\alpha_2' + \beta_2' + \gamma_2' - 180° = \varepsilon_2$$

$$\alpha_3' + \beta_3' + \gamma_3' - 180° = \varepsilon_3$$

$$\gamma_1' + \gamma_2' + \gamma_3' - (\text{기지각ABC}) = e \quad (11.57)$$

따라서 각조건은 식 (11.56)에 대한 조정과 식 (11.57)에 대한 조정의 2단계로 나누어 실시할 수 있다. 이때 기지점 A, B, C로부터 각 ABC의 기지각이 산출되어야 한다.

별도해법에 의해 구하는 경우에는 유심삼각형의 경우에서와 같이 다음에 의해 직접 구할 수 있다. 삼각형의 수가 i일 때,

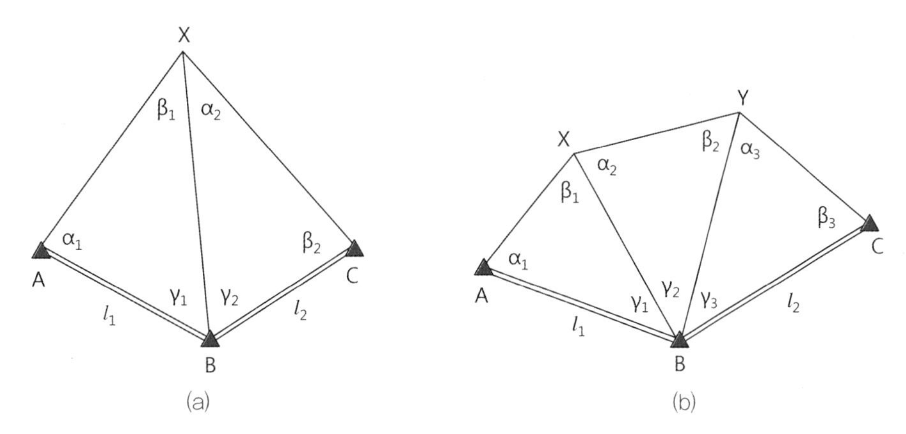

그림 11.4 삽입망

$$(\mathrm{II}) = \frac{\sum \varepsilon - 3e}{2n} \tag{11.58}$$

$$(\mathrm{i}) = \frac{-\varepsilon_i - (\mathrm{II})}{3} \tag{11.59}$$

다음으로 변조건에 대해서는

$$\frac{BX}{AB} \cdot \frac{BY}{BX} \cdot \frac{BC}{BY} = \frac{\sin\alpha_1}{\sin\beta_1} \cdot \frac{\sin\alpha_2}{\sin\beta_2} \cdot \frac{\sin\alpha_3}{\sin\beta_3} \tag{11.60}$$

다시 쓰면,

$$\frac{\sin\alpha_1 \sin\alpha_2 \sin\alpha_3 \, l_2}{\sin\beta_1 \sin\beta_2 \sin\beta_3 \, l_1} = 1 \tag{11.61}$$

따라서 변조정은 단열삼각망의 경우와 같은 방법으로 처리할 수 있으며 식 (11.48)과 (11.49)를 직접 적용할 수 있다. 또한 변조정의 별도해법에서는 식 (11.52)에 의한 진수해법과 식 (11.55)의 대수해법을 적용할 수 있다.

예제 11-9 그림 11.4(b) 삽입망에서 각조정과 변조정을 하라.

A(454591.97, 204428.53), B(457819.63, 204755.27), C(461216.59, 204692.90)

[풀이] 삽입망은 현재 지적삼각점에서만 활용되고 있으므로 식 (11.58)과 (11.59)에 의한 각조정의 별도해법과 진수에 의한 변조정의 별도해법에 의해 계산을 실시한다.

먼저 BA측선의 방위각과 BC측선의 방위각을 계산하면,

BA방위각 $= 185°46'49.6''$, $l_1 = \mathrm{BA} = 3244.16$ m

BC방위각 $= 358°56'53.3''$, $l_2 = \mathrm{BC} = 3397.53$ m

$\therefore \angle ABC = 173°10'03.7''$, $\gamma_1' + \gamma_2' + \gamma_3' = 173°10'7.7''$

중심각 오차는 식 (11.57)에서 $e = +4.0''$이다.

$$(\text{II}) = \frac{(-7.1+3.4-4.5)-3\times 4.0}{(2\times 3)} = -3.4''$$

$$(1) = \frac{-(-7.1)-(-3.4)}{3} = +3.5'',\ (2) = 0.0'',\ (3) = +2.6''$$

세 번째 삼각형에서 (i)에는 90°에 가까운 값에 +0.1을 추가한다.
변조정에서는,

$$l_1 \prod \sin\alpha = 2215.678386, \quad l_1 \prod \sin\alpha^c = 2215.852220$$

$$l_2 \prod \sin\beta = 2215.687338, \quad l_2 \prod \sin\beta^c = 2215.502212$$

$$E_1 = -4.041\times 10^{-6}, \qquad E_2 = +1.5798\times 10^{-4}$$

β쪽이 크므로 α쪽의 $\sin x^c$는 $\sin x + \Delta$이다.

$$\delta_{x1} = \frac{10''E_1}{|E_1 - E_2|}(-1) = 0.249'', \quad \delta_{x2} = -9.751''$$

$$\therefore\ |\delta_{x1} - \delta_{x2}| = 10''(\text{점검})$$

각	측정각	(i)	(II)	x	sin x	Δ $\times 10^{-6}$	c_4	$\sin x^c$	조정각
α_1	60°12′29.2″	+3.5		60°12′32.7″	0.867844	24	+0.2	0.867868	60°12′32.9″
β_1	65°18′45.8″	+3.5		65°18′49.3″		20	−0.2	0.908588	65°18′49.1″
γ_1	54°28′37.9″	+3.5	−3.4	54°28′38.0″	0.908608				54°28′38.0″
(1)	179°59′52.9″								
α_2	64°42′21.3″	0.0		64°42′21.3″	0.904127	21	+0.2	0.904148	64°42′21.5″
β_2	55°21′58.0″	0.0		55°21′58.0″		28	−0.2	0.822772	55°21′57.8″
γ_2	59°55′44.1″	0.0	−3.4	59°55′40.7″	0.822800				59°55′40.7″
(2)	180°00′03.4″								
α_3	60°30′28.2″	+2.6		60°30′30.8″	0.870429	24	+0.2	0.870453	60°30′31.0″
β_3	60°43′41.6″	+2.6		60°43′44.3″		24	−0.2	0.872293	60°43′44.1″
γ_3	58°45′45.7″	+2.6	−3.4	8°45′44.9″	0.872317				58°45′44.9″
(3)	179°59′55.5″								

■

참고 문헌

1. Cooper, M. A. R. (1987). "Control Surveys in Civil Engineering", Collins.
2. Kahmen, H. and W. Faig (1988). "Surveying", Walter de Gruyter.
3. Uren, J. and W. F. Price(1994). "Surveying for Enginners(3rd ed.)", Macmillan.
4. 김재덕, 김정호, 박상진, 최한식(1991). "地籍基準点測量(三角編)", 삼선출판사.
5. 원영희 (1983). "地籍三角測量(第1編)", 지적기술연수원.
6. 齊藤暢夫 (1980). "基準点測量の實際", オーム社.
7. 이영진 (2008). "토지측량학", 경일대 출판부.

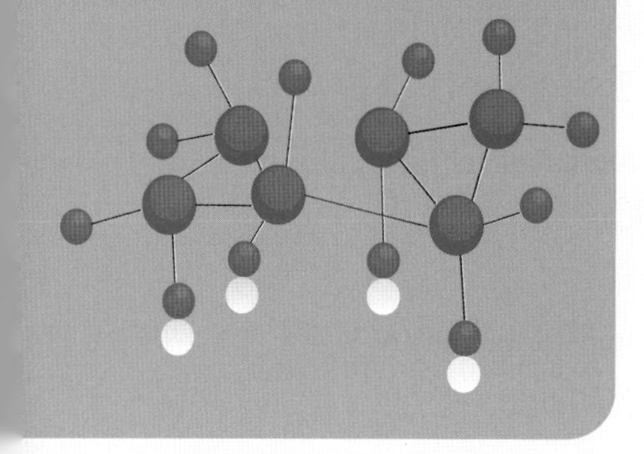

제12장 좌표계의 변환

12.1 평면좌표의 변환

국부좌표계에 의한 좌표 (x', y')를 국가좌표계 또는 임의좌표계에 의한 좌표 (x, y)로 변환하는 문제는 측량과 수치지도 분야에서 필요로 하고 있다. 예를 들면 다음과 같다.

① 국부좌표계(또는 측량좌표계)를 국가좌표계 또는 상위 등급의 망에 결합하는 경우
② 측설 등의 목적으로 국가좌표계를 국부좌표계로 변환할 경우
③ 국가의 평면좌표계의 중복부에서 국가좌표계 간에 변환이 필요한 경우

평면좌표계 간의 변환에서는 **등각변환**(conformal or orthomorphic transformation)이 널리 사용되고 있으나 어핀변환(affine transformation)이 필요한 경우가 종종 있다.

12.1.1 등각 변환

그림 12.1은 국부좌표계 (x', y')를 국가좌표계 (x, y)로 변환하고자 할 때 두 좌표계의 기지점 A, B를 이용하는 경우를 보여주고 있다. 여기서는 다음의 좌표변화를 처리해야 한다.

① 좌표원점의 이동 x_0, y_0
② 좌표계의 회전 θ
③ 축척계수 q

먼저 기지점 A, B로부터 축척계수와 회전량(표정량) θ는 다음과 같이 구할 수 있다.

$$q = \frac{s_{AB}}{s'_{AB}} \tag{12.1}$$

$$\theta = \alpha_{AB} - \alpha'_{AB} \tag{12.2}$$

여기서 s'_{AB}와 α'_{AB}는 국부좌표계의 거리와 방위각이며 s_{AB}와 α_{AB}는 국가좌표계의 값이다. 따라서 국부좌표계를 국가좌표계로 변환하는 기본식은

$$\begin{aligned} \Delta x &= q s'_{AB} \cos(\alpha'_{AB} + \theta) \\ \Delta y &= q s'_{AB} \sin(\alpha'_{AB} + \theta) \end{aligned} \tag{12.3}$$

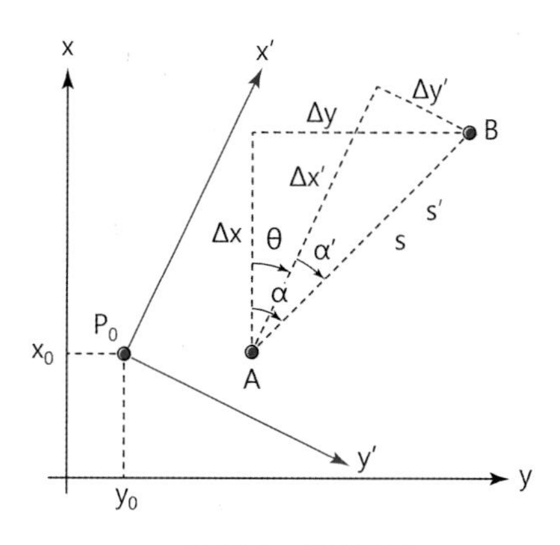

그림 12.1 등각변환

다시 쓰면,

$$\cos(A+B)=\cos A\cos B-\sin A\sin B$$
$$\sin(A+B)=\sin A\cos B+\cos A\sin B$$

이므로 다음과 같다.

$$\begin{aligned}\Delta x&=q\,(s'_{AB}\cos\alpha'_{AB}\cos\theta-s'_{AB}\sin\alpha'_{AB}\sin\theta)\\ \Delta y&=q\,(s'_{AB}\sin\alpha'_{AB}\cos\theta+s'_{AB}\cos\alpha'_{AB}\sin\theta)\end{aligned}\tag{12.4}$$

$s'_{AB}\cos\alpha'_{AB}=\Delta x'$, $s'_{AB}\sin\alpha'_{AB}=\Delta y$와 같이 좌표차로 나타내면 다음과 같다.

$$\begin{aligned}\Delta x&=q\,(\cos\theta\ \Delta x'-\sin\theta\ \Delta y')\\ \Delta y&=q\,(\sin\theta\ \Delta x'+\cos\theta\ \Delta y')\end{aligned}\tag{12.5}$$

그러므로 국부좌표계상의 다른 점 $P_i(x_i,\ y_i)$는 점 A를 이용하여 다음과 같이 구할 수 있다.

$$\begin{aligned}x_i&=x_A+\Delta x\\ y_i&=y_A+\Delta y\end{aligned}\tag{12.6}$$

만일 원점에서 이동량 x_o, y_o가 있다면 그 크기는,

$$x_o = x_A - (q\cos\theta\ x_A' - q\sin\theta\ y_A')$$
$$y_o = y_A - (q\sin\theta\ x_A' + q\cos\theta\ y_A') \quad (12.7)$$

이므로 점 $P_i(x_i,\ y_i)$의 좌표는 다음에 의하여 구할 수 있다.

$$x_i = x_o + q\cos\theta\ x_i' - q\sin\theta\ y_i'$$
$$y_i = y_o + q\sin\theta\ x_i' + q\cos\theta\ y_i' \quad (12.8)$$

한편 두 좌표계 간의 기지점이 2점보다 많을 경우에는 최소제곱법을 적용하여야 한다.

예제 12-1 그림 12.1에서의 두 TM좌표계의 공통된 기지점이 A, B일 때 국부좌표계의 점 P_1, P_2를 국가좌표계로 변환하라.

점	국부좌표계(x', y')	국가좌표계(x, y)
A	(08802.06, 97319.35)	(08922.55, 96935.27)
B	(09717.54, 98858.81)	(09772.69, 98511.77)
P_1	(08586.69, 98338.99)	?
P_2	(09538.01, 97918.31)	?

[풀이] $s_{AB} = 1791.114$ m, $s'_{AB} = 1791.100$ m

$\alpha_{AB} = 61°39'50''$, $\alpha'_{AB} = 59°15'40''$

식 (12.1)과 (12.2)에서 q와 θ, 식 (12.7)에서 x_0, y_0를 계산한 다음에 식 (12.8)에 P_1점과 P_2점의 좌표를 대입하면,

$$x_{P_1} = 8664.62 \text{ m},\quad y_{P_1} = 97944.99 \text{ m}$$
$$x_{P_2} = 9632.75 \text{ m},\quad y_{P_2} = 96564.56 \text{ m}$$

■

예제 12-2 야외관측에서 독립적인 좌표계에서 구한 A, B, C점의 좌표가 다음과 같다. A, B점이 국가좌표계에 따른 기지점이라고 할 때 C점의 좌표를 변환하라.

점	(x', y')	(x, y)
A	(2000.000, 2000.000)	(6479.45, 7319.13)
B	(1640.152, 2033.719)	(6119.61, 7355.90)
C	(1722.637, 2047.622)	?

[풀이] $s_{AB} = 361.714$ m, $s'_{AB} = 361.424$ m

$\alpha_{AB} = 174°9'56''$, $\alpha'_{AB} = 174°38'48''$

$\therefore$ $q = +1.000802$, $\theta = -0°28'52''$

식 (12.7)로부터 점 A을 이용하여 원점이동량을 구하면,

$$x_o = 4461.105 \text{ m}, \quad y_o = 5334.412 \text{ m}$$

그러므로 점 C의 국가 y_o좌표계의 값은 식 (12.8)로부터

$$x_c = 6202.275 \text{ m}, \quad y_c = 7369.119 \text{ m}$$

■

12.1.2 공통점이 다수인 경우(최소제곱해)

하나의 평면좌표계로부터 다른 좌표계로의 변환은 측량에서 종종 필요로 한다. 특히 국부(관측)좌표계와 국가좌표계 간의 상호변환이나 설계와 측설 등의 목적에서 그 필요성이 매우 커지고 있다.

국부좌표계 x', y'를 국가좌표계 x, y로 변환하는 그림 12.2의 경우를 고려해 보자. 국부좌

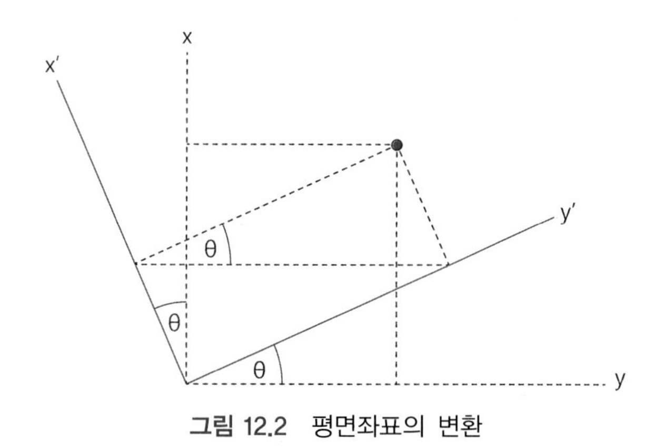

그림 12.2 평면좌표의 변환

표계를 반시계방향으로 회전$(-\theta)$, 이동량$(-x_0, -y_0)$, 각 방향의 축척확대(q)만큼 변경시켜 국가좌표계에 일치시킨다면 기본식은 식 (12.8)로부터 다음과 같다.

$$\begin{bmatrix} x \\ y \end{bmatrix} = \begin{bmatrix} x_0 \\ y_0 \end{bmatrix} + \begin{bmatrix} a & -b \\ b & a \end{bmatrix} \begin{bmatrix} x' \\ y' \end{bmatrix} \tag{12.9}$$

여기서,

$$a = q\ \cos\theta, \quad b = q\ \sin\theta \tag{12.10}$$

$$q = (a^2 + b^2)^{1/2}, \quad \theta = \tan^{-1}\left(\frac{b}{a}\right) \tag{12.11}$$

두 좌표계에서 좌표를 알고 있는 **공통점**(common point)이 2점보다 많을 경우에는 x_0, y_0, a, b를 결정하기 위하여 최소제곱법을 적용해야 한다. 먼저 좌표의 수치가 크기 때문에 유효숫자 취급이 간편하도록 두 좌표계의 무게중심을 사용하여 이동시키면 계산이 편리하다.

$$x_G = \frac{\sum x_i}{n}, \quad y_G = \frac{\sum y_i}{n} \tag{12.12a}$$

$$x_G' = \frac{\sum x_i'}{n}, \quad y_G' = \frac{\sum y_i'}{n} \tag{12.12b}$$

두 좌표계를 무게중심 G에 모두 이동하였다면 임의의 점 P_i의 좌표는 다음과 같이 변경된다.

$$\Delta x_i = x_i - x_G, \quad \Delta y_i = y_i - y_G \tag{12.13a}$$

$$\Delta x_i' = x_i' - x_G', \quad \Delta y_i' = y_i' - y_G' \tag{12.13b}$$

따라서 식 (12.7)의 변환식은 식 (12.8)과 식 (12.9)로부터

$$\begin{bmatrix} \Delta x_i \\ \Delta y_i \end{bmatrix} = \begin{bmatrix} a & -b \\ b & a \end{bmatrix} \begin{bmatrix} \Delta x'_i \\ \Delta y'_i \end{bmatrix} \tag{12.14}$$

만일 식 (12.14)에서 a, b가 구해야 할 미지수라면, Δx_i, Δy를 측정량으로 고려할 때 다음의 2n개의 관측방정식이 된다.

$$\begin{bmatrix} \Delta x'_1 & -\Delta y'_1 \\ \Delta y'_1 & \Delta x'_1 \\ \vdots & \vdots \\ \vdots & \vdots \\ \Delta x'_n & -\Delta y'_n \\ \Delta y'_n & \Delta x'_n \end{bmatrix} \begin{bmatrix} a \\ b \end{bmatrix} = \begin{bmatrix} \Delta x_1 \\ \Delta y_1 \\ \vdots \\ \vdots \\ \Delta x_n \\ \Delta y_n \end{bmatrix} + \begin{bmatrix} v_{X1} \\ v_{Y1} \\ \vdots \\ \vdots \\ v_{Xn} \\ v_{Yn} \end{bmatrix} \tag{12.15}$$

또는

$$\mathbf{AP} = \boldsymbol{f} + \mathbf{V} \tag{12.16}$$

그러므로 최소제곱법으로부터 $\mathbf{G}^{-1} = \mathbf{I}$인 경우로서 해를 구할 수 있다.

$$\mathbf{P} = (\mathbf{A}^T\mathbf{A})^{-1}\mathbf{A}^T\boldsymbol{f} \tag{12.17}$$

또는

$$\begin{bmatrix} a \\ b \end{bmatrix} = \begin{bmatrix} \Sigma(\Delta x_i^2 + \Delta y_i^2) & 0 \\ 0 & \Sigma(\Delta x_i^2 + \Delta y_i^2) \end{bmatrix}^{-1} \begin{bmatrix} \Sigma(\Delta x'_i \Delta x_i + \Delta y'_i \Delta x_i) \\ \Sigma(-\Delta y'_i \Delta x_i + \Delta x'_i \Delta y_i) \end{bmatrix} \tag{12.18}$$

다시 쓰면,

$$\therefore\ a = \frac{\Sigma(\Delta x'_i \Delta x_i + \Delta y'_i \Delta y_i)}{\Sigma(\Delta x'^2_i + \Delta y'^2_i)} \tag{12.19a}$$

$$b = \frac{\Sigma(-\Delta y'_i \Delta x_i + \Delta x'_i \Delta y_i)}{\Sigma(\Delta x'^2_i + \Delta y'^2_i)} \tag{12.19b}$$

최종적으로 원점 이동량은 식 (12.9)에 대입하면 구해진다.

$$x_0 = x_G - (a\, x'_G - b\, y'_G) \tag{12.20a}$$

$$y_0 = y_G - (b\, x'_G + a\, y'_G) \tag{12.20b}$$

그리고 식 (12.15)의 잔차는 변환 후의 편차이므로 망의 변화를 파악할 수 있다.

예제 12-3 공통점의 좌표가 다음과 같다. 최소제곱법에 의해 변환요소를 계산하라.

측점	x	y	x'	y'
1	2540.26	1314.31	1936.44	2102.35
2	3511.23	2078.70	2587.35	3152.60
3	5000.39	4900.60	3021.20	6311.60

[풀이] $x_G = 3683.960,\ y_G = 2763.537,\ x'_G = 2514.997,\ y'_G = 3855.517$

	Δx_i	Δy_i	$\Delta x'_i$	$\Delta y'_i$
1	−1143.700	−450.227	−578.557	−1753.167
2	−172.730	−685.837	72.353	−702.917
3	1316.430	2136.063	506.203	2456.083

풀면, 식 (12.20)으로부터

$$a = 0.94020032, \quad b = -0.34219250$$

식 (12.20)에서 $x_o = 0.030,\ y_o = 0.192$

다시 식 (12.11)에서 $\lambda = 1.000536027,\ \theta = -19°59'57.59''$ ■

12.1.3 어핀변환

어핀변환은 형상이 유지되는 등각변환과는 달리 원이 타원으로 변환되는 등의 형상이 유지되지 않고 평행선은 평행선으로 나타나므로 이 변환방법은 사진측량이나 수치지도에 더 적합한 방법이다.

그러나 투영법이 다른 좌표계 간의 변환에 유용하기 때문에 Soldner좌표계를 Gauss좌표계로 변환할 때 또는 수치법에 의한 경계결정(numerical boundary parameter transformation)을 할 때에도 사용이 가능하다.

여기서는 q 대신에 x축에서의 축척계수 q_x와 y축에서의 축척계수 q_y를 분리하여 사용해야 하므로 5-변수변환(five parameter transformation)이라 한다. 또한 도면의 위치를 수치화한 경우에는 도면이 뒤틀려서 x', y'축의 직교성이 확보되지 않아서 이에 대한 축의 보정량이 필요하므로 6-변수변환이 되기 때문에 완전한 어핀변환이 성립된다.

식 (12.8)에서 q_x, q_y를 도입하고 다시 쓰면, 5-변수식은 다음과 같이 된다.

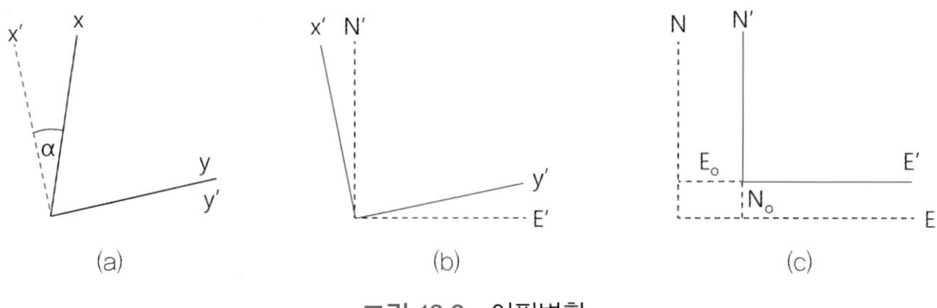

그림 12.3 어핀변환

$$x = q_x(x'\cos\theta - y'\sin\theta) + x_o$$
$$y = q_y(x'\sin\theta - y'\cos\theta) + y_o \tag{12.21}$$

또한 6-변수식으로서 일반화한다면,

$$x = a_1 x' + b_1 y' + c_1$$
$$y = a_2 x' + b_2 y' + c_2 \tag{12.22}$$

그러므로 미지수가 6개이므로 두 좌표계상의 공통점 3점을 안다면 연립해로부터 미지수 a_1, b_1, c_1, a_2, b_2, c_2(또는 q_x, q_y, θ, x_o, y_o)를 구하고 나서 임의점의 좌표를 변환할 수 있다.

12.2 3차원 좌표의 계산

12.2.1 지심 3차원 좌표

그림 12.4에서 점 P는 타원체면상의 측점이고 점 P_1은 타원체면의 법선 P_1P_N을 따라 측정한 타원체고 h에 위치한 점이라고 할 때 경위도좌표(φ, λ, h)는 직교좌표계로 다음과 같이 나타낼 수 있다.

$$X = OP'\cos\lambda \tag{12.23}$$
$$Y = OP'\sin\lambda$$
$$Z = PL + h\sin\varphi$$

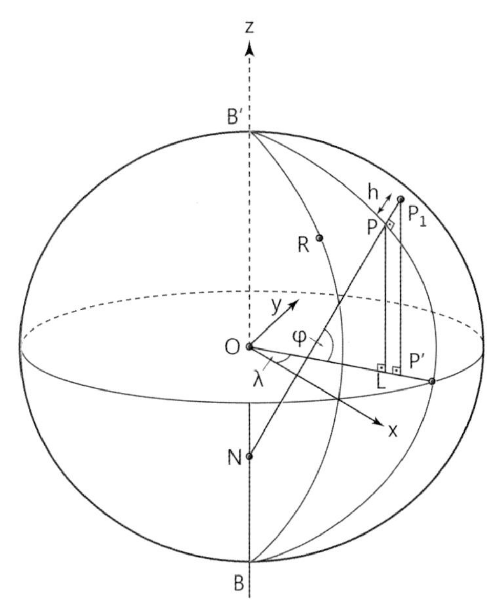

그림 12.4 3차원 좌표

여기서 $OP' = NP_1 \cos\varphi = (N+h)\cos\varphi$이며, N은 묘유선 곡률반경이다.

$$PL = z = N(1-e^2)\sin\varphi \tag{12.24}$$

또한,

$$N = \frac{a}{W} = \frac{a}{(1-e^2\sin^2\varphi)^{\frac{1}{2}}}$$

$$e^2 = \frac{a^2-b^2}{a^2} = f(2-f)$$

그러므로 3차원 좌표로 나타내는 기본식은 다음과 같다.

$$X = (N+h)\cos\varphi\cos\lambda \quad (12.25a),$$

$$Y = (N+h)\cos\varphi\sin\lambda \quad (12.25b),$$

$$Z = \{N(1-e^2)+h\}\sin\varphi \quad (12.25c),$$

$$N = \frac{a}{W} = \frac{a}{(1-e^2\sin^2\varphi)^{\frac{1}{2}}} \quad (12.25d)$$

예제 12-4 $a=6378160$ m, $1/f=298.25$인 타원체 상의 위치가 다음과 같다. 지심 3차원 좌표를 계산하라.

$$\varphi=50°27'38.902'',\quad \lambda=-2°38'45.281'',\quad h=+473.900\ \text{m}$$

[풀이] $e^2=\dfrac{a^2-b^2}{a^2}=f(2-f)=0.006694542,\quad N=6390895.250$

$X=4064445.647$ m

$Y=-187829.092$ m

$Z=4895960.757$ m ■

12.2.2 경위도좌표의 역계산

이하에서는 역의 과정으로서 X, Y, Z로부터 φ, λ, h를 구하는 방법에 대해서 설명한다. 3차원 좌표로부터 경위도좌표를 계산하는 방법은 **묘유선곡률반경** N이 위도의 함수이기 때문에 복잡하다. 먼저 경도는 식 (12.25b)를 식 (12.25a)로 나누어 다음과 같이 구할 수 있다.

$$\tan\lambda=\frac{Y}{X} \tag{12.26}$$

식 (12.25c)를 변형시키면,

$$Z=(N+h)(1-e^2\frac{N}{N+h})\sin\varphi \tag{12.27}$$

또한, 식 (12.25a)와 (12.25b)로부터

$$(X^2+Y^2)^{\frac{1}{2}}=p=(N+h)\cos\varphi \tag{12.28}$$

식 (12.27)을 식 (12.28)로 나누면,

$$\tan\phi=\frac{Z}{p}(1-e^2\frac{N}{N+h})^{-1} \tag{12.29}$$

또한, 식 (12.28)로부터

$$h = \frac{p}{\cos\varphi} - N \tag{12.30}$$

실제의 연산에서는 식 (12.29)에서 우변의 N이 φ의 함수이므로 반복계산이 필요하게 된다. 이때 위도의 초기값으로는

$$\tan\varphi_{(0)} = \frac{Z}{p}(1-e^2)^{-1} \tag{12.31}$$

을 사용하여 $N_{(0)}$와 $h_{(0)}$를 계산한 다음에 식 (12.29)와 (12.30)에 의해 반복계산하면 된다.

[별해] Bowring(1976) 해

Bowring(1976)은 φ의 계산을 반복계산하지 않고 직접 계산하는 식을 제시하였다.

$$\tan\varphi = \frac{Z + e'^2 b \sin^3\theta}{p - e^2 a \cos^3\theta} \tag{12.31}$$

$$\tan\theta = \frac{Za}{pb} \tag{12.32}$$

$$e'^2 = \frac{a^2 - b^2}{b^2} = \frac{e^2}{1-e^2} \tag{12.33}$$

예제 12-5 다음의 3차원 좌표를 경위도좌표로 전환하라.

$e^2 = 0.006694542$, $N = 6390895.250$

$X = 4064445.647$ m, $Y = -187829.092$ m, $Z = 4895960.757$ m

[풀이] $\lambda = -2°38'45.281''$

$\varphi_{(0)} = 50°27'38.9''$를 사용하여 반복하면

$\varphi = 50°27'38.902''$, $h = 900$ m ■

예제 12-6 예제 12-5의 경우를 Bowring의 직접해로 구하라.

[풀이] $\lambda = -2°38'45.281''$

$\tan\theta = 1.207346558$ (식 (11.32)에 의해)

$\cos\theta = 1/(1+\tan^2\theta)^{\frac{1}{2}} = 0.637876831$

$\sin\theta = (1-\cos^2\theta)^{\frac{1}{2}} = 0.770138396$

$\therefore\ \tan\varphi = 1.211407674$

$\varphi = 50°27'38.902''$, $h = 473.900$ m ■

12.3 3차원 좌표의 변환

12.3.1 3차원 좌표계와 회전

3차원 좌표의 변환은 기준계 변환(datum trnsformation)이라고도 한다. 다시 말해서 국가의 기준좌표계인 동경측지계를 세계측지계로 변경할 때 또는 기준시점(epoch)을 서로 변경할 때 적용한다.

그림 12.5에서 x, y, z축에 대하여 각각 ω, θ, κ만큼씩 순서대로 시계방향으로 회전시킨다면 다음과 같이 된다.

$$\begin{bmatrix} x \\ y \\ z \end{bmatrix}_{\omega} = \begin{bmatrix} 1 & 0 & 0 \\ 0 & \cos\omega & \sin\omega \\ 0 & -\sin\omega & \cos\omega \end{bmatrix} \begin{bmatrix} x \\ y \\ z \end{bmatrix} = \mathbf{R}_{\omega}\mathbf{x} \tag{12.34a}$$

$$\begin{bmatrix} x \\ y \\ z \end{bmatrix}_{\omega\theta} = \begin{bmatrix} \cos\theta & 0 & \sin\theta \\ 0 & 1 & 0 \\ -\sin\theta & 0 & \cos\theta \end{bmatrix} \begin{bmatrix} x \\ y \\ z \end{bmatrix}_{\omega} = \mathbf{R}_{\theta}\mathbf{R}_{\omega}\mathbf{x} \tag{12.34b}$$

$$\begin{bmatrix} x \\ y \\ z \end{bmatrix}_{\omega\theta\kappa} = \begin{bmatrix} \cos\kappa & \sin\kappa & 0 \\ -\sin\kappa & \cos\kappa & 0 \\ 0 & 0 & 1 \end{bmatrix} \begin{bmatrix} x \\ y \\ z \end{bmatrix}_{\omega\theta} = \mathbf{R}_{\kappa}\mathbf{R}_{\theta}\mathbf{R}_{\omega}\mathbf{x} \tag{12.34c}$$

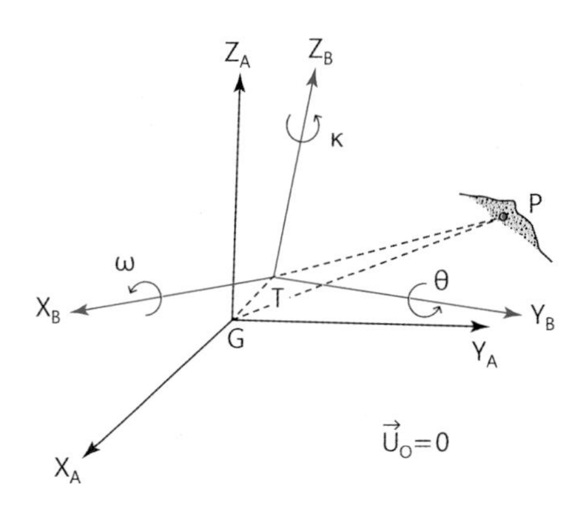

그림 12.5 Bursa-Wolf모델

따라서 기준계 A와 기준계 B 간의 다음과 같이 쓸 수 있다.

$$\begin{bmatrix} x \\ y \\ z \end{bmatrix}_B = R_\kappa R_\theta R_\omega \begin{bmatrix} x \\ y \\ z \end{bmatrix}_A = R \begin{bmatrix} x \\ y \\ z \end{bmatrix}_A \tag{12.35}$$

여기서 R의 요소는,

$$\begin{aligned} r_{11} &= \cos\theta \cos\kappa \\ r_{12} &= \sin\omega \sin\theta \cos\kappa + \cos\theta \sin\kappa \\ r_{13} &= -\cos\omega \sin\theta \cos\kappa + \sin\theta \sin\kappa \\ r_{21} &= -\cos\theta \sin\kappa \\ r_{22} &= -\sin\omega \sin\theta \sin\kappa + \cos\omega \cos\kappa \\ r_{23} &= \cos\omega \sin\theta \sin\kappa + \sin\omega \cos\kappa \\ r_{31} &= \sin\theta \\ r_{32} &= -\sin\omega \cos\theta \\ r_{33} &= \cos\omega \cos\theta \end{aligned} \tag{12.36}$$

회전행렬 R은 직교행렬이므로 $\mathbf{R}^{-1} = \mathbf{R}^T$이며 ω, θ, κ가 미소하여 3″ 이내라면 $\sin\alpha \cong \alpha$, $\cos\alpha \cong 1$이므로 다음과 같이 쓸 수 있게 된다.

$$\mathbf{R} = \begin{bmatrix} 1 & \kappa & -\theta \\ -\kappa & 1 & \omega \\ \theta & -\omega & 1 \end{bmatrix} \tag{12.37}$$

12.3.2 변환모델

기준계 A와 기준계 B 간의 원점이동(x_0, y_0, z_0)가 있고 축척변화($1+\lambda$)가 있다고 한다면 변환된 좌표는 다음과 같이 된다. 즉,

$$\begin{bmatrix} x \\ y \\ z \end{bmatrix}_B = \begin{bmatrix} x_0 \\ y_0 \\ z_0 \end{bmatrix} + (1+\lambda)\,\mathbf{R}\begin{bmatrix} x \\ y \\ z \end{bmatrix}_A \tag{12.38}$$

기준계 A가 위성좌표계라고 할 때 기준계 B는 지역좌표계가 되며 그 반대의 경우에는 다음과 같이 된다.

$$\begin{bmatrix} x \\ y \\ z \end{bmatrix}_A = (1+\lambda)^{-1}\,\mathbf{R}^T\left(\begin{bmatrix} x \\ y \\ z \end{bmatrix}_B - \begin{bmatrix} x_0 \\ y_0 \\ z_0 \end{bmatrix}\right) \tag{12.39}$$

식 (12.38)에 의한 변환을 Buras-Wolf모델이라고 하며, 지구 전체로 볼 때 극히 부분적인 지역에만 국한되므로 변환요소 간의 상관계수가 커지게 된다. 예를 들면, z축에 대한 회전은 x축과 y축의 이동을 유발하게 되는 특징이 있는데 이는 회전중심(지구의 중심)이 멀기 때문이다(그림 12.5).

Bursa모델을 개선하여 측점들의 무게중심 또는 측지원점에서 회전토록 하는 방법이 이하의 Molodensky-Badekas모델이다. 이 모델은 회전과 이동 사이의 상관계수가 크게 감소하게 된다(그림 12.6).

$$\begin{bmatrix} x \\ y \\ z \end{bmatrix}_B = \begin{bmatrix} x_M \\ y_M \\ z_M \end{bmatrix} + \begin{bmatrix} x_0' \\ y_0' \\ z_0' \end{bmatrix} + (1+\lambda)\,\mathbf{R}\begin{bmatrix} x-x_M \\ y-y_M \\ z-z_M \end{bmatrix}_A \tag{12.40}$$

여기서 망의 무게중심 또는 측지원점의 좌표가 (x_M, y_M, z_M)이고, Molodensky 이동량이 (x_0', y_0', z_0')이다.

위 7변수모델은 축척 1/5,000 이하 중소축척 지형도 변환에 사용되며 국토지리정보원에서 변환계수 수치를 고시하고 있다.

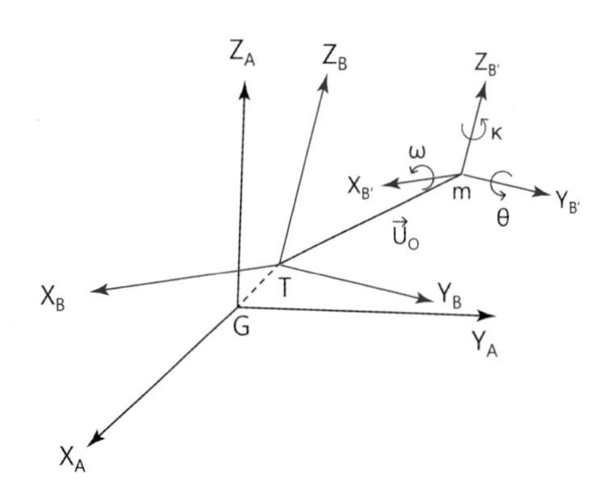

그림 12.6 Molodensky-Badekas모델

예제 12-7 다음은 삼각점의 성과와 베셀지오이드고이다. 3차원 좌표를 구하고 변환계산식(3변수식)을 이용하여 지심 3차원 좌표로 변환하라.

$$B = 35°58'31.138'',\ L = 128°19'54.737'',\ H = 468.33\ \text{m},\ N_B = -51.27\ \text{m}$$

$$\begin{bmatrix} x_T \\ y_T \\ z_T \end{bmatrix} = \begin{bmatrix} x_B \\ y_B \\ z_B \end{bmatrix} - \begin{bmatrix} +145.11 \\ -501.60 \\ -686.69 \end{bmatrix}$$

[풀이] 묘유선곡률반경 $N = 6384754.091$

베셀타원체고 $h = 468.33 - 51.27 = 417.06$

베셀 3차원 좌표의 계산

$X_B = (N + h)\cos\varphi\cos\lambda = -3204857.04$

$Y_B = (N + h)\cos\varphi\sin\lambda = 4053415.11$

$Z_B = \{N(1 - e^2) + h\}\sin\varphi = 3725850.463$

지심 3차원 좌표의 계산

$X_T = -3205002.15$

$Y_T = 4053916.71$

$Z_T = 3726537.15$ ■

예제 12-8 예제 12-7을 다음 7변수식을 이용하여 변환하라.

$$\begin{bmatrix} x_T \\ y_T \\ z_T \end{bmatrix} = (1+\lambda)^{-1}\ \mathbf{R}^T \left(\begin{bmatrix} x_B \\ y_B \\ z_B \end{bmatrix} - \begin{bmatrix} x_0 \\ y_0 \\ z_0 \end{bmatrix} \right)$$

$$\mathbf{R}^T = \begin{bmatrix} 1 & -\kappa & \theta \\ \kappa & 1 & -\omega \\ -\theta & \omega & 1 \end{bmatrix}$$

$\lambda = -2.67\times10^{-6}$, $\kappa = -3.20''/\rho''$, $\omega = +2.73''/\rho''$, $\theta = -1.64''/\rho''$

$X_0 = +170.96$ m, $Y_0 = -494.45$ m, $Z_0 = -647.75$ m

[풀이] $(1+\lambda)^{-1} = 1.00000267$

$$\mathbf{R}^T = \begin{bmatrix} 1 & 15.5140*10^{-6} & -7.9510*10^{-6} \\ -15.5140*10^{-6} & 1 & -13.2354*10^{-6} \\ 7.9510*10^{-6} & 13.2354*10^{-6} & 1 \end{bmatrix}$$

$$\begin{bmatrix} x_T \\ y_T \\ z_T \end{bmatrix} = (1+\lambda)^{-1}\ \mathbf{R}^T \left(\begin{bmatrix} x_B \\ y_B \\ z_B \end{bmatrix} - \begin{bmatrix} x_0 \\ y_0 \\ z_0 \end{bmatrix} \right) = \begin{bmatrix} -3205003.25 \\ 4053920.786 \\ 3726536.335 \end{bmatrix}$$ ■

12.4 3차원 좌표차(벡터)와 관측좌표계

12.4.1 국부좌표계(관측좌표계)

타원체 좌표계에서 두 점 A, B를 고려할 때 각각의 위도, 경도, 높이를 알고 있다면 각 점의 3차원 좌표를 계산할 수 있다. 이때 A점을 원점으로 하는 지표면상의 국부좌표계를 도입하고 A점에서 타원체면에 수직인 방향을 w축, w축에 직교하고 자오선의 북쪽을 u축, u－w평면에 직교하는 동쪽 방향을 v축으로 하여 각각 ＋축으로 한다. 이 좌표계를 국부좌표계(local geodetic coordinate) 또는 **관측좌표계**라고 한다.

여기서, 두 점 간의 측정량인 현장(chord distance) c, 고도각 θ, 방위각 α(엄밀하게는 연직선의 방위각)을 고려한다면 국부 3차원 좌표계에서 u, v, w는 다음의 관계가 성립한다(그림 12.7).

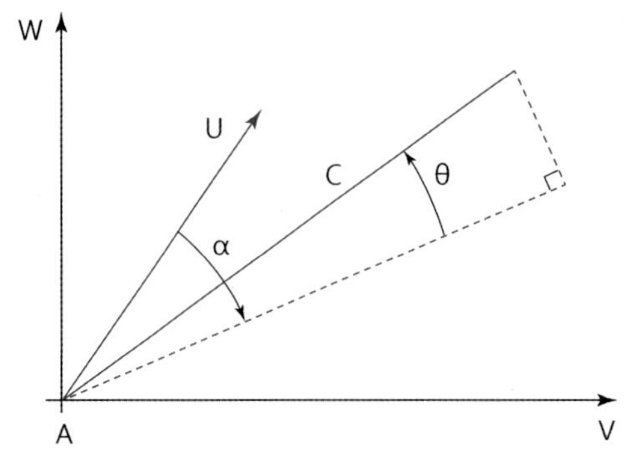

그림 12.7 국부(관측)좌표계

$$u = c\cos\theta\cos\alpha \tag{12.41a}$$

$$v = c\cos\theta\sin\alpha \tag{12.41b}$$

$$w = c\sin\theta \tag{12.41c}$$

실제의 경우 지오이드에 기준인 수직선은 타원체면에 기준인 연직선으로 바뀌어야 하므로 **수직선편차**가 보정되어야 하고 고도각 측정에도 **대기굴절오차**가 보정되어야 한다.

식 (12.41)의 역변환은 다음과 같이 된다.

$$\alpha = \tan^{-1}\left(\frac{v}{u}\right) \tag{12.42a}$$

$$\theta = \sin^{-1}\left(\frac{w}{c}\right) \tag{12.42b}$$

$$c = (u^2 + v^2 + w^2)^{\frac{1}{2}} \tag{12.42c}$$

12.4.2 3차원 좌표차와 국부좌표의 관계

그림 12.8에서와 같이 z축을 λ만큼 회전시키고 나서 y축을 (90° − φ)만큼 회전시키면 국부좌표계 $-u$, v, w로 변환시킬 수 있다. 이때 x축의 회전은 $w = 0$이며 $\kappa = \lambda$, $\theta = 90 - \varphi$를 식 (12.35)에 대입하면 다음의 관계가 성립된다.

$$\begin{bmatrix} -u \\ v \\ w \end{bmatrix} = \mathbf{R}_\theta(90-\varphi)\ \mathbf{R}_\kappa(\lambda) \begin{bmatrix} x_B - x_A \\ y_B - y_A \\ z_B - z_A \end{bmatrix} \tag{12.43}$$

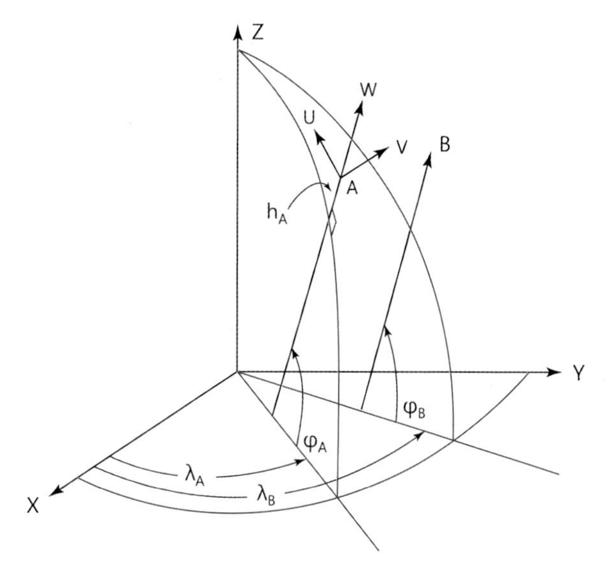

그림 12.8 3차원 좌표와 국부좌표

$$\begin{bmatrix} u \\ v \\ w \end{bmatrix} = \begin{bmatrix} -\sin\varphi_A \cos\lambda_A & -\sin\varphi_A \sin\lambda_A & \cos\varphi_A \\ -\sin\lambda_A & \cos\lambda_A & 0 \\ \cos\varphi_A \cos\lambda_A & \cos\varphi_A \sin\lambda_A & \sin\varphi_A \end{bmatrix} \begin{bmatrix} x_B - x_A \\ y_B - y_A \\ z_B - z_A \end{bmatrix} \tag{12.44}$$

$$\begin{bmatrix} -u \\ v \\ w \end{bmatrix} = \mathbf{R} \begin{bmatrix} x_B - x_A \\ y_B - y_A \\ z_B - z_A \end{bmatrix} = \mathbf{R} \begin{bmatrix} \Delta x \\ \Delta y \\ \Delta z \end{bmatrix} \tag{12.45}$$

식 (12.44)가 3차원 좌표차 Δx, Δy, Δz로부터 국부좌표를 계산하는 식이다. 식 (12.44)를 개개의 좌표항으로 나타내면 다음과 같다.

$$u = -\sin\varphi_A \cos\lambda_A \Delta z - \sin\varphi_A \sin\lambda_A \Delta y + \cos\varphi_A \Delta z \tag{12.46a}$$

$$v = -\sin\lambda_A \Delta x + \cos\lambda_A \Delta y \tag{12.46b}$$

$$w = -\sin\varphi_A \cos\lambda_A \Delta x + \cos\varphi_A \sin\lambda_A \Delta y + \sin\varphi_A \Delta z \tag{12.46c}$$

또한, 3차원 좌표차 Δx, Δy, Δz로부터 측정량 c, θ, α는 아래와 같이 구할 수 있다. 식 (12.46b)와 식 (12.46c)를 식 (12.42a)에 대입하면,

$$\tan\alpha = \frac{v}{u} = \frac{-\sin\lambda_A(x_B - x_A) + \cos\lambda_A(y_B - y_A)}{-\sin\varphi_A\cos\lambda_A(x_B - x_A) - \sin\varphi_A\sin\lambda_A(y_B - y_A) + \cos\varphi_A(z_B - z_A)} \tag{12.47}$$

또한 식 (11.42a)로부터 식 (11.46c)를 대입하면,

$$\sin\theta = \frac{w}{c} = \frac{-\sin\varphi_A\cos\lambda_A\Delta x + \cos\varphi_A\sin\lambda_A\Delta y + \sin\varphi_A\Delta z}{c} \tag{12.48}$$

한편 두 기지점 A, B 간의 현장(직선거리)은 다음과 같이 구할 수 있다.

$$c = (u^2 + v^2 + w^2)^{\frac{1}{2}} = \{(x_B - x_B)^2 + (y_B - y_A)^2 + (z_B - z_A)^2\}^{\frac{1}{2}} \tag{12.49}$$

식 (12.47), (12.48), (12.49)가 기본식이다.

12.4.3 3차원 좌표차의 계산

1. 주문제

주문제는 기지점 A로부터 측정량을 사용하여 미지점 B의 좌표를 구하는 문제이다. 먼저 A점의 좌표는 3차원 좌표로 전환될 수 있으므로 3차원 좌표차를 측정하거나 지상측정량으로부터 변환되었다면 다음의 계산이 가능하다.

$$\begin{bmatrix} x_B \\ y_B \\ z_B \end{bmatrix} = \begin{bmatrix} x_A \\ y_A \\ z_A \end{bmatrix} + \begin{bmatrix} \Delta x \\ \Delta y \\ \Delta z \end{bmatrix} \tag{12.50}$$

여기서,

$$\begin{bmatrix} \Delta x \\ \Delta y \\ \Delta z \end{bmatrix} = \begin{bmatrix} x_B - x_A \\ y_B - y_A \\ z_B - z_A \end{bmatrix} \tag{12.51}$$

만일 지상측정량 s, θ, α가 있다면 식 (12.41)과 식 (12.46a)~(12.46c)로부터 다음에 의

해 3차원 좌표차를 구할 수 있다.

$$\begin{bmatrix} \Delta x \\ \Delta y \\ \Delta z \end{bmatrix} = \mathbf{R}^T(\varphi_A, \lambda_A) \begin{bmatrix} u \\ v \\ w \end{bmatrix} = \mathbf{R}^T(\varphi_A, \lambda_A) \begin{bmatrix} s\cos\theta\cos\alpha \\ s\cos\theta\cos\alpha \\ s\sin\theta \end{bmatrix} \tag{12.52}$$

2. 역문제

역문제는 두 기지점으로부터 좌표차 또는 지상측정량을 구하는 문제이다. 먼저 3차원 좌표차는 다음과 같이 되며 위성측량에서는 직접 Δx, Δy, Δz를 측정량으로 한다.

$$\begin{bmatrix} \Delta x \\ \Delta y \\ \Delta z \end{bmatrix} = \begin{bmatrix} x_B \\ y_B \\ z_B \end{bmatrix} - \begin{bmatrix} x_A \\ y_A \\ z_A \end{bmatrix} \tag{12.53}$$

이 3차원 좌표차로부터 A점을 기준으로 하는 국부좌표는 앞서 식 (12.45)에 의해 다음과 같이 구할 수 있다.

$$\begin{bmatrix} u_B \\ v_B \\ w_B \end{bmatrix} = \mathbf{R}^T(\varphi_A, \lambda_A) \begin{bmatrix} \Delta x \\ \Delta y \\ \Delta z \end{bmatrix} = \mathbf{R}^T(\varphi_A, \lambda_A) \begin{bmatrix} x_B - x_A \\ y_B - y_A \\ z_B - z_A \end{bmatrix} \tag{12.54}$$

따라서 방위각, 고도각, 거리는 식 (12.47), 식 (12.48), 식 (12.49)로부터 구할 수 있다.

$$\begin{aligned} \alpha &= \tan^{-1}\left(\frac{v_B}{u_B}\right) \\ s &= \sin^{-1}\left(\frac{w_B}{s}\right) \\ s &= (u^2 + v^2 + w^2)^{\frac{1}{2}} = (\Delta x^2 + \Delta y^2 + \Delta z^2)^{\frac{1}{2}} \end{aligned} \tag{12.55}$$

위 두 식에서는 A점의 좌표(φ_A, λ_A)를 알아야 하는데 이 역시 주문제의 경우와 같다. 또한 천문경위도인 경우에는 측지경위도로 보정되어야 한다. 또한 s는 현의 길이이므로 타원체 면상의 거리로 바꾸기 위해서는 측정량의 보정을 추가해야 한다.

12.5 높이의 변환

한 점에서 지오이드고 N, 타원체고 h, 표고 H의 관계는 앞서 설명된 바와 같이 다음과 같다.

$$h = \mathrm{H} + \mathrm{N} \tag{12.56}$$

한편 3차원 좌표는 타원체좌표로 전환될 수 있는데 이 결과가 바로 h에 상당한다. 따라서 지오이드고를 알고 있다면

$$\mathrm{H} = h - \mathrm{N} \tag{12.57}$$

에 의해 표고를 계산할 수 있으나 개발되어 있는 지오이드모델의 절대 정확도가 미터 수준에 있으므로 사용하기에 어렵기 때문에 다음의 상대적인 방법을 활용할 수 있다.

즉, 두 점 간의 표고차(수준차)는

$$\mathrm{H_B} - \mathrm{H_A} = (h_\mathrm{B} - \mathrm{N_B}) - (h_\mathrm{A} - \mathrm{N_A}) \tag{12.58}$$

이므로 정리하면 다음이 된다

$$\Delta\mathrm{H_{AB}} = \Delta h_\mathrm{AB} - \Delta\mathrm{N_{AB}} \tag{12.59}$$

따라서 표고차는 지오이드차에 영향을 받게 되며 좁은 지역의 경우에는 지오이드가 같은 것으로 취급하여 무시할 수 있으나 그렇지 않은 경우에는 보간법에 의해 보정하는 것이 필요하다.

참고 문헌

1. 이영진 (1996, 1997). "한국측지좌표계와 지구중심좌표계의 재정립에 관한 연구(Ⅰ), (Ⅱ)", 국립지리원.
2. Cooper, M. A. R. (1987). "Control Surveys in Civil Engineering", Collins.
3. Hoffman-Wellenhof, B., H. Lichtenegger, and J. Collins(1997). "GPS", Springer.
4. Kahman, H. and W. Faig (1988). "Surveying", Walter de Gruyter.
5. Leick, A. (1995). "GPS Satellite Surveying (2nd ed.)", John Wiley and Sons.
6. Maling, D. H. (1992). "Coordinate System and Map Projections (2nd ed.)", Pergamon.

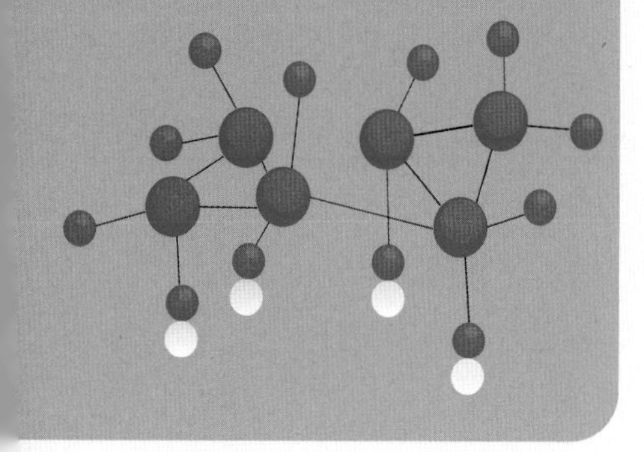

제13장

변위측량 · 설계

13.1 변위측량

13.1.1 변위측량시스템 설계

모니터링은 활용분야별로 정확도(accuracy)와 민감도(sensitivity)의 척도를 다르게 적용한다. 그러나 모니터링 절차와 기하학적인 해석에 대한 설계의 기본원리는 동일하다.

예로서, 핵가속기에서 자석의 안전성에 대한 연구에서는 상대변위 0.05 mm 수준을 요구하는 데 비하여 필댐의 경우에는 10 mm 정확도를 요구한다. 두 경우 모두 모니터링 기법과 계측기술은 달리 적용하지만 변위측량의 설계와 해석 방법은 기본적으로 같은 방법을 적용한다.

1. 계측계획과 망설계

계측계획(instrumentation plan) 단계에서는 주로 모니터링 프로젝트의 표면상의 이동 측점(movement point)의 네트워크 구성과 구축이 대상이다. 여기에 포함되어야 할 규격, 절차, 사양은 다음과 같다.

- 요구 장비, 제작방법, 재료와 도면 등
- 기준점 표지의 형식, 기능, 작동원리
- 기준점 표지의 설치와 보호를 위한 절차
- 모니터링 측점의 위치와 대상물의 범위
- 모니터링 네트워크의 유지관리와 검사
- 계측방법 매뉴얼 등

2. 작업계획과 규격

작업계획(survey measurement scheme) 단계에서는 다음의 내용이 필요하다. 주로 망의 예비분석(network preanalysis)의 특별한 해석기법이 필요하며, 모니터링 네트워크의 측점 관측정확도에 대한 신뢰도를 판단해야 한다.

- 구조물의 예측 적합도
- 요구 측정정확도
- 요구 측위정확도

- 측정 종류와 횟수
- 기기 타입과 정밀도 선택
- 데이터 수집과 현지작업 절차
- 데이터 보정과 처리 절차
- 데이터 분석 및 모델링 절차
- 표준화 보고서 작성
- 프로젝트 관리와 데이터 보존

13.1.2 데이터 관측과 처리

"Project Survey"에서 데이터 획득은 네트워크 예비분석을 통해 규정된다. 데이터 획득작업은 원천 데이터의 적합성을 만족할 수 있도록 정확도와 신뢰도의 특정수준(built-in level)을 만족해야 한다.

모니터링 측량의 요구 정확도를 만족하기 위해서는 기기의 최소 분해능, 데이터 획득조건, 기기 작동법 등 기기 적합성과 관측절차를 기기 제작사의 규정에 맞도록 해야 한다. 실제 데이터 획득은 네트워크 예비분석 결과에 따라야 하고, 품질은 데이터 처리중 또는 네트워크 망조정 사후 해석을 통해 검증할 수 있다

원천 측정량의 신뢰도는 잉여측정, 기하학적 폐합조건, 망형상의 강도의 시스템을 필요로 한다. 측지측량기법은 데이터 획득작업에서 높은 자유도(redundancy)를 제공할 수 있다.

원천 측량데이터는 데이터 처리단계에서 의미있는 엔지니어링 수치로 변환되어야 하며 다음의 데이터 보정에서는 엄밀한 수식과 해법을 적용한다.

- 원천 측정량에 검정값을 보정
- 반복 측정값의 평균 계산
- 최소제곱조정법을 통해 데이터 질 평가와 통계검정
- 최종 조정 전에 과대오차 검출과 데이터 클리닝

데이터 처리에는 최소제곱법 기반의 망조정 소프트웨어 적용을 필요로 한다. 최소제곱법에서는 모니터링 네트워크의 기준점과 모든 관측 측점의 좌표와 정확도를 제공하고 통계검정을 수행한다.

13.1.3 데이터 모델링과 분석

기하학적 모델링(geometric modelling)은 공간상의 변위량을 분석하는 데 사용한다. 이동경향(movement trend)은 수많은 측점의 차이(이동량)를 사용하여 나타낸다. n을 측점 번호라고 할 때,

$$d_n(D_X,\ D_Y,\ D_Z) \tag{13.1}$$

여기서, x, y, z를 각각 좌표라 하고, 가장 최신의 측량작업을 f, 기준시점의 측량작업을 i, 측량시점의 시각을 t라고 하면 그 차이인 이동량은 다음과 같이 표기한다.

$$\begin{aligned} D_X &= x_f - x_i \\ D_Y &= y_f - y_i \\ D_Z &= z_f - z_i \\ D_t &= t_f - t_i \end{aligned} \tag{13.2}$$

개개의 측점에 대한 변위는 측점의 좌표차(coordinate differences)로 나타내며 주어진 시점의 차이에 대한 벡터이다. 정상적인 운영조건에서 예상되는 이동량을 초과하는 변위는 비정상적인 거동을 나타낼 것이다. 계산된 변위의 크기와 측량 정확도는 보고된 이동량이 측량오차인지 여부를 판단할 수 있도록 한다.

$$\text{Abs}\ [\text{SQRT}(dn)] < (en) \tag{13.3}$$

여기서, (dn)은 이동량이며, (en)은 95% 신뢰수준에서 최대 신뢰타원의 크기이다.

$$\begin{aligned} (dn) &= \text{SQRT}(D_X^2 + D_Y^2 + D_Z^2) \\ (en) &= (1.96)\ \text{SQRT}(\sigma_f^2 + \sigma_i^2) \end{aligned} \tag{13.4}$$

여기서, 측점 n에 대하여 SQRT(dn)은 변위의 크기, (en)은 기준측량 시점의 위치오차 s_i와 최신측량 시점의 오차 s_f에 대한 95% 신뢰수준의 오차크기이다.

예로서, 측점 n에 대한 기준측량 시점 i의 조정좌표 및 최신측량 시점 f의 조정좌표가 각각,

$$x_i = 1000.000\ \text{m},\quad y_i = 1000.000\ \text{m},\quad z_i = 1000.000\ \text{m}$$
$$x_f = 1000.006\ \text{m},\quad y_f = 1000.002\ \text{m},\quad z_f = 1000.002\ \text{m}$$

인 경우의 변위량은 각각 다음과 같다.

$$D_X = 6\ \text{mm},\quad D_Y = 2\ \text{mm},\quad D_Z = 2\ \text{mm}$$

이때 수평좌표에 대한 표준편차를 각각 1.5 mm라고 한다면 수평위치에 대한 변위(dH)는 식 (13.4)로부터 95% 신뢰수준에서 4.2 mm이므로 수평변위가 존재한다고 추정할 수 있다.

$$\begin{aligned}(1.96)\ \text{SQRT}(\sigma_f^2 + \sigma_i^2) &= (1.96)\ \text{SQRT}(2.25 + 2.25)\\ &= 4.2\ \text{mm (95\% 신뢰수준)}\end{aligned}$$

$$\begin{aligned}dH &= \text{SQRT}(D_X^2 + D_Y^2) = \text{SQRT}(36 + 4)\\ &= 6.3\ \text{mm}\end{aligned}$$

또한, 수직위치에 대한 표준편차를 2.0 mm라고 한다면 수직위치에 대한 변위는 식 (13.4)로부터 95% 신뢰수준에서 5.5 mm이므로 수직변위(dV)가 없다고 추정할 수 있다.

$$\begin{aligned}(1.96)\ \text{SQRT}(\sigma_f^2 + \sigma_i^2) &= (1.96)\ \text{SQRT}(4 + 4)\\ &= 5.5\ \text{mm (95\% 신뢰수준)}\end{aligned}$$

$$dV = 2.0\ \text{mm}$$

13.2 변위모니터링 관측망

13.2.1 변위 파라미터

일반적으로 모니터링은 측정작업과 시각화의 두 종류로 구성된다. 수공 구조물을 모니터링 하는 경우에는 구조물의 종류와 타입, 그리고 이비조건에 따라 관측목표가 되는 측점과 계측기기를 항구적으로 설치되어야 한다.

댐 또는 지반의 모니터링을 위해서는 수평변위와 수직변위가 측정되어여 하며, 기반의 변위에 대한 측정을 포함시켜야 한다. 변위측량에서는 변위관측 네트워크의 기준선에서 교회법으로 측점을 관측하고 또한 여분의 측정이 필요하다.

측량 데이터에 의해 구조물의 변위를 결정하는 밥법으로 **좌표차**(coordinate differencing)

와 **관측차**(observation differencing)의 두 기법이 있다. 장기간의 모니터링에서는 좌표차 기법이 권장되고 있다. 좌표차 기법은 두 시점의 독립적인 측량작업이 필요하며 최소제곱 조정법에 따라 3차원 좌표의 조정계산과 통계분석, 과대오차 검출이 필요하다. 다만, 기기검정에 따른 보정과 표준적인 보정과정 등 측정과정에서 정오차의 보정에 주의가 필요하다.

관측차 기법은 단기간의 모니터링 프로젝트에 사용된다. 이 방법은 두 관측시점 사이에 측정량의 변화를 추적한다. 모니터링 측점의 위치변화를 밝히기 위하여 이전의 측량 데이터와 비교한다. 관측차 기법이 효율적이나 측점의 좌표에 근거하지 않는다는 단점이 있다. 측량사는 항상 동일한 형상에서 동일한 기기와 방법으로 작업해야 한다.

(1) 절대변위(absolute displacement)

관측점 표지가 설치된 측점의 변위가 댐과 기초지반에 대한 거동을 나타낸다. 이 변위는 관측망 외부의 안정된 기준망을 기준으로 한 것이다.

- 수평변위(horizontal displacement)
- 수직변위(vertical displacement)

(2) 상대변위(relative displacement)

댐과 기초지반에 대한 거동을 나타내는 작은 변위차를 구할 목적으로 측정을 실시한다. 이 변위는 구조물 또는 구조물 요소를 기준으로 상대적으로 나타낸다.

- 처짐(deflection)
- 인장(extension)

13.2.2 관측망 구축

관측망 구축을 위한 **기준점망**(reference network)에서 복수의 기준점 구성은 변위측량의 신뢰도를 높이고 기준점 표지의 안정성을 조사하는데 있어 매우 중요하다. 기준점망에서 기준점은 구조물의 모니터링 측점(구조물상에 위치)과 상호간에 시야선이 확보되어야 하고 최소 2점 이상의 기준점 표지를 확보해야 한다.

수직기준망은 4점의 수준점(또는 최소 3점의 수준점)을 확보해야 하고, **수평기준망**은 6점의 수평기준점(또는 최소 4점의 수평기준점)을 확보해야 한다. 기준점은 댐의 종단을 따라 양 끝단의 상단(dam crest)에 위치해야 한다. 기준점망의 기하학과 신뢰도는 기준점의 증설을 통해 강화할 수 있다.

변위 모니터링에서는 측점 표지는 측량망의 측점을 구성하도록 구조물 또는 설비에 위치한다. **기준점**은 구조물로부터 떨어져 설치되어 있고 측량에는 포함시키게 되며("occupied"), 모니터링 측점은 구조물상에 위치하여 측량중에 감시하게 된다("monitored"). 모든 점은 장기간 주변 지역으로부터의 **안정점**은 수평, 수직에서 0.5 mm 이내에 있어야 한다. 영구적으로 1 mm 크기의 기준점 표지, 그리고 모든 모니터링 측점 표지에 강제치심장치를 사용해야 한다.

관측망 사례로서 그림 13.1은 콘크리트 구조물에 대한 네트워크를 보여주고 있다. 그림 13.2는 콘크리트댐에 대한 관측기준망과 관측점을 보여주고 있으며, 그림 13.3은 갑문에 대한 사례이다.

그림 13.1 콘크리트 구조물의 네트워크

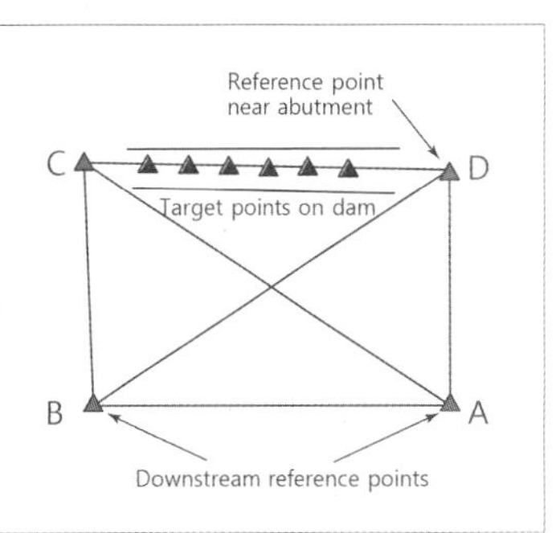

그림 13.2 관측기준망과 관측점(콘크리트 댐)

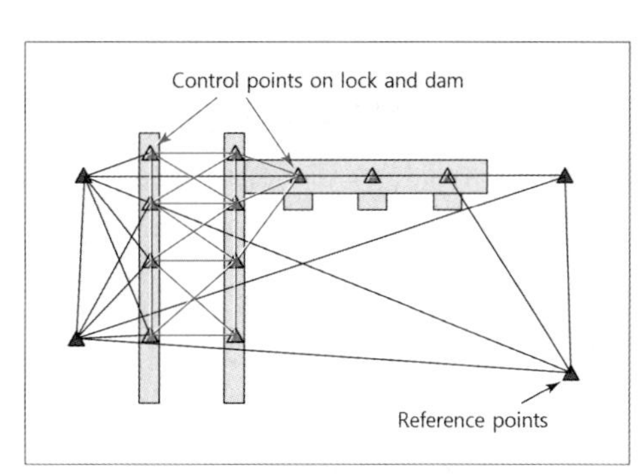

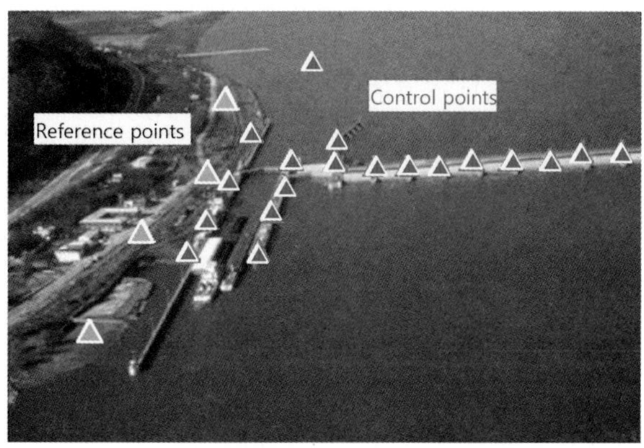

그림 13.3 관측기준망과 관측점(갑문과 둑)

13.2.3 관측작업 공정

변위측량을 위한 기준점측량의 작업방식으로는 크게 TS 등에 의한 방식과 GPS에 의한 방식으로 구분되며 활용목적에 적합하도록 결정해야 한다.

TS 등에 의한 방식은 수준면(또는 지오이드)을 기준으로 하여 수평각, 수직각, 경사거리를 측정하며 날씨에 영향을 받기 쉽고 EDM 거리측정의 경우에는 온도, 기압에 영향을 받는다. 측점간의 시야선 확보가 필요하다는 특징이 있다.

GPS에 의한 방식은 기하학적인 상대위치(기선벡터) 좌표차(dX, dY, dZ)를 구하며 날씨에 영향을 받지 않고 전지구 규모의 측량방식이며 타원체 기준의 타원체고를 사용해야 하고 지하 등 위성수신이 양호해야 한다. 측점 간에 시야선을 확보할 필요가 없다는 특징이 있다.

기준점측량(TS방식)의 작업공정은 다음과 같다.

① 작업계획
② 답사·선점
③ 측량표의 설치
④ 기기검정 및 검사
⑤ 관측(각, 거리, 높이차)
⑥ 점검계산
⑦ 예비조정 및 본조정(성과산정)
⑧ 성과정리(보고서 작성)
⑨ 성과 검정

⑩ 납품

선점에서는 망조정계획도를 기초로 현지에서 기지점의 이상유무 등 현황을 조사하여 확인하고 신점의 위치를 선정하는 작업을 실시한다. 필요에 따라서는 모든 측점(기지점과 신점)에 대한 기준점현황조사서를 작성하거나 건표승락서를 취득해야 하며 측점번호와 관측방향이 기재된 선점도가 작성되어야 한다.

측량표의 설치에서는 점의 조서를 작성한다. 관측에서는 관측수부를 작성하여야 하며 교차, 배각차, 관측차 등에 의해 과실유무를 파악하고 적절한 보정계산을 실시해야 한다.

점검계산은 측정데이터로부터 폐합오차를 점검하는 작업이며 좌표폐합차, 방위각폐합차, 높이 폐합차를 점검하게 되는데 기지점의 점검이나 개략좌표의 계산을 포함하게 된다. 그리고 조정계산에서는 과대오차 검출을 위한 예비조정과 성과산정을 위한 본조정으로 구분하여 실시하며 최종적으로 성과정리와 보고서작성이 이루어진다.

13.3 관측설계

13.3.1 변위관측 설계

1. 요구 정확도

요구 정확도(accuracy requirement)는 최대 허용 측위오차(maximum allowable positioning error)와 측점이동(total magnitude of movement)의 예측크기를 동등하게 하여 계산할 수 있다. 특별히, 95% 신뢰수준에서 측위오차는 주어진 시기 동안에 예상되는 최대 변위의 1/4이어야 한다(0.25배). 따라서 측정가능 정확도는 비정상인 변위를 판단할 수 있도록 최초의 측정작업의 관측계획과 설계를 개선할 수도 있다.

2. 측량오차 크기

허용 측량오차의 크기는 다음과 같이 계산할 수 있다.

(1) 정확도는 두 측량시기별로 예상되는 최대변위(D_{max})의 1/3 이내여야 한다. 3σ법칙이 적용될 수 있다. 이는 좌표정확도를 예상 변위의 2/3 이내로 하여 최소 안전율로 담보할

수 있다.

$$P_{error} < \left(\frac{1}{3}\right) D_{max} \tag{13.5}$$

여기서, P_{error}는 허용측위오차, D_{max}는 최대 예상변위(maximum expected displacement)이다.

(2) 두 모니터링 측량에서 좌표차에 의해 계산된 변위인 **총 허용변위오차**(total allowable displacement error) (σ_d)는 최초측량 및 최신측량의 조합이다. σ_1은 최초측량 위치오차, σ_2은 최신측량 위치오차라고 하면 측위오차는 각 측량마다 동등한 것으로 고려하면, $\sigma_0^2 = \sigma_1^2 = \sigma_2^2$이므로

$$\sigma_d = \text{SQRT}\ (\sigma_1^2 + \sigma_2^2) \tag{13.6}$$

$$\sigma_d = \text{SQRT}\ (2) \cdot (\sigma_0) \tag{13.7}$$

따라서,

$$P_{error} = \frac{\sigma_d}{\sqrt{2}} \tag{13..8}$$

(3) 이 변위에 대한 측위오차를 95% 신뢰수준으로 고려하면,

$$P_{95\%} < \frac{\left(\frac{1}{3}\right) D_{max}}{\sqrt{2}} \tag{13.9}$$

$$P_{95\%} = (0.25)\ (Dmax) \tag{13.10}$$

표준오차(1σ)를 사용하면,

$$P_{68\%} < \frac{\left(\frac{1}{3}\right) D_{max}}{(1.96) \cdot \sqrt{2}} \tag{13.11}$$

$$P_{68\%} = (0.12)\ (Dmax) \tag{13.12}$$

(4) **요구 정확도**, 예로서 두 독립된 모니터링측량(동일한 방법)으로 x mm의 변위를 검출한

다고 할 때, 필요한 정확도는

$$\frac{\frac{x}{3}}{(1.41)} \sim \frac{x}{4}\ \text{mm (95\% 신뢰수준)}$$

$$\frac{\frac{x}{4}}{(1.96)} \sim \frac{x}{9}\ \text{mm (68\% 신뢰수준)}$$

이 결과는 요구되는 정확도는 표준편차를 사용할 때 예상되는 최대변위의 $\frac{1}{9}$ 수준이다. 그리고, 95% 신뢰수준을 사용할 때 예상되는 최대변위의 $\frac{1}{4}$ 수준이다.

13.3.2 수직변위 계산 예

예제 13-1 견고한 지반에 설치한 측점(piller) A, B로부터 신축중인 건물의 변동을 관측하기 위한 동일한 장비수준으로 3개월 주기로 관측한 측정량이 다음과 같다. 수직변위를 계산하라.

수평거리 AB = 76.987 m

수평각 TAB = 52°34′21.1″

수평각 TBA = 64°09′12.3″

수직각 AT(최초) = 15°56′18.5″

수직각 AT(3월후) = 15°56′06.6″

수직각 AT(6월후) = 15°56′00.9″

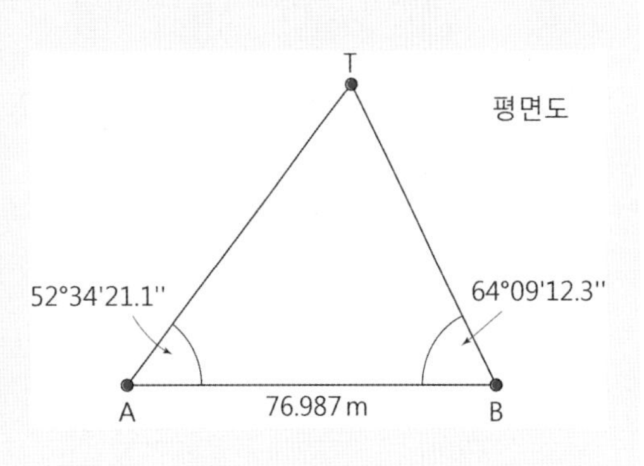

[풀이] $$D_{AT} = \frac{D_{AB}\sin TBA}{\sin(TAB+TBA)} = \frac{76.987\sin 64°09'12.3'')}{\sin(52°34'21.1''+64°09'12.3'')} = 77.5729\ \text{m}$$

목표점 T의 높이는 측점으로부터 다음과 같이 주어진다. 최초, 3개월 후, 6개월 후에 대하여 i = 1, 2, 3일 때 높이는,

$$h_i = D_{AT}\tan\theta_i$$

$$h_1 = 77.5729\tan 15°56'18.5'' = 22.1535\text{ m}$$

$$h_2 = 77.5729\tan 15°56'06.6'' = 22.1487\text{ m}$$

$$h_3 = 77.5729\tan 15°56'00.9'' = 22.1465\text{ m}$$

따라서

3개월 후 수직변위 $= 22.1487 - 22.1535 = -4.8\text{ mm}$

6개월 후 수직변위 $= 22.1464 - 22.1535 = -7.1\text{ mm}$ ■

예제 13–2 예제 13-2에서 측정량의 정확도가 다음과 같을 때 계산된 수직변위에 대한 오차크기를 구하라.

$$\sigma_{D_{AB}} = \pm 1\text{ mm},\quad \sigma_{TAB} = \sigma_{TBA} = \pm 1.5'',\quad \sigma_\theta = \pm 1.5''$$

[풀이] 수직변위 계산식은,

$$m = h_2 - h_1 = D_{AT}(\tan\theta_2 - \tan\theta_1)$$

우연오차 전파법칙을 적용하면,

$$\sigma^2_{m12} = \left(\frac{\partial m_{12}}{\partial D_{AT}}\right)^2\sigma^2_{D_{AT}} + \left(\frac{\partial m_{12}}{\partial\theta_2}\right)^2\sigma^2_\theta + \left(\frac{\partial m_{12}}{\partial\theta_1}\right)\sigma^2_\theta$$

$$\frac{\partial m_{12}}{\partial D_{AT}} = \tan\theta_2 - \tan\theta_1 = \tan 15°56'06.6'' - \tan 15°56'18.5'' = -62.40\times 10^{-6}$$

$$\frac{\partial m_{12}}{\partial\theta_2} = D_{AT}\sec^2\theta_2 = 77.5729\sec^2 15°56'06.6'' = -83.90$$

$$\frac{\partial m_{12}}{\partial\theta_1} = D_{AT}\sec^2\theta_1 = 77.5729\sec^2 15°18.5'' = -83.90$$

실용적으로 첫 항은 미소하므로 소거할 수 있고 2항과 3항은 같은 크기로 고려할 수 있다.

따라서,

$$\sigma^2_{m12} = 2\left(\frac{\partial m_{12}}{\partial \theta}\right)^2 \sigma^2_\theta$$

또는

$$\sigma_{m12} = \sqrt{2}\left(\frac{\partial m_{12}}{\partial \theta}\right) \sigma_\theta$$

그러므로 수직변위는 다음 식으로 나타낼 수 있다.

$$\sigma_{m12} = \sqrt{2}\, D_{AT}\, \sec^2\theta\ \sigma_\theta$$

수치를 대입하면,

$$\sigma_{m12} = \sqrt{2}\,(77.5729)\ \sec^2(15°56')\,(1.5''/206265) = \pm 0.86\ \text{mm}$$

이 문제에서 수직각 측정의 정확도를 1.5″에서 1.0″로 향상시킨다면 수직변위 오차를 ±0.56 mm로 향상시킬 수 있다. ■

13.3.3 관측설계 예

측정값의 예비분석(preanalysis)은 작업을 시작하기 전에 측정요소들을 결정하는 것으로서 ① 측량될 결과에 대한 정확도, ② 측정값에 적용시킬 허용오차(tolerance), ③ 적당한 측량 방법과 측정장비의 선택 등을 위한 기본자료를 제공한다.

관측설계에서는 정오차가 소거된 것으로 보며 정밀도가 정확도를 나타낸다고 가정한다. 즉, 우연오차의 전파법칙들이 직접 적용될 수 있다. 즉, 각각의 측정값들이 서로 독립 측정된다고 가정하면 선형모델일 경우에는

$$Y = a_1X_1 + a_2X_2 + \cdots a_nX_n \tag{13.13a}$$

$$\sigma^2_y = a^2_1\sigma^2_{x_1} + a^2_2\sigma^2_{x_2} + \cdots a^2_n\sigma^2_{x_n} \tag{13.13b}$$

여기서 최종결과에 대한 σ_y를 규정이나 경험으로부터 정하고, 측정값들을 모두 정확도로 측정한다고 가정하면 측정에 필요한 한계를 다음과 같이 구할 수 있다.

$$\frac{\sigma_y^2}{n} = a_1^2\sigma_{x_1}^2 = a_2^2\sigma_{x_2}^2 = \cdots = a_n^2\sigma_{x_n}^2$$

$$\therefore \ \sigma_x = \frac{\sigma_y}{|a_i|\sqrt{n}} \tag{13.14}$$

여기서 $i=1,\ 2,\ \cdots\ n$이다. 또한, 비선형인 모델인 경우에는

$$\sigma_y^2 = \left(\frac{\partial Y}{\partial X_1}\right)^2\sigma_{x_1}^2 + \left(\frac{\partial Y}{\partial X_2}\right)^2\sigma_{x_2}^2 + \cdots + \left(\frac{\partial Y}{\partial X_n}\right)^2\sigma_{x_n}^2$$

$$\therefore \ \sigma_x = \frac{\sigma_y}{\left|\frac{\partial Y}{\partial X_i}\right|\sqrt{n}} \tag{13.15}$$

식 (13.14)와 (13.15)에 의해 얻어진 오차는 최종결과에 균등하게 영향을 주고 있으며, 이때의 측정값들이 균형된 정확도를 갖고 있다고 말한다. 관측설계에서 기계의 성능과 제한 때문에 동등한 정확도를 유지하기 어려운 경우에는 한 측정요소의 허용한계를 크게 하고 다른 정확도 한계는 낮게 측정하도록 계획할 수도 있다.

예제 13-3 $L=85$ m, $W=60$ m인 정방형 저장고를 설치코자 할 때 면적의 표준오차를 ± 0.6 m^2까지 허용한다면, 동등한 정확도를 가질 수 있는 각 변의 측정정확도를 구하라.

[풀이] $A=LW,\quad n=2$

$$\sigma_L = \frac{\sigma_A}{\left|\frac{\partial Y}{\partial X_i}\right|\sqrt{2}} = \frac{0.6}{60\sqrt{2}} = 0.007 \text{ m}$$

$$\sigma_W = \frac{\sigma_A}{\left|\frac{\partial Y}{\partial W_i}\right|\sqrt{2}} = \frac{0.6}{85\sqrt{2}} = 0.005 \text{ m}$$

즉, 7 mm와 5 mm 정확도로서 측정해야 한다. ■

예제 13-4 삼각수준측량을 실시할 경우에 연직거리는 $h=S\sin\alpha-t$로 구해진다.

(a) 이때 $S=400$ m, $\alpha=30°$이고 $\sigma_h=\pm 0.01$ m의 표준오차를 허용한다면 동등정확도를 가질 측정값의 표준오차를 구하라.

(b) 측각기계가 $\pm 5.0''$로서 측정이 가능하다면 측정해야 할 거리 S와 기계고 t의 정확도를 구하라.

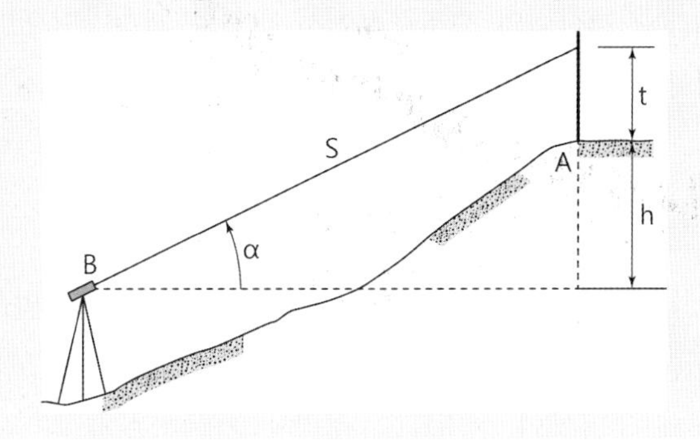

[풀이] (a) $\dfrac{\partial h}{\partial S}=\sin\alpha=0.500,\ \dfrac{\partial h}{\partial S}=S\cos\alpha=346\text{ m},\ \dfrac{\partial h}{\partial t}=-1$

$$\therefore\ \sigma_s=\frac{0.010}{0.5\sqrt{3}}=0.0115\text{ m}$$

$$\sigma_\alpha=\frac{0.010}{346\sqrt{3}}=1.67\times10^{5}\text{rad}=3.4''$$

$$\sigma_t=\frac{0.010}{1\sqrt{3}}=0.0058\text{ m}$$

(b) $\sigma_h^2=(0.500)^2\sigma_s^2+(346)^2\alpha_a^2+(-1)^2\sigma_t^2$

$$\sigma_a=5.0''=2.4\times10^{-5}\text{rad}$$

$$(0.500)^2\sigma_s^2+\sigma_t^2=\sigma_h^2-(346)^2\sigma_a^2=3.10\times10^{-5}\text{ m}^2=(0.0056\text{ m})^2$$

$$\therefore\ \sigma_s=\frac{0.0056}{0.500\sqrt{2}}=0.0079\text{ m}$$

$$\sigma_t=\frac{0.0056}{1\sqrt{2}}=0.0040\text{ m}$$

즉, 각을 $\pm 5''$ 허용한계로 잰다면 S는 8 mm, t는 4 mm의 한계로 재야 한다. ■

13.4 변위검출과 모니터링

13.4.1 좌표계측시스템

최근 변위감시시스템에서 **좌표계측시스템**(coordinate measuring system)의 사용이 증대하고 있다. 이 방법은 원래 기계산업의 제조공정에서 비접촉 계측방법으로 적용한 것이나 실시간 계측기법을 활용하게 되었다. 다음 2종류를 소개한다.

1. Leica ECDS

Leica ECDS에서는 1″ 이상인 두 대의 전자 데오돌라이트와 교회법을 사용한다. 데오돌라이트 좌표계 또는 사물(object)좌표계를 사용하고 상호 변환할 수 있도록 소프트웨어가 제공된다. 두 기계점으로부터 좌표계가 설정되고 정밀한 기선계측에 의한 축척계수를 적용하여 초기화해야 한다. 다음으로 그림 13.4에서 측점 A, B에서 관측점 P까지의 수평각 α_1, α_2와 수직각 β_1, β_2 를 측정하고 이를 컴퓨터로 전송하여 교회법에 의해 측점 P의 좌표를 연속적으로 계산해 낸다.

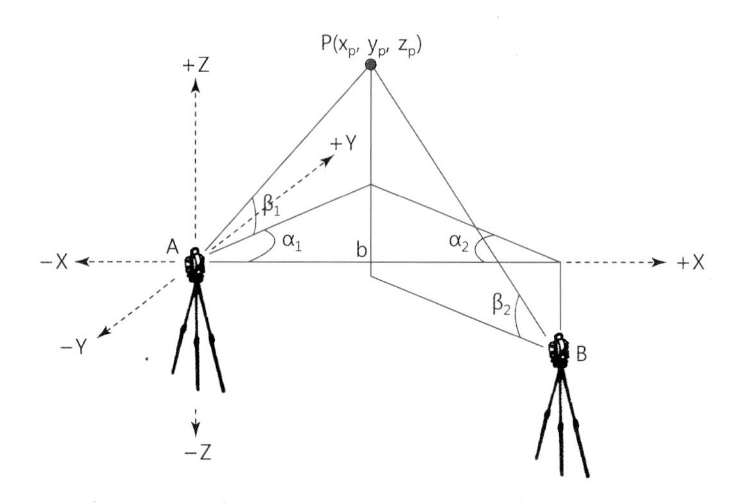

그림 13.4 Leica ECDS 교회법 원리

2. Sokkia MONMOS

Sokkia MONMOSS에서는 한 대의 토털스테이션 및 방향각과 거리를 사용한다. 그림

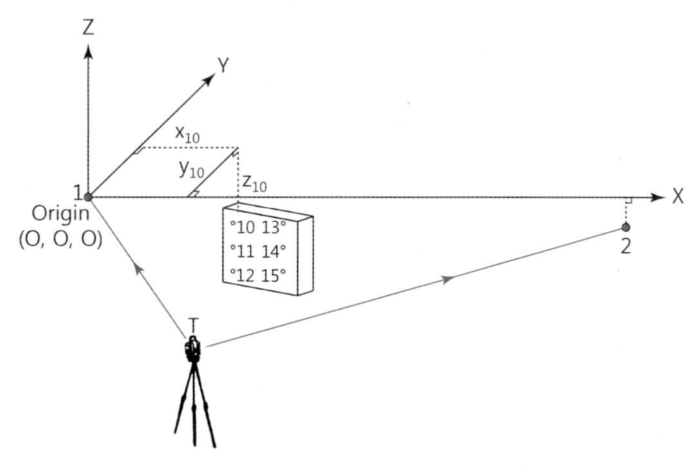

그림 13.5 Sokkia 방사법 원리

13.5에서와 같이 임의의 기계점 T를 사용하고 관측점 1을 원점으로 하고 관측점 2를 X축 방향으로 설정한다. 50 m 이내에서 1 mm 수준의 거리관측과 2″ 수준의 방향관측에 의해 구조물상 측점(예: 10, 11)의 좌표를 구한다.

13.4.2 변동점의 검출

관측시기 i 및 관측시기 j에서 관측망 데이터가 있을 때 변동점을 검출하는 개념을 설명해 보자. 관측시기별 데이터를 사용하여 각각 망조정을 시행한 결과가 다음과 같다.

$$\hat{\mathbf{d}} = \hat{\mathbf{x}}_i - \hat{\mathbf{x}}_j \tag{13.16}$$

$$\mathbf{Q}_{\hat{d}} = \mathbf{Q}_{\hat{\mathbf{x}}_i} + \mathbf{Q}_{\hat{\mathbf{x}}_j} \tag{13.17}$$

여기서 $\mathbf{Q}_{\hat{d}}$와 $\mathbf{Q}_{\hat{\mathbf{x}}}$는 각각 모든 점에 대한 행렬의 (2×2)의 부분행렬이다. 또한 변동점 검출을 위해서는 관측시기 i 및 관측시기 j에서 망조정의 제약조건(고정)이 동일해야 한다.

통계량 w는 좌표수 4에 대하여 자유도 2인 다음과 같다.

$$w = \frac{\hat{\mathbf{d}}^T \mathbf{Q}_d^{-1} \hat{\mathbf{d}}}{{\sigma_0}^2} \sim \chi^2_{2,\alpha} \tag{13.18}$$

만일 σ_0^2 대신에 $\widehat{\sigma_0^2}$을 사용한다면 두 망의 자유도에 따른 자유도 $r = r_1 + r_2$를 사용한다.

$$w \sim 2\ F_{2,r} \tag{13.19}$$

관측시기가 연속적으로 있는 경우에는 **경향분석**(trend analysis)이 가능하며 첨단 분석기법을 필요로 한다.

13.4.3 댐 변위모니터링 사례

댐의 변위 모니터링 사례로서 뉴질랜드 전력국의 변위 모니터링 규격은 표 13.1과 같다. 여기에서는 변위측량에 대한 관측 규격이 매우 높다는 것을 보여주고 있다.

일반적으로 수력발전용 댐의 변위 모니터링 절차와 주요사항은 다음과 같다.

① 수평각 또는 수평방향각 측정한다.

② 거리측정. 기상보정 및 표석간 측정량 보정, 표고보정을 한다.

③ 천정각 측정. 표고 사용을 위한 경사거리 정확도를 확보한다.

④ 정표고차 측정(정밀수준측량 사용)한다.

⑤ Forced-centering monuments(삼각설치 최소화)를 사용한다.

⑥ 관측망의 기준점은 댐의 직접적인 영향이 없는 장소로 댐 가까이에 안정된 지점에 최소 4점을 상호 시통이 가능하도록 설치한다.

⑦ 기준점은 지반에 고정, 장착시킨 필러(pillar)로 강제 구심될 수 있도록 하고, 기준점의

표 13.1 댐변위 모니터링을 위한 관측규격

측정량	요구 정확도	비 고
수평각	표준편차 ±1.5″ 이내	
수직각	표준편차 ±2.0″ 이내	
수직각에 의한 높이	표고의 표준편차 ±5.0 mm 이내	
거리측정	표준편차 ±3.0 mm 이내	
정밀수준측량	2지점간 읽음세트 간 교차 ±0.7 mm 이내 BM간 허용왕복차 ±3.0 mm $\sqrt{km}$ 이내 콘크리트 구조물에 대해, 2지점 간 읽음 교차 ±0.3 mm 이내 정밀수준측량 정확도 ±3.0 mm 이내	
광학 구심(plumbing)	±3.0 mm 이내	
크랙, 조인트 이동량	500 mm 이내에서 ±0.2 mm 이내	
지거	±2.0 mm 이내	

* 출처: New Zealand Electric Corporation(ECNZ)

안정성 여부를 검사할 수 있어야 한다.

⑧ 관측점(object point)은 댐의 상단과 하단에 걸쳐 격자형태로 벽체에 설치한다.

⑨ 댐의 침하(settlement)는 직접수준측량에 의해 모니터링하며 경우에 따라 천정각 측정에 의할 수 있다.

⑩ 댐 벽체에서 편심에 의한 광학측설(정렬)은 대기굴절과 온도 등 기상요인으로 인해 사용하지 않는다.

⑪ X, Y좌표는 조정계산에 의해 구한다. 임의점을 원점(1000, 1000)으로 하고 댐중심선과 나란한 방향을 X축, 직각방향을 Y축으로 하며, Z축은 중력방향으로 하여 표고로 한다. 다만, 국부좌표계 대신에 지도좌표계 및 다른 원점수치를 사용할 수 있다.

⑫ 댐 변위 모니터링에는 측지학적 방법에 구조/지반공학적인 방법을 추가할 수 있다.

참고 문헌

1. Cooper, M. A. R. (1987). "Control Surveys in Civil Engineering", Collins.
2. Mikhail, E. M. (1976). "Observations and Least Squares", Eun-Donnelly.
3. Ogundare, J. O. (2016). "Precision Surveying: the principles and geomatics", Wiley.
4. US Corps (2002). "Structural Deformation Surveying", EM1110-2-1009
5. Uren, J. and B. Price (2010). "Surveying for Engineers", Palgrave Macmillan.
6. 이영진 (2016). "ICT융합시설물측량학", KIU LIPE사업단.

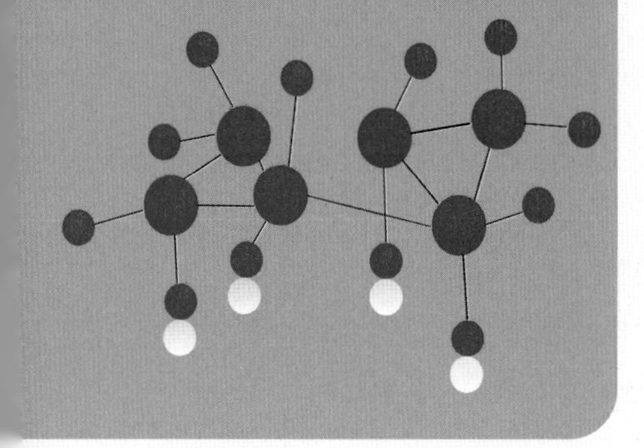

제14장

지상레이저 계측

14.1 레이저 스캐너 원리

가장 일반적인 3차원 지형계측 방법으로서, "**레이저 측량**"은 레이저 측거기와 카메라를 유인 항공기에 탑재한 "항공레이저 측량", 레이저 측거기와 카메라를 차량에 탑재한 "모바일 지상레이저측량", 레이저 측거기를 드론(UAV)에 탑재한 "드론레이저측량", 레이저 측거기를 지상에 설치하고 계측하는 "지상레이저측량"으로 구분한다.

각 측량기법마다 위치 정밀도, 군 밀도, 경제성, 수목 벌채의 필요성 등 장단점이 있으므로 목적에 맞게 측량기법을 선택해야 한다. 3차원 계측기법에서용지경계와 수로구조물의 바닥량 계측에는 기존의 토털스테이션과 3차원 계측을 조합할 필요가 있다.

지상레이저 스캐닝은 지표면의 정지된 지점에서 수행되는 레이저 스캔 응용 프로그램을 말하며, 거리를 측정하기 위해 "TOF(Time of Flight)", "위상 측정(phase difference measurement)"을 사용하거나(그림 14.1 참조) 또는 "파형 처리(waveform processing)" 기술(그림 14.2 참조)을 사용한다.

기본 개념은 토털스테이션 기기에 사용되는 개념과 유사하며, 거리를 결정하기 위해 빛의 속도를 사용한다. 다만, 레이저파의 파장, 수집된 점 데이터의 양과 작업속도, 현지 작업절차, 데이터 처리, 오차 발생원 등에서 상당한 차이가 있다. 레이저 스캐닝 시스템은 "**포인트 클라우드**(점군, point cloud)"라고 하는 방대한 양의 원천 데이터를 수집한다. 3차원 레이저스캐너를 이용하면, 단시간에 대량의 3차원 데이터를 취득할 수 있다는 특징이 있다.

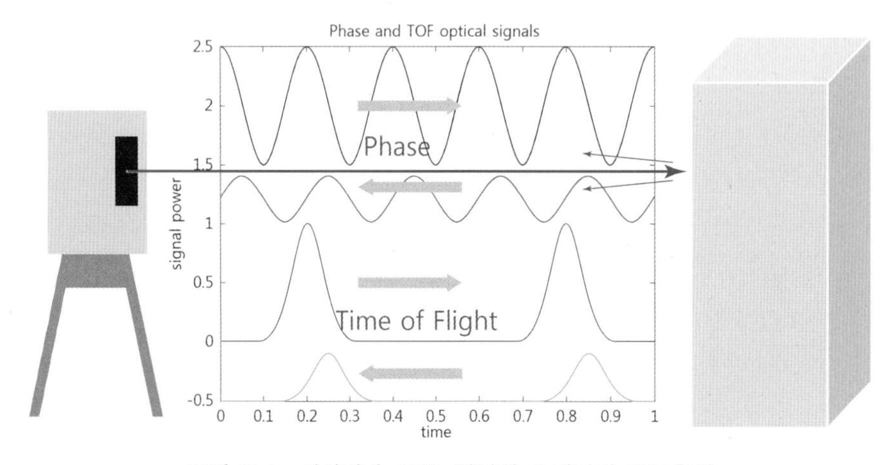

그림 14.1 위상기반, TOF 레이저 스캐너의 작동원리

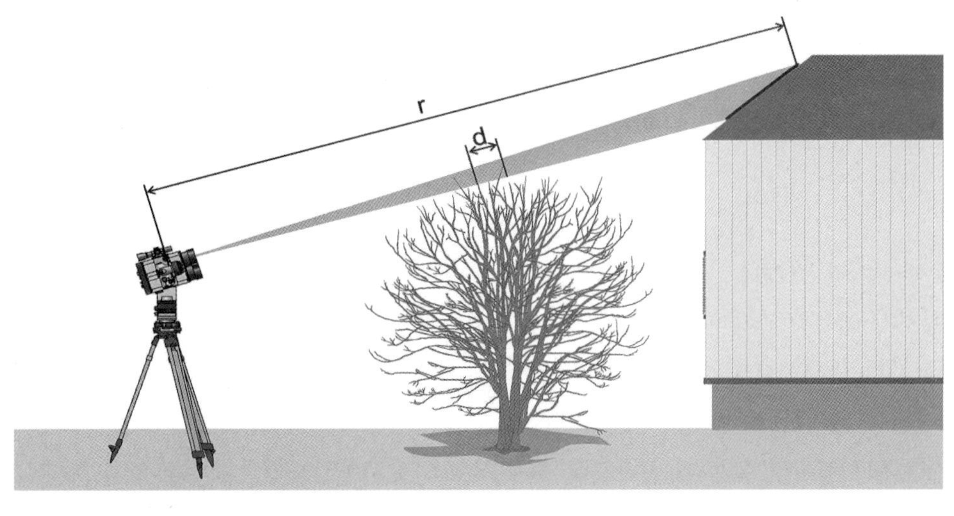

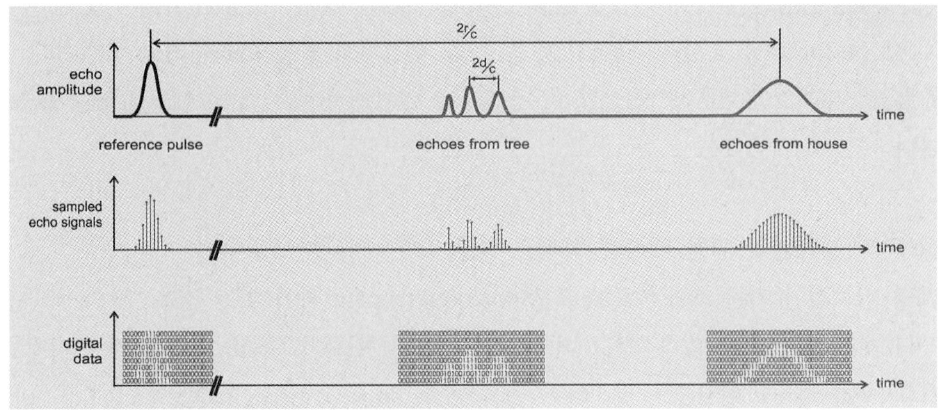

그림 14.2 파형처리 지상레이저 스캐너의 작동원리

(1) 펄스기반 스캐너

펄스기반(pulse based)이라고 알려진 TOF 스캐너는 일반적으로 125∼1000 m인 최대 범위와 초당 50,000점 이상의 데이터 수집 속도 때문에 토목 프로젝트에서 가장 일반적으로 사용하는 레이저 스캐너이다. TOF 레이저 스캐너는 빔을 방출하는 펄스 레이저, 스캔한 영역 쪽으로 빔을 굴절시키는 반사경, 물체에서 반사된 레이저 펄스를 감지하는 광학 수신시스템으로 구성된다. 레이저 펄스의 이동 시간은 기기인 빛의 속도에 의해 정확한 거리측정으로 변환될 수 있다.

(2) 위상기반 스캐너

위상기반 레이저 스캐너는 방출된 레이저 광을 여러 위상으로 변조시키고 반사된 레이저

에너지의 위상 이동을 비교한다. 스캐너는 위상차 알고리즘을 사용하여 각 개별 위상의 고유 특성에 기초하여 거리를 결정한다. 위상기반 레이저 스캐너는 최대 유효 범위(일반적으로 25~75 m)가 TOF 스캐너보다 더 짧지만, TOF 스캐너보다 훨씬 더 높은 데이터 수집 속도를 가지고 있다.

(3) 파형처리 스캐너

파형처리 레이저 스캐너는 펄스방식의 TOF기술과 내부 실시간 파형처리 기능을 사용하여 지물에 대한 반사신호를 식별한다(그림 14.2 참조). 파형처리 레이저 스캐너는 TOF 스캐너와 유사하게 최대 유효 범위를 갖고 있다. 펄스주파수가 초당 300,000펄스이고, 펄스당 15회 반사하는 능력이라면 실제 데이터 수집 주파수는 초당 150만 포인트를 초과할 수 있다. 파형처리 스캐너는 근접한 물체에서 동일한 레이저 펄스를 반사하는 것을 구별하지 못하며, 구분한계(그림 14.2의 'd'로 표시)는 레이저 방출기 및 수신기의 작동 파라미터의 함수이다. 레이저 스캐너의 구분한계 d보다 더 가까운 지물에서 반사되면 데이터에 오류점(false point)이 나타난다.

지상레이저 스캐닝의 원천 데이터 성과는 **점군**(포인트 클라우드)이다.

스캐닝 기준점이 기존 좌표계로 좌표부여(georeferencing)되어 있는 경우, 전체 점군은 동일한 좌표계로 변환할 수 있다. 점군 내의 모든 점에는 X, Y, Z좌표 및 레이저 반사강도 값이 있다(XYZI 형식). 영상중첩 데이터가 있는 경우, 점은 XYZIRGB(X, Y, Z좌표, 반사강도, 적색, 녹색, 청색 값)형식이 될 수 있다. 점군에서 어느 점의 위치오차는 스캐닝 기준점의 오차와 및 개별 점측정의 오차의 합과 같다.

무반사경 토털스테이션(non-prism Totalstation)에서와 같이, 표면에 수직인 레이저 스캔 측정은 표면과 큰 입사각을 이루는 경우보다 좋은 정확도를 나타낸다. 입사각이 클수록 빔이 길어지므로 반사된 거리에 오차가 발생한다. 파형처리 시스템에서는 지연오차를 정형화하고 수정할 수 있다. 열 복사, 비, 먼지, 안개와 같은 기상요소도 스캐너의 유효 범위를 제한한다.

14.2 레이저 측량의 구분

14.2.1 지상레이저 측량

3차원 레이저 스캐너 시스템이란 지상형 레이저 스캐너로서, 계측 방법은 대상물에 레이저를 발사하고 레이저가 되돌아오는 시간과 각도로부터 좌표(X, Y, Z, 조도)를 취득한다. 취득 데이터는 실시간으로 컴퓨터에 표시되고 저장된다. 한번 계측하면 언제든지 임의의 좌표 취득이 가능하고 단시간에 고정밀로 안전하게 목표물을 계측할 수 있는 시스템이다.

일반적인 3차원 레이저 스캐너 예는 그림 14.3과 같다.

지상레이저 스캐닝의 적용 분야는 기존의 측량 및 근거리 사진 측량과 유사하다. 보장된 정확도(3～5 mm)로 특정 프로젝트를 수행할 수 있고 일부 특정점 대신에 지표면 데이터가 필요한 경우에는 레이저 스캐닝이 합리적인 선택이 될 수 있다. 그리고 현재 레이저스캐닝 기술은 3～6 mm(50 m 거리)의 정확도를 제공하며, 일반적인 측량기법에 의해 mm 수준 이상으로 정확도를 높일 수 있다. 하지만 측정점의 양이 방대하기 때문에 정교한 조정기법을 통해 더 나은 모델링 정확도를 달성할 수 있다.

지상레이저 측량의 특징을 나열하면 다음과 같다.

① 기기 성능의 향상으로 조사 거리가 500 m 이내의 경우 2～3 cm 정도의 위치정밀도(지도정보 축척 1/250)이 가능하다.

② 계측의 준비작업량이 경감되고, 계측시간이 짧아서 측량작업이 크게 효율적이다.

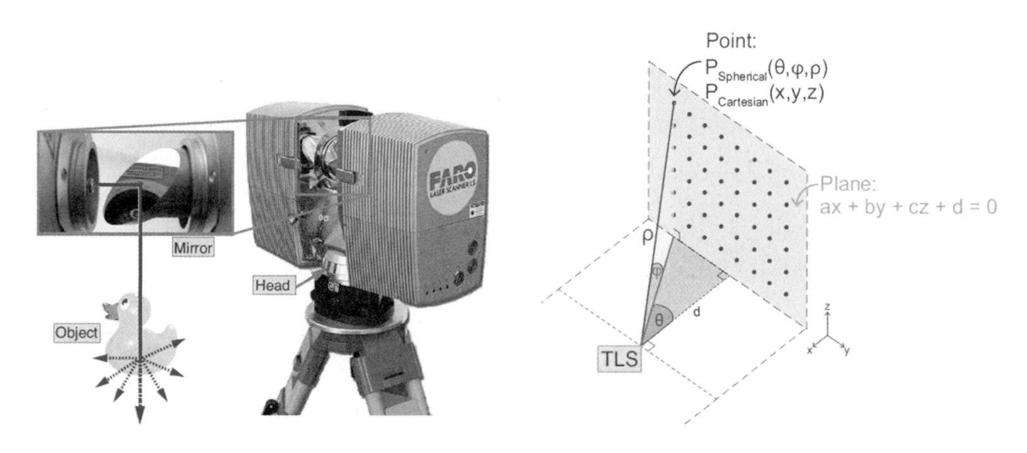

그림 14.3 지상레이저스캐너와 원리(FARO LS880)

③ 측량결과를 3차원 CAD로 처리하므로 조감도, 종단도, 횡단도 등 사용자가 필요한 데이터를 추출할 수 있다.

④ 장비설치의 이동이 많아지면 장비설치점의 좌표측량의 증가에 따라 비효율이 생길 수 있다.

⑤ 취득 데이터의 해석에 있어서는, 단면, 종단, 등고선, 용적계산, 정사사진(점군 데이터로부터 정사영상화)의 작성, 설계데이터와의 비교, 2차원 CAD로의 출력과 도면작성, 각종측정(좌표의 각도와 길이측정, 임의 좌표의 취득)이 가능하다.

⑥ 지상레이저 스캐닝과 기존의 측지학적 측량방법의 주된 차이점은 데이터가 단지 특정점이 아니라 가시 범위의 전체 표면에 대해 획득된다는 것이다. 특별한 표지(marker)가 필요하지 않은 레이저 빔은 실제로 모든 물체를 반사시킨다.

⑦ 일부의 점은 반사점(reflctor)으로 나타낼 수 있지만 가장자리와 특정점은 점군(point cloud)에서 인식 및 식별해야 한다. 이 절차는 모델링 기법에 크게 의존하고 있으나 자동화는 어렵고, 상용 소프트웨어에서는 항공레이저 스캐닝의 경우보다 내장 솔루션이 훨씬 적게 사용된다.

14.2.2 지상레이저측량 응용분야

지상레이저 스캐너(TLS, Terrestrial Laser Scanner)는 기기 성능의 향상으로 조사 거리가 500 m 이내의 경우 2∼3 cm 정도의 위치정확도(지도 축척 1/250)를 확보할 수 있게 되었다. 계측의 준비 작업과 계측 시간도 짧기 때문에 측량 작업이 크게 효율화된다. 아울러 공사측량에서는 측량 결과를 3차원 CAD로 처리하여 조감도나 종단도·횡단도 등 사용자의 필요한 데이터를 추출할 수 있게 되었다

대표적인 지상레이저 스캐너의 응용 분야는 다음과 같다.

① 위험지대의 현황 조사(급경사지, 재해 현장, 사고다발 교차점)

② 구조물의 변위 측정과 변형 측정 및 복잡한 구조물측량

③ 준공관리, 준공시와의 비교(이동, 침하, 회전, 내공 변위)

④ 체적계측, 토량 계측, 용적 측정, 광업 출원(광산 체굴량에서 체적감시)

⑤ 디지털 아카이빙(유적, 유물, 거리 등의 3차원 디지털 데이터 보존)

⑥ 3차원 데이터 모델링을 통한 실물과 같은 시뮬레이션

⑦ 건물 측량(건물 전면, 실내 측량), 접근이 어려운 동굴, 터널의 측정 등

현재 ICT포장공사에서 준공관리는 TLS를 이용한 고정밀 계측(표층표면 연직 규격치 ± 4 mm)이 표준이 되고 있다. **지상레이저 스캐닝**은 토털스테이션 방법이나 지상사진측량 방법을 대체할 수는 없다

건설공사에서는 3차원 모델링 이후의 단계로서 ① 2차원 도면의 작성, ② 2차원 도면을 사용한 기존 설계 방식의 구조물을 설계, ③ 종래방식의 도면 출력·데이터 저장이 가능하다.

14.2.3 모바일 지상레이저측량

레이저스캐닝에서 주목받는 응용 분야는 스캐너가 주로 승용차 또는 트럭과 같은 이동식 플랫폼에 장착되는 **모바일매핑**, 즉 **모바일 지상레이저측량**이다. 차량사진 레이저측량은 차량에 레이저스캐너와 카메라 등을 탑재하고 연속적으로 위치, 자세를 계측함으로써 도로변의 정확한 3차원 정보(좌표 점군)과 이에 중첩된 영상정보를 동시에 취득한다.

모바일 지상레이저 스캐너는 정밀도로지도, 3D 도시모델링, 도로측량(도로포장, 도로시설물 등), 식물분류, 터널측량 등의 분야에 활용되고 있다.

모바일 지상레이저측량의 장점으로는 계측 조사에서 교통 규제가 필요없고, 터널 내부의 계측도 유효하며, 상세 설계에서도 사용할 수 있는 데이터를 취득할 수 있고 3차원 조감도(색이 있는 점군 데이터)를 신속히 작성할 수 있다는 점이다. 반면에 모바일 지상레이저 스캐너 프로젝트를 계획준비 단계에서는 다음을 고려해야 한다.

① 산간부의 GNSS수신 상황이 나쁜 구간에 대해서 계측에 어려움이 있다.

② 비포장 도로는 부적합하다.

③ 모바일 레이저스캐닝 시스템은 지상레이저 스캐너를 사용하지만 측위시스템의 오류가 포함되어 있어 전체적인 3D정밀도가 더 낮다.

④ GNSS배치환경이 항상 변하기 때문에 위치정확도가 노선 전구간에 걸쳐 균질하지 않다.

⑤ 복잡한 후처리 기간을 계획하여 고려해야 한다. 점군(포인트 클라우드)를 생성하고 이미지와 결합하려면 뛰어난 컴퓨팅 용량 및 숙련된 직원이 필요하다.

최근 **소형 무인항공기**(small UAV)인 드론에 소형 레이저 스캐너를 탑재하고 공중에서 면적으로 3차원으로 지형을 계측하는 방법이 새로운 기술로 매우 주목되는 계측방법이지만, 계측장치(소형 레이저스캐너 및 GNSS/IMU)가 고가(수천만 원대)라는 단점이 있다. 최근에는 비교적 저가(수백만 원대)의 소형 레이저 스캐너가 발매되고 있어 실용화를 위한 정밀 검증이 진행되고 있다.

14.3 지상레이저 계측

14.3.1 센서, 장비

지상레이저 스캐닝의 원칙은 항공측량의 원리와 매우 유사하다. 이 센서는 물체를 향해 레이저 빔을 지속적으로 방출하고, 그 빔을 받아 물체의 거리를 계산한다. 빔은 회전 또는 진동 미러에 의해 방향이 지정된다. 일반적으로 동일한 미러가 회전 및 진동 모드 모두에서 작동할 수 있다. 지상레이저 스캐너의 주요 구성 요소는 그림 14.4에서 보여주고 있다.

지상레이저 스캐닝은 센서가 움직이지 않고 삼각대 또는 구조물 위에 장착되어 있다는 특징이 있으며, 측위 솔루션이 필수는 아니나 최근의 스캐너는 GPS수신기에 직접 연결하여 스캐너 위치를 직접 구할 수 있다.

센서는 운반 및 전개가 용이하도록 설계되어 작고 가볍다. 일반적으로 센서에는 내장 배터리(또는 추가 배터리)가 내장되어 있다. 일부 경우에는 그림 14.5와 같이 카메라(예: Leica C10)가 센서 시리즈에 견고하게 장착할 수 있다. 센서는 일반적으로 랩톱에서 실행되는 특정 소프트웨어에 의해 작동되도록 되어 있으며, 대부분의 최신 스캐너는 매개 변수를 설정하고 측

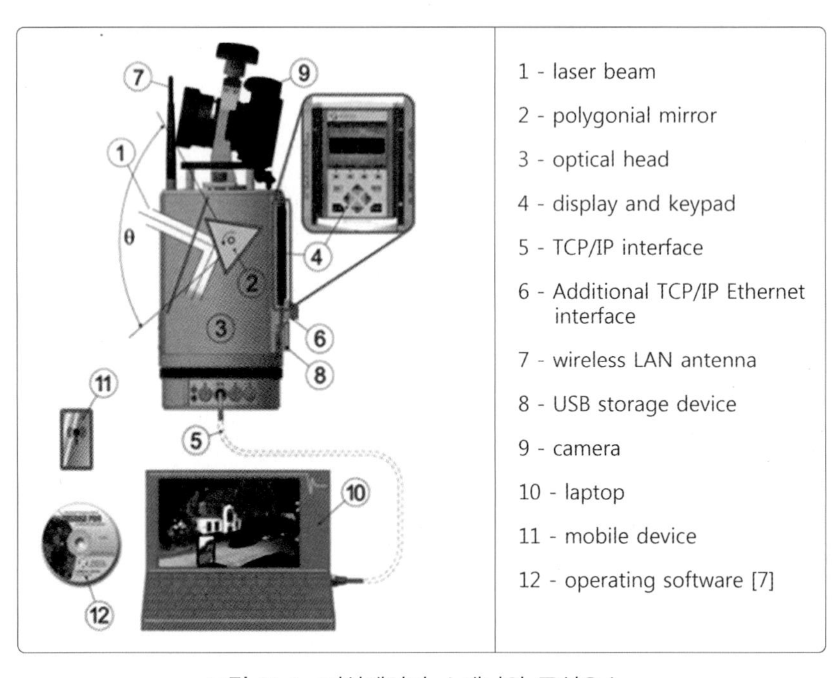

그림 14.4 지상레이저 스캐너의 구성요소

그림 14.5 지상레이저 스캐너 〈Leica C10(좌) 및 Riegl C1-400(우)〉

정을 실행하기 위한 통합 디스플레이를 가지고 있다.

센서를 고려할 경우 ToF **스캐너**(예: Leica, Riegl)와 **위상측정 스캐너**(예: Z+F) 두 기술을 개별적으로 논의해야 한다.

ToF스캐너는 방출된 레이저 펄스의 이동시간을 측정하고 물체의 거리를 계산한다. **위상측정**(phase measurement)의 경우에는 방출 및 수신되는 펄스의 위상이동량(phase shift)을 측정하고 위상이동량과 위상차에 따라 거리가 계산된다. 위상측정의 범위는 100 m 미만으로 제한적이나 주파수가 더 클 수 있다(최대 500 kHz). ToF스캐너는 최대 2,000 m 범위로 향상되었지만 주파수가 더 낮다(~10 kHz). 정확도에 있어서 4~6 mm인 ToF스캐너와 비교하면 위상스캐너는 50 m 거리에서 3 mm를 적용할 수 있다.

스캐너는 펄스 속도와 측정 범위 이외에 해상도와 스캔 밀도에 기초하여 구분할 수 있다. 점 밀도는 스캐너의 거리와 장치의 각도 분해능에 따라 달라진다. 즉, 주어진 거리에서 회전미러의 각도 증가를 제어하여 다른 점 밀도를 얻을 수 있다. 일부 제작사에서는 각도 측정 분해능(예: Riegl VZ-400의 경우 0.0005°), 각거리(예: Riegl VZ-400의 경우 0.0024°)을 특정한다. 다른 제작사는 거리(예: Leica C10의 경우 full range에서 최소 1 mm)에 따라 점 간격을 제공한다.

레이저 스캐너를 구입하거나 대여하기에 앞서 기술적인 역량을 조사해야 하고(표 14.1 참조), 레이저 스캔 측량을 주문하는 경우에도 특정 스캐너에 대한 정보가 사용자의 판단에 도움이 된다. 데이터 시트 및 기술 사양은 센서 제작사의 웹 사이트에서 확인할 수 있다. 예로

Laser Scanning System	
Type	Pulsed; proprietary microchip
Color	Green, wavelength = 532 nm visible
Laser Class	3R (IEC 60825-1)
Range	300 m @ 90%; 134 m @ 18% albedo (minimum range 0.1 m)
Scan rate	Up to 50,000 points/sec, maximum instantaneous rate
Scan resolution	
Spot size	From 0 – 50 m: 4.5 mm (FWHH-based); 7 mm (Gaussian-based)
Point spacing	Fully selectable horizontal and vertical; <1 mm minimum spacing, through full range; single point dwell capacity
Field-of-View	
Horizontal	360° (maximum)
Vertical	270° (maximum)
Aiming/Sighting	Parallax-free, integrated zoom video
Scanning Optics	Vertically rotating mirror on horizontally rotating base; Smart X-Mirror™ automatically spins or oscillates for minimum scan time
Data storage capacity	80 GB onboard solid-state drive (SSD) or external USB device
Communications	Dynamic Internet Protocol (IP) Address, Ethernet or wireless LAN (WLAN) with external adapter
Integrated color digital camera with zoom video	Single 17° x 17° image: 1920 x 1920 pixels (4 megapixels) Full 360° x 270° dome: 260 images; streaming video with zoom; auto-adjusts to ambient lighting
Onboard display	Touchscreen control with stylus, full color graphic display, QVGA (320 x 240 pixels)
Level indicator	External bubble, electronic bubble in onboard control and Cyclone software
Data transfer	Ethernet, WLAN or USB 2.0 device
Laser plummet	Laser class: 2 (IEC 60825-1) Centering accuracy: 1.5 mm @ 1.5 m Laser dot diameter: 2.5 mm @ 1.5 m Selectable ON/OFF

그림 14.6 Lecia C10의 데이터 시트(예시)

서, Leica C10 레이저 스캐너의 데이터 시트의 일부가 그림 14.6에 나와 있다.

제작사의 웹사이트(예: Optech, Riegl, Faro, Z+F)에서도 동일한 정보가 제공되므로 사용자는 기기 구매 또는 측정을 주문하기 전에 쉽게 알 수 있다. 공급 업체 및 공급 업체의 기술 사양은 특정 상황에서만 유효한 경우가 많고, 추가 정보가 필요한 경우가 있다.

표 14.1 지상레이저 스캐너의 종류(예시)

종류	제작사/시스템	SD of range	measurement rate
단거리 (50~150 m)	• Trimble / Trimble FX • Callidus / CPW 8000 • FARO / Photon 120 • Leica / Leica Scan Station P20	2.4 mm at 15 m 2 mm at 30 m 2 mm at 25 m 1.5 mm up to 100 m	190 kHz 50 kHz 976 kHz 1 MHz
중거리 (150~350 m)	• Leica / Leica Scan Station C10 • Z+F / Imager 5010C • Trimble / Trimble VX • Maptek / I-Site 4400CR	4 mm over 1~50 m 1.6 mm at 100 m 3 mm at up to 150 m 20 mm	50 kHz 1 MHz up to 0.015 kHz 4.4 kHz
장거리 (350 m 이상)	• Optech / ILRIS-HD • RIEGL / RIEGL LMS-Z620 • Leica / Leica HDS8810 • Maptek / I-Site 8810	7 mm (4 mm, average) 10 mm 8 mm at 200 m (20 mm at 1000 m) 8 mm	10 kHz 11 kHz 8.8 kHz 40 kHz

14.3.2 데이터 처리

1. 스캐닝절차

지상레이저 스캐닝 절차의 작업 흐름은 다음과 같이 요약할 수 있다.

(1) 준비(계획, 측지측량 준비 등)

(2) 스캐닝

(3) 등록 및 georeferencing(기준점 좌표부여)

(4) 관심영역 선택(옵션)

(5) 데이터 필터링, 변환

(6) 분할, 분류

(7) 모델링(삼각구분, 렌더링, 포인트 클라우드에 기하학적 요소 장착) (그림 14.7 참조).

(8) 모델에 대한 측정

(9) 시각화

(10) 응용제품(예: 단면도 작성)

대부분의 엔지니어링 프로젝트에서와 같이, 측량망 구축, 시야선 현장점검, 스캔 관측점 위치 등을 포함한 프로젝트 계획 및 준비 작업에 중점을 두어 비용과 정확도를 보장하도록 한다.

그림 14.7 포인트 클라우드에 기하요소 장착

스캐닝은 일반적으로 주변 영역의 저해상도의 파노라마 스캔으로 시작한다. 그리고 이 점군에서 매핑할 영역을 선택하거나 또는 모서리 좌표 또는 각도 범위로 지정할 수 있다. 특정 지점(예: 변위를 측정할 구조물의 기준점)을 특정 표적으로 표시할 수 있다. 이는 매우 높은 반사율을 가진 특별한 스티커나 물체이다. 스캐너 소프트웨어는 반사기를 범위 내에서 인식할 수 있고 반사기 중앙의 좌표를 제공할 수 있다.

등록 및 georeferencing은 점군과 이미지가 주어진 좌표계로 변환되어야 한다는 것을 의미한다. 대부분의 경우에는 데이터를 국부 좌표계로 변환할 필요는 없으며, 스캐닝 자체 좌표계로 측정할 수 있다. 스캐너 카메라나 스캐너에 장착된 카메라로 찍은 이미지는 대부분 스캐너 소프트웨어에 의해 점군에 왜곡되어 있다.

스캐너는 FOV(시야)및 범위의 모든 물체에서 반사된 점을 포착하기 때문에 모델링 및 각종 측정에 앞서 관심 영역(즉, 매핑할 물체에서 반사된 점)을 선택해야 한다. 모델링 하기 전에, 포인트 클라우드를 필요한 형식, 즉, 처리 소프트웨어 요건에 따라 변환하여 이상치를 필터링하고 사전 정의된 그리드 요건으로 통합하는 추가처리가 필요하다.

시각화는 다른 측지학적 절차의 경우, 즉 고객, 사용자 및 의사 결정자에게 쉽게 이해할 수 있는 형태로 결과를 제공하는 것이기 때문에 레이저 스캔에서 훨씬 더 중요하다. 건축설계 목적을 위한 횡단면 및 종단면, 고고학 조사를 위한 유물의 특정 거리 및 부피 계산, 구조물의 특수 부분에서의 변형 측정, 표면 재료 특성을 파악하기 위한 전문가가 필요하다.

2. 소프트웨어

점군모델링(point cloud modelling)을 위한 소프트웨어는 제작사 등에서 제공되고 있으며 대표적인 것은 다음과 같다.

(1) CYCLONE (Leica)

(2) 3D IPSOS

(3) LFM(LIGHT FORM MODELLER) (Zoller+Fröhlich)

(4) RECONSTRUCTOR (JRC)

(5) CAD software (예: AutoCAD, Revit, Microstation, PDMS, etc.)

(6) BIM 3D Image siftware (예: Pix4D, ContextCapture, Global Mapper, etc.)

14.3.3 지상레이저 측량 작업

1. 지상레이저 측량 작업규정

미국 CALTRANS와 일본 국토지리원에서는 지상레이저 스캐너 작업규정을 제공하고 있다. 이하에서는 이를 근거로 설명한다.

항공레이저 측량에서는 상공에서 지상을 향해서 레이저 빛을 조사하는 동시에 라스트 리턴 펄스로 불리는 강도가 강한 마지막 반사 빛, 즉 가장 멀리 있다고 추정되는 지점을 식별함으로써 지상고를 식별한다. 또 마지막 리턴 펄스에 상층과 구조물에서 반사 광선이 포함되어 있어도 이들은 주변에 있는 지상액에서 마지막 리턴 펄스에 의해서 자동적으로 제거하기 쉽다.

그러나, 지상레이저 측량에서는 이러한 항공레이저 측량의 특성과 달리 멀리 있는 점만 수치 지형도 데이터 작성에 사용할 수는 없다. 지상레이저 스캐너의 근처에서 상공에 있는 점은 전선이나 수목과 같은 측량 성과로서는 필요 없는 점으로 식별할 수 있으나, 파악되지 않은 점을 점군 전체에서 자동적으로 제거할 기준은 없으므로 수작업에 의해 필터링할 수밖에 없다.

지상레이저 측량의 대상은 주로 도로, 구획정리지구 등 비교적 수평으로 평탄한 장소, 3차원 점군 데이터 작성이 필요한 건설공사 현장에서 국지적인 관측에 이용하는 것을 권장하고 있다.

지상레이저 측량에서는 그 특징으로 인해 다음 장소에 품질의 저하가 발생하기 쉽다.

① 지상레이저 스캐너에서 먼 관측점

② 레이저빔의 입사각이 관측대상물에 비해 작은 경우

③ 지상레이저 관측에서 지물의 음폐부

④ 반사강도가 동등한 인접한 지물의 경계

⑤ 복수의 지상레이저 관측의 합성부와 접합부

이들의 구체적인 상태에 대해서는 기계의 성능과 같은 개개의 조건에 의해서 판단할 필요가 있고, 점검방법도 육안에 의한 지형·지물의 유무의 확인으로부터 줄자에 의한 지물 간의 거리관측, TS에 의한 지물의 위치관측, TS와 레벨에 따른 지형비고의 관측 등 판단이 필요하다.

2. 지상레이저 측량 작업공정 및 성과

지상레이저측량의 공정별 작업 구분 및 순서는 다음과 같다.

(1) 작업계획

(2) 표정점의 설치

(3) 지상레이저 관측

(4) 현지조사

(5) 수치도화

(6) 수치편집

(7) 보측 편집

(8) 수치지형도 데이터파일 작성

(9) 품질평가

(10) 성과 등의 정리

표정점의 설치는 좌표변환에 의한 지상레이저 스캐너에 수평 위치와 표고, 방향을 주기 위한 기준이 되는 점를 설치하는 작업을 말한다. 표정점은 지상 레이저 스캐너 설치 위치, 작업 범위의 크기, 지상레이저 스캐너의 성능, 레이저빔의 지형상에서 점의 직경, 레이저빔의 지물로부터의 반사 강도, 측지좌표계로의 변환방법 등을 고려하고 레이저 관측범위 밖에 설치하는 것을 원칙으로 4점 이상 배치한다.

지상레이저 관측이란 지상레이저 스캐너에 의해 지형·지물의 방향, 거리 및 반사 강도를 관측하고, 동시에 표정점으로부터 측지좌표계로 변환하여 원본데이터를 작성하는 작업을 말한다. 지상레이저 스캐너의 거리관측 방법은 TOF방식 또는 위상차 방식으로 한다. 그리고, 지상레이저 스캐너로 취득한 3차원 관측데이터를 사용하여 3차원 점군 데이터의 작성작업이 가능하다. 3차원 점군 데이터에는 지형에 관계되는 수평위치와 표고에 의한 계산처리가 가능한 상태로 표현된 것이다.

14.3.4 변위모니터링

최근까지 변위모니터링 분야에서는 정밀도가 낮아서 TLS를 사용하지 못하고 있었으나 새로운 개념의 장비와 기술개발로 실용화 단계에 이르렀다. 그러나 대용량의 데이터 처리문제와 완전 자동화된 변위해석 기법의 적용에 제약이 있다.

14.4 모바일 지상레이저 계측

14.4.1 센서, 장비

모바일 레이저 스캐닝 장비는 일반적으로 일반 지상레이저 스캐너, GNSS/INS 측위시스템과 항법시스템, 광학 센서 및 모바일 플랫폼으로 구성된다.

그림 14.8은 StreetMapper시스템의 센서 플랫폼을 보여 주고 있다. 표 14.2는 다양한 MMS사양을 예시한 것이다.

정확도 향상을 위해서, 선로에 대한 세심한 준비 계획과 기지국 배치, 그리고 보정량의 실시간 전송을 필요로 하는 differencial GNSS기술(dGNSS)이 사용된다. 이 센서는 추가 장비와 직원을 위한 공간과 전력을 공급할 수 있도록 SUV차량 또는 트럭에 장착되어 있다(그림 14.9 참조).

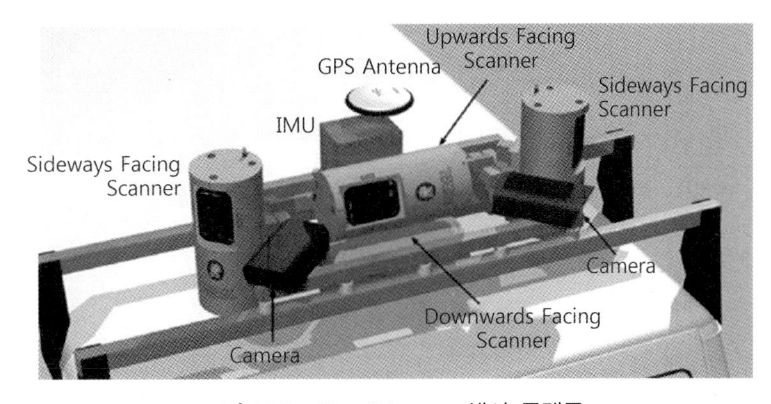

그림 14.8 StreetMapper 센서 플랫폼

표 14.2 MMS 사양(예시)

Scanner	FARO Photon 120	SICK LMS291	VQ-250	MDL scanner	LYNX laser scanner
MLS System	ROAD SCANNER	IP-S2	VMX-250	DYNASCAN	LYNX MOBILE MAPPER
Measuring principle	Phase difference	TOF	TOF	TOF	TOF
Maximum range	120 m(@ ρ90X)	30 m(Max. 80 m @ ρ10%)	200 m (for 300 kHz, @ ρ80%)	Up to 500 m	200 m(@ ρ20%)
Range precision	1 mm @ 25 m, ρ90% 2.7 mm @ 25 m, ρ10%	10 mm at range 1 to 20 m	5 mm @ 150 m, (1σ)		8 mm. 1σ
Range accuracy	±2 mm @ 25 m	±35 mm	10 mm @ 150 m, (1σ)	±5 cm	±10 mm, (1σ)
Laser measurement rate Measurement per laser pulse	122 – 976 kHz	40 kHz	50 – 300 kHz Practically unlimited	36 kHz	75 – 500 kHz Up to 4 simultaneous
Scan frequency	48 Hz	75 Hz	Up to 100 Hz	Up to 30 Hz	80 – 200 Hz
Laser wavelength	785 nm (near infrared)	905 nm (near infrared)	Near infrared	–	1550 nm (near infrared)
Scanner field of view	H360°/V320°	180°a/90°b	360°	360°	360°
Operating temperature	5° – 40°C	0° – 50°C	10° – 40°C	– 20° – 60°C	10° – 40°C
Angular resolution	H0.00076°/V0.009°	1°a/0.5°b	0.001°	0.01°	0.001°
Weight	14.5 kg	4.5 kg	Approx. 11 kg	11 kg	–
Main dimensions ($L \times W \times H$)	410×160×280 mm	155×156×120 mm	376×192×218 mm	595×240×255 mm	620× – ×490° mm

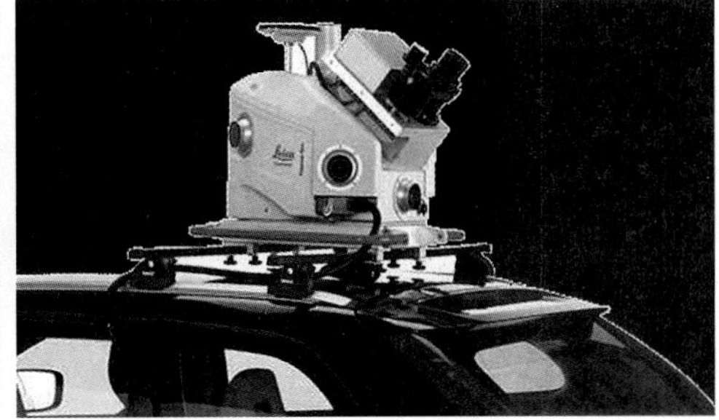

그림 14.9 SUV에 장착된 센서 플랫폼

14.4.2 데이터 처리

모바일 레이저 스캐닝 데이터를 처리하는 주요 작업 단계는 다음과 같다.

(1) 센서 플랫폼의 위치 및 방향 계산
(2) 포인트 클라우드를 활성화하고 이미지를 등록
(3) 지점의 대략적인 분류(예: 지면, 초목, 건물 등)
(4) 특정 애플리케이션에 따른 측정, 평가 및 모델링

센서의 위치, 궤적 및 표정은 일반적으로 Kalman-Filtering에 의해 지원된다. 점군의 Georeferencing과 등록은 지상레이저 스캐닝과 분명한 차이점이다. 도시 환경에서는 GNSS 신호를 사용할 수 없고 더 낮은 정확도를 가진 INS는 제한된 범위에서만 충분한 정확도를 제공하기 때문에 신중한 측정이 필요하며, 이러한 요소는 정확도 평가 중에 고려해야 한다.

14.4.3 정밀도로지도 작업

1. 정밀도로지도 작업규정

국토지리정보원 정밀도로지도 제작 작업규정(안)에서 "**정밀도로지도**는 MMS(Mobile Mapping System, 이동식측량시스템) 등의 측량기기에 의하여 취득된 영상, 점군데이터, GNSS 위치 정보, 취득장치의 자세 등에 대한 정보를 취합하여 세부도화 장치 또는 소프트웨어에서 위치 및 속성 정보를 추출하고 표준화 과정을 거친 지도 정보를 말한다."로 정의하고 있다.

여기서 MMS는 표 14.3에서 정한 성능기준을 갖는 것이어야 한다.

정밀도로지도의 구축항목은 작업규정(안)에 세부 내용과 방법을 제시하고 있으며, 주요한

표 14.3 MMS의 성능기준

필수장비	수량	성능 기준
GNSS 수신기	1대 이상	• 2주파 수신기 이상 • 1 Hz 이상의 측정 빈도 • 의사거리 및 반송파 위상에 대한 관측값 계산이 가능해야 함 • 개활지에서의 수평 표준편차가 0.3 m 이하여야 함
INS	1대 이상	• 100 Hz 이상의 측정 빈도 • INS의 IMU는 롤링, 피칭, 헤딩의 3축 방향의 자세 및 가속도의 측정이 가능하고 통합처리 산출된 자세 추정값의 표준편차가 다음의 값 이하여야 함 – 롤링: 0.05도 – 피칭: 0.05도 – 헤딩: 0.10도
DMI	1대 이상	• MMS 탑재체가 차량이나 열차인 경우 DMI 장치를 탑재해야 함 • 차축 1회전당 100회 이상의 펄스 신호 발생
레이저 스캐너	1대 이상	• 1개의 펄스에 대하여 1개 이상의 반사파를 측정할 수 있어야 함 • 스캔 기능을 가지고 있을 것 • 인체에 대한 안전기준 인증을 받은 장치 • 측정거리 30 m 이상(레이저 반사율 10%인 지형·지물에 대하여)
판독용 디지털카메라	1대 이상	• 협각, 보통각, 광각, 초광각 렌즈를 선택할 수 있음 • 3 ms 이하의 셔터속도로 촬영할 수 있어야 함
기타사항		• INS 혹은 INS와 DMI만을 사용하여 위치를 측정한 값의 오차가 일정한 경향성을 나타내어 기준점 자료와의 연계 및 위치·자세 측정 정확도를 향상할 수 있는 것이어야 함 • GNSS 신호가 단절된 이후 60초가 경과할 때까지 상기한 성능기준을 충족하여야 함

레이어는 다음과 같다.

① 차선표시

–규제선, 도로경계선, 정지선, 차로중심선

② 도로시설

–중앙분리대, 터널, 교량, 지하도로

③ 표지시설

–교통안전표지, 노면표시, 신호기

④ 제한 및 보호구역

⑤ 고속도로 관련 시설

2. 정밀도로지도 작업공정 및 성과

MMS를 이용한 정밀도로지도 제작의 표준 작업순서는 다음과 같다.

(1) 작업계획 및 준비

(2) MMS 자료수집

(3) GNSS/INS 자료처리 및 기준점 선점

(4) 기준점 측량 및 적용

(5) MMS 표준자료 제작

(6) 세부도화 및 구조화편집

(7) 품질검사

(8) 성과정리 및 납품

정밀도로지도를 작성하기 위한 MMS 자료수집은 취득용 센서를 탑재한 MMS 탑재체를 운행하여 도화에 필요한 데이터를 취득하는 것을 말하며, GNSS 기준점 설치를 필요로 한다.

정밀도로지도 제작을 위한 MMS 자료수집에서 MMS차량 운행시에는 안전을 최우선으로 하고, 주행방향(상행, 하행)의 중심차로를 원칙으로 조사대상 도로의 폭과 MMS 장비특성을 고려하여 자료수집범위를 횡방향으로 구분하여 수집할 수 있다.

자료수집 대상구간이 3개 차로를 초과하는 경우 차선을 횡방향으로 구분하여 수집하고, 안개, 강수, 적설 등으로 인해 레이저 펄스의 흡수, 반사, 산란 등이 발생하여 정상적인 자료수집이 어려운 기상 상황에서는 자료 수집을 중단한다.

GNSS/INS 자료와 점군데이터, 영상자료는 빠짐없이 연속적으로 수집 되어야 하며, 각 자료는 상호 시각적으로 동기화되어야 한다. MMS차량 이동 중 레이저스캐너에 의한 점군데이터의 수집은 점밀도(1 ㎡당, 측정거리 10 m) 400점 이상의 기준을 만족해야 한다.

정밀도로지도 성과로는 정밀도로지도 데이터파일(SHP), 3차원 점군데이터(LAS), 정확도 관리표, 메타데이터, 기타 자료 등이 있다.

3. 정밀도로지도 유지관리

정밀도로지도는 그림 14.10의 레이어에서 정지데이터(static data)에 해당되며 주기적으로 수정, 보완되어야 한다. 또한 차량사고, 발생정보 등 교통정보는 준실시간 서비스할 수 있도록 하는 LDM(Local Dynamic Map)이 연구, 개발되고 있다. 따라서 자율주행차에서는 차량에 탑재된 센서에 의하여 신호등의 신호 또는 보행자 등 이동체를 자체적으로 감지하여 대

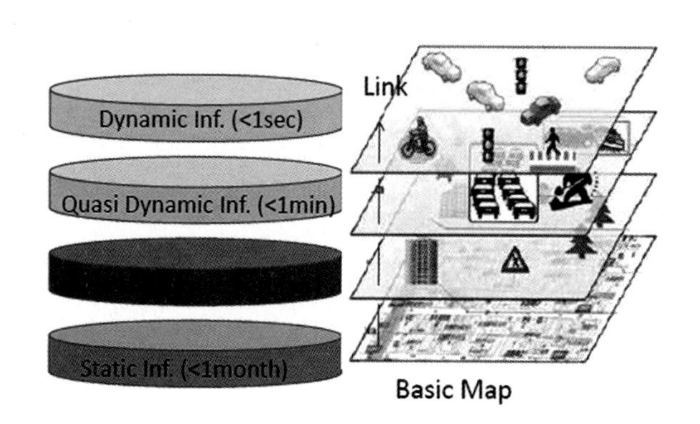

Information through V to X
- surrounding vehicles
- pedestrians
- timing of traffic signals

Traffic Information
- accidents
- congestion
- local weather

Planned and forecast
- traffic regulations
- road works
- weather forecast

Basic Map Database
- digital cartographic data
- topological data
- road facilities

그림 14.10 정지 지물데이터와 LDM(Local Dynamic Map)

응하고 있다.

그리고 도로시설물관리 분야에서는 도로대장의 구축과 관리, 그리고 위치기반 서비스를 위해 다양한 시설물의 관리에 대비하고 있다.

14.4.4 철도시설물 관리

철도선로는 열차 또는 차량의 주행로 이며, 기본구조는 차량을 주행시키는 궤도와 궤도를

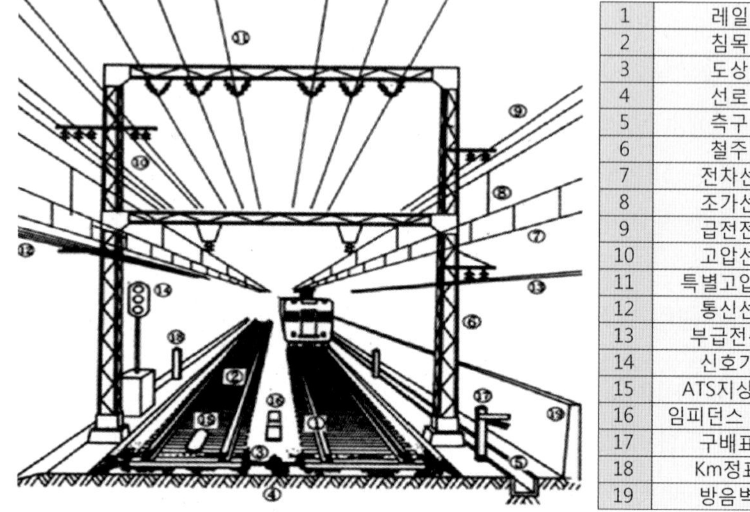

번호	시설물	구분
1	레일	궤도
2	침목	
3	도상	
4	선로	노반
5	측구	선로 구조물
6	철주	
7	전차선	
8	조가선	
9	급전전	
10	고압선	
11	특별고압선	
12	통신선	
13	부급전선	
14	신호기	
15	ATS지상자	
16	임피던스 본드	
17	구배표	
18	Km정표	
19	방음벽	

그림 14.11 철도시설물의 구성

그림 14.12 MMS에 의한 철도시설물 스캐닝

지지하는 노반과 각종 선로구조물, 전차선 선로로 구성되어 있다. 철도시설물은 궤도와 전기 신호에 대한 시설물을 총칭하는 것으로 토목구조뿐만 아니라 노반, 레일, 전력선 등 복잡한 구성을 가진다.

철도선로 및 시설물의 구성은 선로, 차량, 정거장, 전기운전설비, 동력설비, 신호보안·통신 설비, 차량기지로 구성된다. 그림 14.11은 철도선로 및 시설물의 위치와 명칭을 나타낸 것이다.

철도시설물 데이터 획득을 위한 방법으로서, 영상과 데이터 스캔을 통해 모든 시각적 정보를 현실화할 수 있게 된다. MMS 스캐너와 데이터 스캐닝 기법은 측위시스템(positioning system), 레이저 스캐닝(laser scanning), 레이다 이미징(radar imaging)과 같은 기존의 측량방법과의 조합을 통해 편리하고 사용하기 쉬운 하나의 플랫폼을 구성한다. 이를 위해서는 장비 캘리브레이션, 후처리, 객체추출, GIS저장의 절차를 따라야 한다.

그림 14.12는 Leica Pegasus 2에 의한 철도시설물 스캐닝 사례이다.

참고 문헌

1. CALTRANS (2011). "SURVEYS MANUAL 15-1; Terrestrial Laser Scanning Specifications", California Department of Transportation.
2. Leica, Capturing all the infrastructure of the Gotthard Base Tunnel for as-built documentation, Enabling inter-Europe mobility through 3D digital realities.
3. Lovas Tamás (2010). "Data acquisition and integration 4. Laser Scanning", Nyugat-magyarországi Egyetem, http://www.tankonyvtar.hu/en/tartalom/tamop425/0027_DAI4/ch01s03.html
4. Fröhlich, C., Mettenleiter, M. Terrestrial Laser Scanning: New Perspectives in 3D

Surveying, International Archives of Photogrammetry, Remote Sensing and Spatial Information Sciences, Vol. XXXVI-8/W2

5. Ogundare, J. O. (2016). “Precision Surveying: the principles and geomatics properties”, Wiley.
6. Price, W. F. and J. Uren (1989). Laser Surveying, VNR.
7. Puente, I., H. Gonzalez-Jorge, J. Martinez-Sanchez, P. Arias, (2013). Review of mobile mapping and surveying technologies, Measurement 46, pp. 2127-2145.
8. Richardus, P. (1977). Project Surveying (3rd printing), North-Holland.
9. Transportation Research Board (2013). Guidelines for the Use of Mobile LIDAR in Transportation Applications, NCHRP Report 748, US National Academy of Sciences.
10. 국토지리정보원 (2018). 정밀도로지도 제작 작업규정(안), 국토지리정보원 입찰공고 제 2018-83호 참고자료.
11. 國土地理院 (2018). 地上レーザスキャナを用いた公共測量マニュアル(案)

■ Index

ㅈ

기타

저자 소개

이영진(李榮鎭), ph.D., P.E.

경일대학교 도시인프라공학부 교수

지구관측센터 센터장

GGIM-Korea포럼 공동간사

대구국제미래차엑스포 자율차분과위원

한국과학기술기획평가원 자문위원

한국연구재단 평가위원

한국국토교통과학기술진흥원 평가위원

국토교통부(국토지리정보원) 자문위원

주요 저서

≪측량정보학≫, ≪위성측위시스템≫, ≪조정계산≫ 외 다수

새로운 위치기준의 조정계산
정밀측량 · 계측

2018년 8월 31일 1판 1쇄 펴냄
지은이 이영진 | 펴낸이 류원식 | 펴낸곳 (주)교문사(청문각)

편집부장 김경수 | 본문편집 홍익 m&b | 표지디자인 유선영
제작 김선형 | 홍보 김은주 | 영업 함승형 · 박현수 · 이훈섭
주소 (10881) 경기도 파주시 문발로 116(문발동 536-2) | 전화 1644-0965(대표)
팩스 070-8650-0965 | 등록 1968. 10. 28. 제406-2006-000035호
홈페이지 www.cheongmoon.com | E-mail genie@cheongmoon.com
ISBN 978-89-363-1765-2 (93530) | 값 24,000원

* 잘못된 책은 바꿔 드립니다.

청문각은 ㈜교문사의 출판 브랜드입니다.